21世纪机电类专业系列教材

机械制图（活页式工作手册）

主　编　闫文平　黄海彬
副主编　周　香　张　丹
参　编　陈峻岐　杨　阳　汪洪宇　夏东艳　吴　军
主　审　戚文革

机 械 工 业 出 版 社

本书是在“职教20条”的引领下，围绕新型活页式、工作手册式教材的深刻内涵和承载功能而开发的，遵循能力本位、学生中心、成果导向等职业教育基本规律，将专业教育、创新教育、课程思政以及“1+X”融为一体，注重职业能力培养，充分体现职业教育特征。本书共分为9个项目，主要包括：项目1方形垫片零件图识读与绘制，项目2带螺纹孔的正六棱柱零件图识读与绘制，项目3交换齿轮架轴零件图识读与绘制，项目4绘制椭圆垫片零件图，项目5减速器从动齿轮组件的测绘，项目6减速器主动齿轮轴的测绘，项目7减速器嵌入式轴承盖的测绘，项目8绘制减速器中的标准件，项目9减速器上箱体的测绘。每个项目包含三部分：第一部分是项目概述，包括项目描述、项目要求、学习目标和学习载体；第二部分是职业行动和职业知识；第三部分是测评和知识拓展。

本书立体化配套齐全，配有配套《机械制图教学工作页》（“十三五”职业教育国家规划教材）、微课视频、电子教案、多媒体课件（为主教材服务的多媒体课件）、相关视频、习题答案和试卷等。本书后面附加了机械工程制图和机械产品三维模型设计职业技能等级考试中的机械制图部分选择题目及模拟试卷。

本书不仅可供中、高等职业学校机械加工技术、机电一体化、数控、增材制造技术、模具设计与制造等专业师生使用，还可供企业工程技术人员参考。

图书在版编目（CIP）数据

机械制图：活页式工作手册/闫文平，黄海彬主编．—北京：机械工业出版社，2022.10（2024.10重印）
21世纪机电类专业系列教材
ISBN 978-7-111-71926-7

Ⅰ.①机… Ⅱ.①闫… ②黄… Ⅲ.①机械制图-高等职业教育-教材 Ⅳ.①TH126

中国版本图书馆CIP数据核字（2022）第201233号

机械工业出版社（北京市百万庄大街22号 邮政编码100037）
策划编辑：王晓洁　　责任编辑：王晓洁　杨　璇
责任校对：潘　蕊　李　婷　　封面设计：陈　沛
责任印制：刘　媛
涿州市般润文化传播有限公司印刷
2024年10月第1版第2次印刷
260mm×184mm · 10.25印张 · 255千字
标准书号：ISBN 978-7-111-71926-7
定价：49.90元

电话服务　　网络服务
客服电话：010-88361066　　机　工　官　网：www.cmpbook.com
010-88379833　　机　工　官　博：weibo.com/cmp1952
010-68326294　　金　书　网：www.golden-book.com
封底无防伪标均为盗版　　机工教育服务网：www.cmpedu.com

序

自从2019年国务院发布的《国家职业教育改革实施方案》提出“倡导使用新型活页式、工作手册式教材”之后，教材建设就成了职业教育改革的热词，2020年国家教材建设奖的设立极大地提升了教材的地位，更是将教材建设推到了职业教育改革的潮头浪尖。

教材里有什么？

这是必须明确的一件事。

是不是知识本位教材里有知识，而能力本位教材里有能力呢？答案是明确的，无论知识本位教材还是能力本位教材，教材里只有知识而没有其他任何东西。

区别何在？

知识本位教材是将学科知识从命题概念出发，在空间上按照演绎逻辑进行组织、呈现。

能力本位教材是将工作知识从具体事物出发，在时间上按照归纳逻辑进行组织、呈现。

知识本位教材的功能是培养学生演绎推理能力，目的是发现更多知识，探索未知领域。

能力本位教材的功能是培养学生归纳推理能力，目的是处理具体事务，解决现实问题。

这是一个大概的区分，但这也是一个直指本源的区分，这一内在逻辑的区别决定了职业教育教材与普通教育教材的基因差异。

职业教育教材应该“长什么样，内容如何呈现，具备什么功能”，是由职业教育属性决定的，职业教育就是“学习如何工作的教育”，那么教材就应该呈现“工作的原貌”，只有将“工作原貌”呈现出来，才能够实现学习“如何工作”的目的。抓住了这一根本性的问题，就能将职业教育教材与普通教育教材彻底区别开来。

怎样呈现“工作的原貌”呢？

任何一项工作都是由六个要素构成的，即工作对象、工作内容、工作手段、工作组织、工作产品和工作环境，其关系如图1所示。

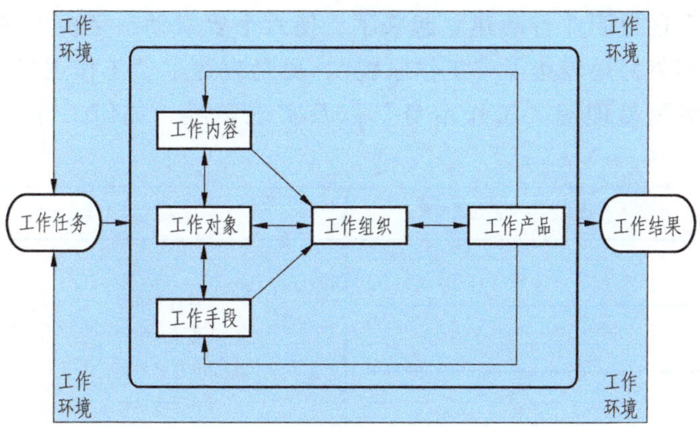

图1　六个要素关系示意图

六个要素所对应的知识，即工作对象知识、工作内容知识、工作手段知识、工作组织知识、工作产品知识和工作环境知识。

对于一项工作，如果我们将六个要素知识寻找并罗列出来，合辑成册，是不是可以看作是职业教育的教材呢？

按照教材里只有“知识”和职业教育就是“学习如何工作的教育”这两条标准判断，显然这一合辑成册的书无疑就是职业教育的教材。

继续深入分析，六个要素知识有两种有价值的排列方式：一种是并列排列，将六个要素知识平铺在纸上就可以了，这是工作要素知识的静态呈现。这种排列方式并不鲜见，如常见的机械设计手册；另一种是如果将六个要素里的工作内容知识按照其在工作中出现的时间顺序排列，就会发现，这构成了一项具体工作的职业行动体系，其他五个要素知识构成了支撑这个职业行动得以进行下去的职业知识，按照这一逻辑，我们发现六个要素知识可以按如图 2 所示排列，这样排列的好处就是将工作要素知识的内在联系通过职业行动建立起来了，使六个要素动态呈现出来，不仅能够更好地表达了“工作原貌”，更是表达了“工作逻辑”，使学习者更易理解“工作本身”以及实现学习“如何工作”这一目的。

职业行动＝工作内容知识序化	职业知识＝其他工作五个要素知识
1	工作对象知识 工作手段知识 工作组织知识 工作产品知识 工作环境知识
2	
…	
n	

图 2　六个要素知识时序逻辑

仅此还是不够的，职业教育教材不仅要呈现工作要素知识，表达“工作逻辑”，还要服务于学生学习这一根本要求，因此，职业教育教材必须按照认知规律和职业能力成长规律选取和呈现工作要素知识。

认知规律通常表述为“从初级到高级，从简单到复杂”，什么是“简单和复杂”“初级和高级”呢？可以通过布鲁姆的教育目标分类的原理来区分，如图 3 所示。

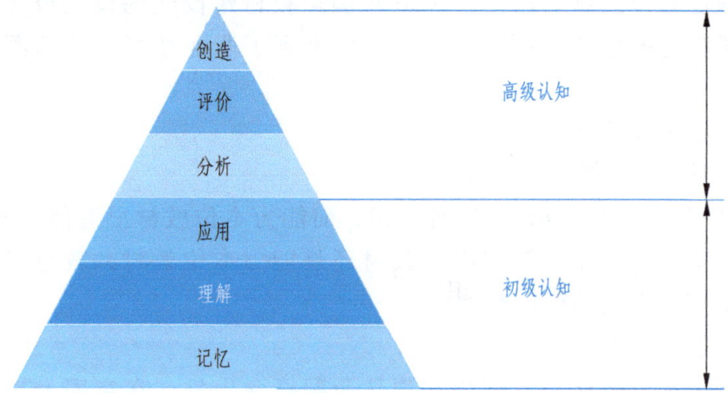

图 3　布鲁姆的教育目标分类

本耐（P. Benner）和德莱福斯（S. E. Dreyfus）和劳耐尔（F. Rauner）对职业能力成长规律的研究得到了普遍的认同，如图 4 所示，从初学者/新手→生手→熟手→能手→专家/高手的职业能力成长的过程，使我们得以看见职业教育与普通教育互为起点与终点的正好相反的学习过程。

综上所述，工作要素知识以静态或者动态方式按照认知规律、职业能力成长规律排列，构成职业教育教材的知识种类与排列的基本的序化逻辑。

本书是以工作要素知识的动态形式，按照认知规律和职业能

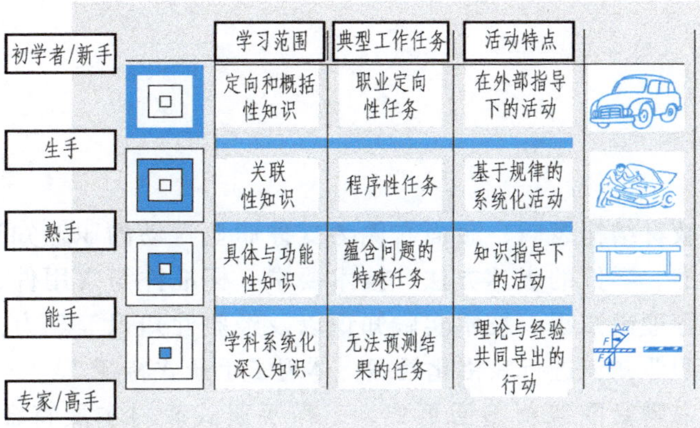

图 4　职业能力成长规律

力成长规律选取工作内容来组织、呈现工作原貌的。

本书以活页装订、留白处理、多元目录索引、职业行动与职业知识左右对应排版、知识表格化处理等手段实现服务于学生，服务于学习这一理念。同时，将创新教育以及课程思政融于专业教育始终，使教材具备了三育融合的内容与功能。

吉林电子信息职业技术学院汽车专业群、机械专业群从 2016 年开始“活页式、工作手册式”教材编写与教学实践，其中本书主编闫文平在 2019 年编著的《机械制图教学工作页》获评“十三五”职业教育国家规划教材。

戚文革

前　言

职业教育教材建设进入了新时代。2019 年国务院颁布的《国家职业教育改革实施方案》（简称为“职教 20 条”）开篇就明确了职业教育与普通教育的类型区别，更是第一次以国家文件的高度对教材形式提出了具体要求。“职教 20 条”中第 9 条提到“建设一大批校企‘双元’合作开发的国家规划教材，倡导使用新型活页式、工作手册式教材并配套开发信息化资源。”这背后的逻辑是什么？职业教育教材建设必须思考：新型活页式、工作手册式教材的内涵是什么？职业教育教材如何体现“新型”“活页式”“工作手册式”三个关键要素？新型活页式、工作手册式教材须具备什么样的功能？

新型活页式、工作手册式教材要遵循能力本位、学生中心、成果导向等职业教育基本规律，将专业教育、创新教育、课程思政以及“1+X”融为一体，注重职业能力培养，充分体现职业教育特征。

职业教育是“学习如何工作的教育”。因此，本书将完整展现职业活动的工作原貌作为第一原则，将识读机械图样、测绘零部件的工作内容序化为职业活动，构成职业行动体系，辅以支撑职业行动的职业知识。为了清晰表达工作原貌，在具体版面设计上，采用横 16 开，将一个版面分为左右两部分，左侧为职业行动，右侧为支撑职业行动得以开展的职业知识。

本书版式设计的具体内容：版面左侧为序化的职业活动——识读和绘制零件图、测绘零件的步骤等，形成职业行动体系，以此作为教材结构逻辑；版面右侧为支撑职业行动的职业知识——国家标准、零件的表达方法、技术要求、标准件与常用件、装配图基础等理论知识、技术实践知识以及经验性知识等。为方便查阅，将职业知识进行表格化处理，体现了手册式特征。

本书紧紧围绕新型活页式、工作手册式教材本质特征编写，主要有如下特点。

1. 体现能力本位功能，突出职业能力培养

将项目或任务的工作内容序化为完整的工作过程，建立六个要素（工作对象、工作内容、工作手段、工作组织、工作产品、工作环境）之间的内在联系，展示工作原貌，在完成职业活动过程中不断积淀职业能力。

2. 体现学生中心思想，以方便学生学习为第一原则

活页装订方便学生增添新知识、新技能以及学习心得，页面留白处理方便学生学习记录，多元目录索引方便学生学习查阅，职业知识表格化处理简洁明了，充分体现手册功能特征。

3. 体现成果导向教育思想，满足学分银行认证要求

“职教 20 条”中第 8 条指出：要加快推进职业教育国家“学分银行”建设，探索建立职业教育个人学习账号，实现学习成果可追溯、可查询、可转换。学习成果认定是学分银行实施的基础，为此，本书每一个项目的最后，都设计了一个学习成果认定考核方案，供师生参考选择。

4. 适应 1+X 证书制度，内容选取参考职业技能等级标准

在“1”的基础上，针对职业要求进行拓展和补充，将机械工程制图和机械产品三维模型设计职业技能等级证书考试有关内容及要求有机融入教材中，实现课证融通。

5. 体现“专业+思政+创新”时代要求，实现三育融合

本书页脚嵌入蕴含思政要素、创新元素的标语；在项目测评中嵌入与本课程相关的融入思政要素和创新元素的故事史实；在拓展训练中利用思维导图反思专业内涵、培养创新能力。力争达成通过课堂主渠道传承文化、弘扬工匠精神和激发青年学生文化自信、为建设制造强国勇于创新、贡献力量的育人目标。

6. 辅以信息化数字资源，教材内容立体呈现

本书配套开发设计了教学工作页、教学课件、任务工单、习题作业及视频动画等数字资源，方便师生学习查阅。

7. 图文并茂，职业知识表格化处理，突出“活页式工作手册”功能

本书编写时选用了大量图例，文字力求简练、通俗，内容简明扼要；职业知识表格化处理，表达直接易懂，便于快速查阅。

8. 增强教材时效性、有效性和通用性

本书采用现行国家标准，增强了教材的时效性。在选用学习载体和学习内容时，充分考虑与数控技术、模具设计与制造、机械制造与自动化、机械设计与制造、机电一体化等专业的后续专业课程之间的衔接关系和学习载体的通用性，增强了教材的有效性和通用性。

9. 校企双元合作开发，校企双主编，充分融入职业要素

闫文平，教授职称，吉林省职业院校双师型教师。吉林省优秀教师、吉林省师德标兵、全国冶金职教杰出教师。全国机械产品三维模型设计职业技能等级证书专家组成员，机械行业职业技能竞赛技术专家，多次执裁中职学校零部件测绘与成图技术、工业设计技术省赛、国赛。从事一线教学 31 年，主讲机械制图、计算机绘图、机械制造技术课程 1 万余学时。其中主讲的机械制图课程是吉林省课程思政教学改革学科育人示范课，机械制造技术是吉林省精品课。主编教材 8 部，编著的《机械制图教学工作页》是“十三五”职业教育国家规划教材，主持完成省级重点课题 3 项，其中 1 项为重点课题。

黄海彬，沈阳铁路局吉林机务段总工程师、高级工程师，企业培训师，具有 20 余年的设备维修管理的一线工作经验，主研、参研科研课题 3 项。

本书由闫文平、黄海彬任主编，周香、张丹任副主编，陈峻岐、杨阳、汪洪宇、夏东艳、吴军参加编写，全书由闫文平统稿。具体编写分工如下：吉林铁道职业技术学院闫文平编写了项目 1~3、项目 5~6，吉林电子信息职业技术学院张丹、陈峻岐、杨阳共同编写了项目 4 和项目 7，吉林机务段黄海彬与吉林电子信息职业技术学院周香共同编写了项目 8~9、长春市机械工业学校汪洪宇、长春市九台职教中心夏东艳参与教材的图样绘制、三维模型制作等工作，广州中望龙腾软件股份有限公司吴军工程师主要负责视频动画等制作。本书的电子课件、微课视频由闫文平、周香、张丹、陈峻岐、杨阳共同完成。

本书由戚文革教授主审，参加审稿的还有金晶教授和朱楠教授等，在审稿中提出了不少宝贵意见和建议，在此表示衷心感谢！

由于编者水平限制，书中难免有不足之处，恳请批评指正。

编　者

二维码汇总表

名称	二维码	名称	二维码	名称	二维码	名称	二维码	名称	二维码	名称	二维码
1-绘图工具		10-三视图概念		19-带螺纹孔的正六棱柱表面粗糙度标注步骤		28-徒手画椭圆		37-齿轮啮合		46-局部剖视图的应用	
2-铅笔尖的形状和削法		11-三视图的形成		20-移出断面图的概念、画法		29-徒手画圆		38-啮合齿轮的画法		47-局部视图	
3-数字的书写		12-螺纹孔的画法规定		21-重合断面图的概念、画法		30-徒手画角度线		39-减速器装配过程		48-斜视图	
4-几何公差框格画法规定		13-尺规绘制正六边形		22-倒角的画法		31-减速器的组成		40-半剖视图		49-斜视图和局部视图应用	
5-基准符号画法规定		14-表面粗糙度符号的画法		23-退刀槽的概念		32-齿轮的种类		41-半剖视图的应用		50-减速器装配图识读	
6-绘制方形垫片图的步骤		15-绘制带螺纹孔的正六棱柱视图步骤		24-平面和曲面投影对比		33-齿轮模数与齿距的关系		42-全剖视图		51-相同结构的简化画法	
7-方形垫片图的尺寸标注步骤		16-带螺纹孔的正六棱柱尺寸标注步骤		25-外螺纹的规定画法		34-单个齿轮的画法		43-剖视图的标记			
8-方形垫片图的几何公差标注步骤		17-带螺纹孔的正六棱柱几何公差标注步骤		26-徒手画水平直线、竖直直线		35-奇数齿和偶数齿齿顶圆直径的测量		44-全剖视图的应用			
9-带螺纹孔的正六棱柱钳加工过程		18-带螺纹孔的正六棱柱图样绘制		27-徒手 N 等分线段		36-减速器从动齿轮组件		45-局部剖视图			

目　录

项目1　方形垫片零件图识读与绘制

项目描述

依据机械制图国家标准的相关规定识读并绘制方形垫片零件图（图1-1）。

项目要求

1. 能够正确识读方形垫片零件图上承载的各项信息。

2. 能够正确使用绘图工具，按照绘图基本步骤和国家标准规定抄画出方形垫片零件图。

学习目标

1. 能够按照机械制图国家标准正确识读方形垫片零件图上的知识信息，理解尺寸及公差的含义。

2. 能够按照国家标准规定，正确运用图线的规定画法，绘制方形垫片图样。

3. 能够按照国家标准的规定，正确书写数字、绘制箭头，标注方形垫片零件图中的尺寸和公差。

4. 能为绘制方形垫片零件图选择合适的图纸幅面、绘制图框，并正确书写汉字填写标题栏。

5. 自觉遵守国家标准和要求、规范绘制图样、保持绘图环境“5S”、养成耐心细致的好习惯。

学习载体

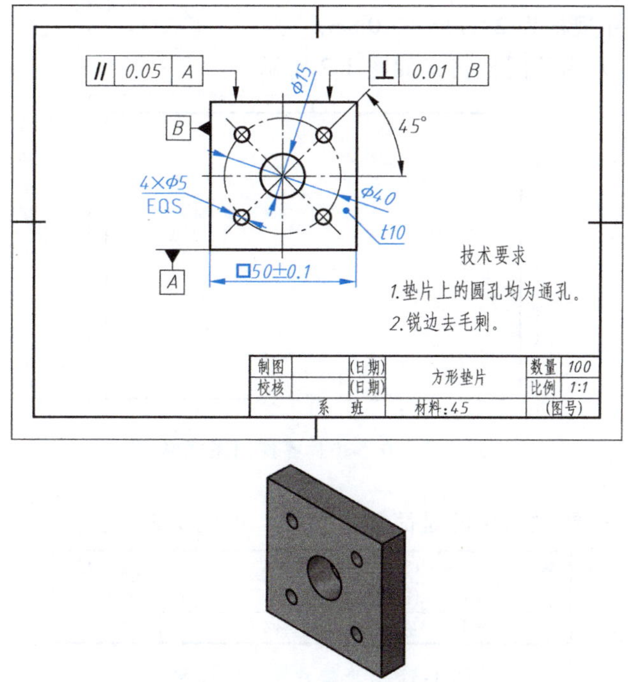

图1-1　方形垫片零件图

标准是约束，执行标准是素养！

任务 1　识读方形垫片零件图

职业行动	职业知识

步骤 1：识读图框和标题栏

1）根据图 1-1 方形垫片的外形尺寸可以判断此图纸幅面是 A4，尺寸规格为 297mm×210mm。

2）采用的图框格式如图 1-2 所示。

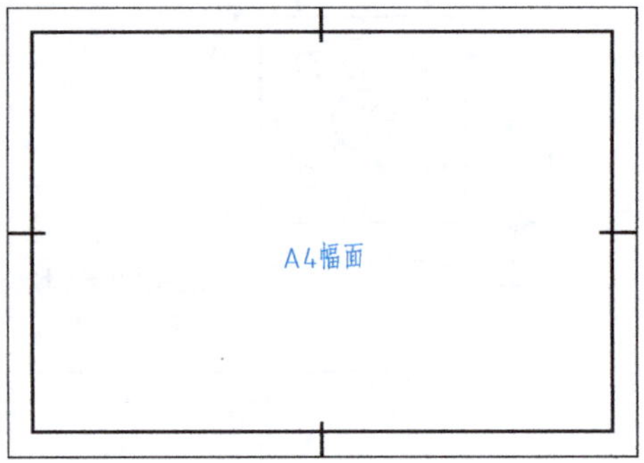

图 1-2　方形垫片零件图图框格式

3）标题栏采用的是简化标题栏，如图 1-3 所示。

<table>
<tr><td>制图</td><td>×××</td><td>(日期)</td><td rowspan="2">方形垫片</td><td>数量</td><td>100</td></tr>
<tr><td>校核</td><td>×××</td><td>(日期)</td><td>比例</td><td>1:1</td></tr>
<tr><td colspan="3">系　　班</td><td>材料:45</td><td colspan="2">(图号)</td></tr>
</table>

图 1-3　方形垫片零件图标题栏

标题栏的内容包括：

① 零件名称：方形垫片。

知识 1：标准图纸幅面及图框格式

1）幅面代号用 A 加上 0~4 这 5 个数字构成代号表示。

图纸幅面	长 L/mm	宽 B/mm	周边宽度 e/mm	幅面大小关系	装订边
A0	1189	841	20	A0＝2×A1	无装订边
A1	841	594		A1＝2×A2	
A2	594	420	10	A2＝2×A3	
A3	420	297		A3＝2×A4	
A4	297	210			

2）对中符号

内容说明	X 型（L×B 型）的图框格式
对中符号是微缩摄影和复制定位标记，是从图纸四边的中点绘入图框内约 5mm 长、宽度不小于 0.5mm 的粗实线段。	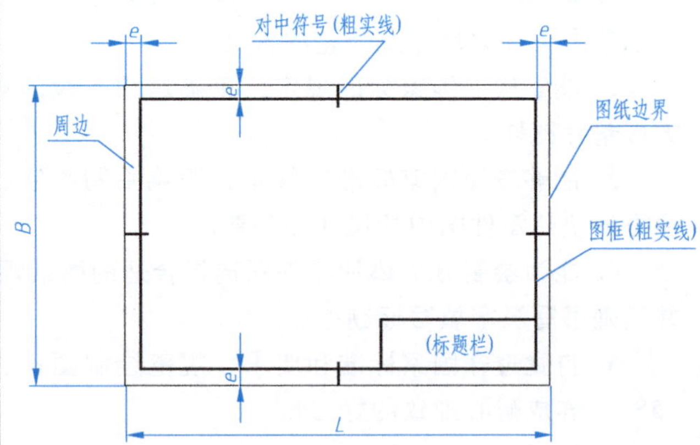

标准是约束，执行标准是素养！

② 制图：注明绘图者的姓名。

③ 校核：注明审核图样者的姓名。

④ 比例：采用的绘图比例是 1∶1。

⑤ 数量：需要加工的方形垫片的数量为 100。

⑥ 系和班：绘图者所在班级信息。

⑦ 日期：记录绘图者绘图的具体时间及校核者校核图样是否有错误信息的时间。

⑧ 材料：方形垫片的材质信息是 45 钢。

⑨ 图号：图号是指在部件中的零件编号，如为单独的一个零件，该项无意义。

步骤 2：识读一组视图及使用的图线

图 1-4 所示方形垫片零件图只有一个图形，这个图形由 1 个正方形和 6 个圆构成。

1）有 1 个用粗实线绘制而成的正方形。

2）有 1 个用细点画线绘制而成的大圆。

3）有 1 个用粗实线绘制的中等圆。

4）有 4 个用粗实线绘制的小圆。

步骤 3：识读全部尺寸

如图 1-5 所示，方形垫片的大小和组成结构要素的位置是通

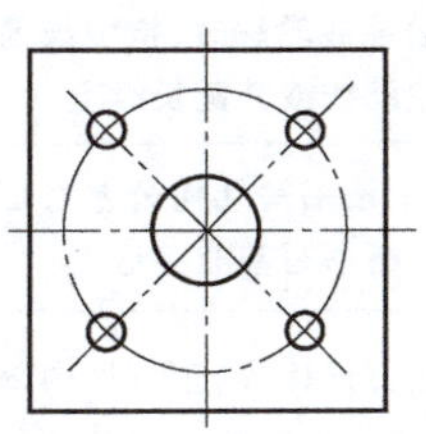

图 1-4　方形垫片图形

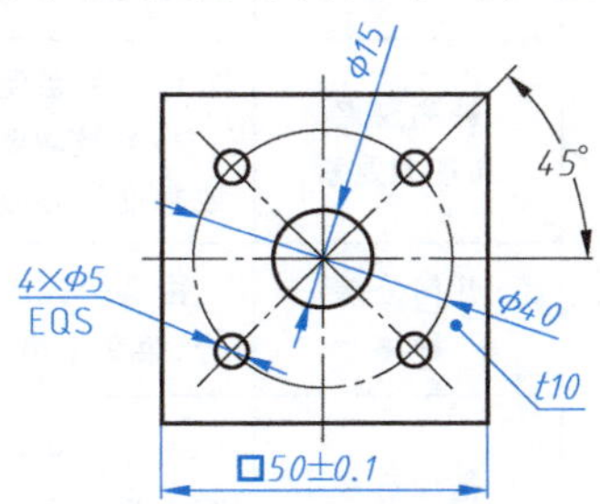

图 1-5　带尺寸的方形垫片图形

知识 2：标题栏

标题栏作用	为产品加工制造和管理者提供图样所表达的产品及图样管理等若干信息
标题栏的位置和内容	1)位于图样的右下角，标题栏中的文字方向为看图方向 2)标题栏的主要内容包括零件名称、制图、校核、比例、数量、单位、日期、材料和图号 3)填写标题栏时，小格中的内容用 3.5 号字，大格中的内容用 7 号字
简化标题栏及尺寸	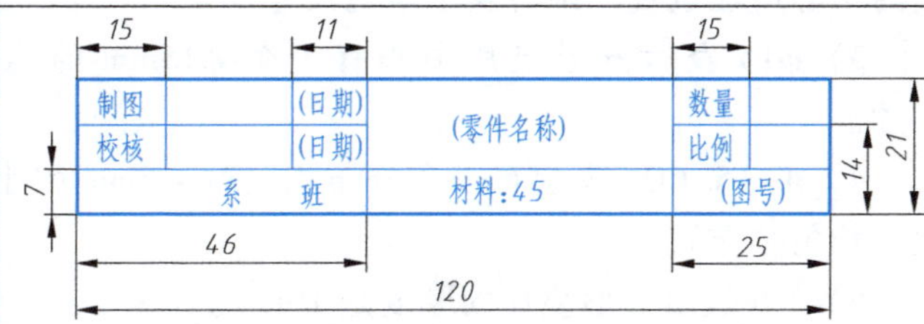

知识 3：图线

线型粗细关系	图样中图线分为粗线和细线两种，粗线与细线宽度比为 2∶1
图线宽度推荐系列及规定	1)国家标准规定线型宽度系列为：0.13mm、0.18mm、0.25mm、0.35mm、0.5mm、0.7mm、1.0mm、1.4mm、2.0mm 2)一般粗线常用 0.7mm 或 0.5mm 时，对应细线的宽度为 0.35mm 或 0.25mm 3)在同一图样中，同类图线的宽度和结构要素应一致

知识 4：方形垫片零件图使用的图线

图线名称	线型	宽度	一般应用
粗实线		d	可见轮廓线
细实线		$0.5d$	尺寸线及尺寸界线
细点画线		$0.5d$	对称中心线

标准是约束，执行标准是素养！

过图样上的尺寸数值来表达，单位均为 mm。尺寸包括□50±0.1、ϕ40、45°、ϕ15、4×ϕ5/EQS、t10。

1）□50±0.1 表示在加工这个方形垫片时，这个正方形的边长最长可以加工到 50mm+0.1mm=50.1mm，最短可以加工到 50mm−0.1mm=49.9mm。

2）ϕ40 和 45°表示 ϕ40 圆和 45°细点画线确定了 4 个 ϕ5mm 小圆的中心所在位置。两者属于定位尺寸。

3）ϕ15 表示方形垫片中心有 1 个 ϕ15mm 的孔，属于定形尺寸。

4）4×ϕ5/EQS 表示有 4 个分布均匀的 ϕ5mm 的小通孔（EQS 表示均匀分布）。

5）t10 表示方形垫片的厚度是 10mm。

步骤 4：识读技术要求

方形垫片零件图中的技术要求有两类，一类用符号标注在图样中，一类用文字书写在标题栏附近，如图 1-6 所示。

（1）尺寸公差和几何公差

1）尺寸公差有 50±0.1，其中 50 是公称尺寸，±0.1 表示这个正方形边长的上极限偏差是+0.1mm，下极限偏差是−0.1mm，这个边长最长可以是 50.1mm，最短可以是 49.9mm，这个尺寸的公差值是 0.2mm。

2）几何公差有平行度公差和垂直度公差。1、2 所指为几何公差框格，3、4 所指为基准符号。根据框格中的字母和基准符号字母判断 1 与 4 是一组，2 与 3 是一组。1、4 组的含义是以方形垫片的下面为基准，上面与下面平行，平行度公差值是 0.05mm。同理，2、3 组的含义是以方形垫片的左面为基准，上面与左面垂直，垂直度公差值是 0.01mm。

知识 5：尺寸注法

尺寸分类	1）确定图样中几何要素形状的尺寸称为定形尺寸 2）确定图样中几何要素相互位置的尺寸称为定位尺寸
尺寸单位	图样中的尺寸没有标注单位，机械图样中没有特殊说明的尺寸单位是 mm，一般不写出
符号含义	□表示正方形 ϕ 表示整个圆或大于 1/2 个圆的直径 t 表示零件的厚度 EQS 相同结构沿着圆周均匀分布

知识 6：尺寸公差和几何公差

尺寸公差		1）尺寸公差是上极限尺寸减去下极限尺寸或上极限偏差减去下极限偏差所得的代数差 2）尺寸公差是允许公称尺寸的变化范围 3）尺寸公差是正值。公差值越大，尺寸精度越低；公差值越小，尺寸精度越高
几何公差	概念	在生产实践中，被加工零件几何要素自身形状和几何要素相对位置会产生误差。要求加工精度较高的零件，应合理定出形状和位置误差的最大允许值，这个最大允许值被称为几何公差
	被测要素和基准要素	1）一般被测要素或基准要素为零件的表面、轮廓或轴线 2）当被测要素或基准要素为表面或轮廓时，指引线箭头或基准符号应该指向该要素的轮廓线或其延长线上
	几何公差框格	由 2 个或 3 个方格构成，第 1 个格书写几何公差特征符号，第 2 个格书写公差值，第 3 个格书写基准字母
	基准符号	由正三角形、一段直线、一个正方形构成，正方形内部书写大写基准字母

标准是约束，执行标准是素养！

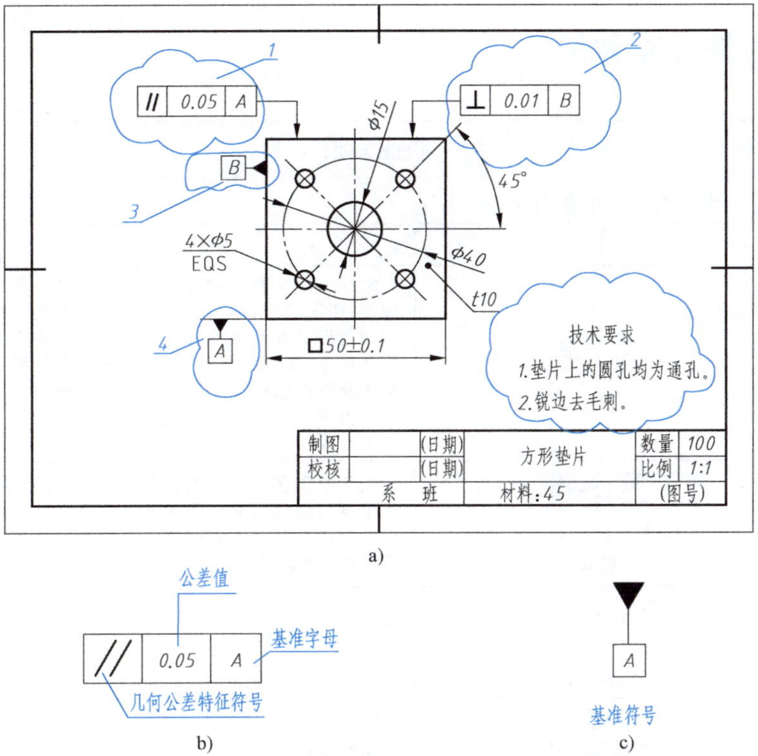

图 1-6　方形垫片零件图中的技术要求

（2）技术要求　用文字书写在标题栏上方的技术要求，表达了这个零件加工完的要求。

知识 7：几何公差特征符号

公差类型	几何特征	符号	有无基准	公差类型	几何特征	符号	有无基准
形状公差	直线度	—	无	位置公差	同心度	◎	有
	平面度	▱	无		同轴度	◎	有
	圆度	○	无		对称度	⌯	有
	圆柱度	⌭	无		位置度	⌖	有或无
方向公差	平行度	//	有		线轮廓度	⌒	有或无
	垂直度	⊥	有		面轮廓度	⌓	有或无
	倾斜度	∠	有	跳动公差	圆跳动	↗	有
	线轮廓度	⌒	有或无		全跳动	⌰	有
	面轮廓度	⌓	有或无				

❖笔记：

任务 2　绘制方形垫片零件图

职业行动	职业知识

步骤 1：绘图准备

（1）选择图纸幅面　根据方形垫片图的尺寸选择图纸幅面，方形垫片最大轮廓尺寸是正方形边长 50mm，因此，选择 A4 图纸幅面即可满足绘图要求。

因为是抄画方形垫片零件图，所以根据已给图样，图纸应该长边水平放置，如图 1-7 所示。

图 1-7　A4 图纸幅面

（2）准备主要绘图工具

1）铅笔：B、HB、H 铅笔各 1 支。

2）圆规。

3）铅笔刀（普通）。

4）橡皮（4B）。

5）三角板：30°、45°大、小三角板各 1 套。

6）直尺：长度为 30cm。

知识 8：常用的绘图工具

图例	用途
 铅笔	常用 B、HB、H 型铅笔。B 型铅笔笔尖削成楔形，用于绘制粗实线；HB、H 型铅笔笔尖削成圆锥形，HB 型铅笔用于书写汉字、数字和标注尺寸，H 型铅笔用于绘制细实线和细点画线及图形底稿等。在绘制图线过程中一定要用力均匀，从左到右画水平线段，从上到下画垂直线段
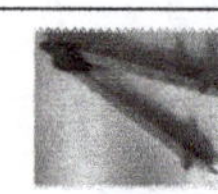 圆规	用于绘制图样中的圆，在绘制圆的过程中，一定要将金属尖垂直定在圆心位置，用力均匀顺时针或逆时针方向完成圆的绘制。圆规铅芯用 HB 即可
 铅笔刀	用于削铅笔
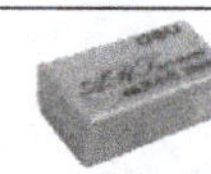 橡皮	擦除多余或画错的图线
三角板 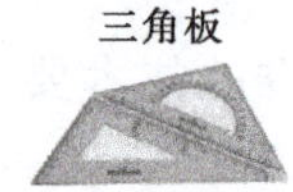	绘制各种位置的直线
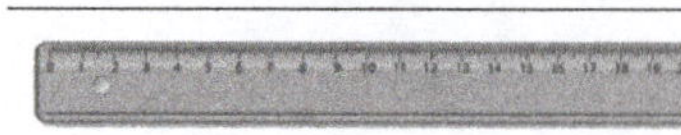 直尺	

1—绘图工具

步骤 2：绘制图框和标题栏

图纸外框用细实线绘制（在手工抄画图样时可以用图纸的纸边代替细实线，即可以省略不画）；内框用粗实线绘制，边距 $e=10mm$。对中符号从图纸四边的中点画入图框内，按照制图练习用到的标题栏尺寸格式绘制标题栏（标题栏内侧的线为细实线，外框为粗实线），如图 1-8 所示。

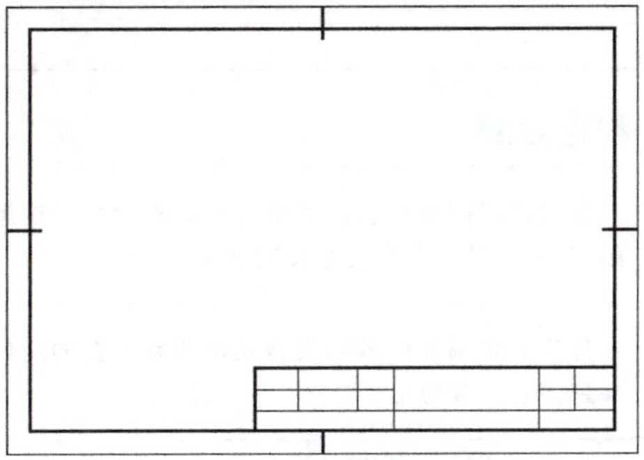

图 1-8　绘制图框、标题栏

步骤 3：绘制位置线

1）如图 1-9 所示，用细点画线绘制两条互相垂直中心线，长

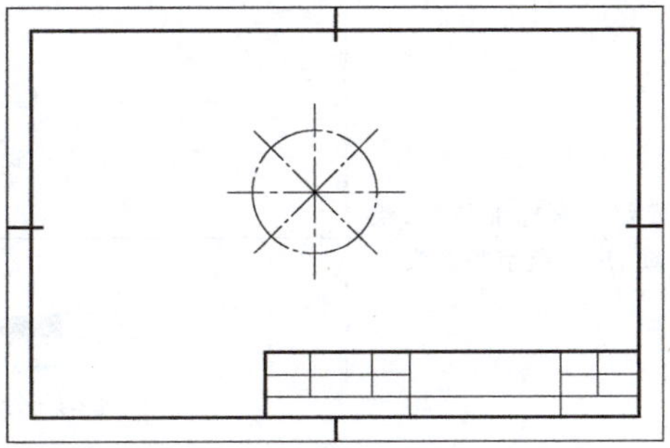

图 1-9　绘制位置线

知识 9：铅笔、圆规铅芯

类别	铅笔			圆规	
铅芯软硬	H	HB	B	HB	
铅芯形式					
用途	打底稿	绘制细点画线、细实线、细虚线，绘制尺寸界线、尺寸线，绘制箭头、写字等	加深轮廓线（粗实线）	打底稿、绘制细实线、细虚线、细点画线等	绘制粗实线圆 2—铅笔尖的形状和削法

知识 10：圆规的使用方法

图例	使用方法
	使用圆规一定注意金属尖垂直纸面，铅笔尖一侧用力均匀逆时针或顺时针方向绘制圆，圆尽量一次绘制完成，否则圆心错位容易出现双线

标准是约束，执行标准是素养！

度是 56mm（因为按照规定对称中心线应超出图样外轮廓线 3～5mm，而正方形边长是 50mm，为满足规定要求，保证对称一边超出 3mm）。

2）以中心线交点为圆心，用细点画线绘制 ϕ40mm 圆，再通过圆心画 45°和 135°的角度线，与圆相交得到 4 个交点，确定了 4 个 ϕ5mm 小圆的圆心。

步骤 4：绘制已知线段

1）用细实线轻轻地画边长是 50mm 的正方形（图 1-10）。

2）用细实线画 ϕ15mm 圆。

3）以 45°和 135°的角度线与 ϕ40mm 圆相交得到 4 个交点为圆心，用细实线画 4 个 ϕ5mm 小圆。

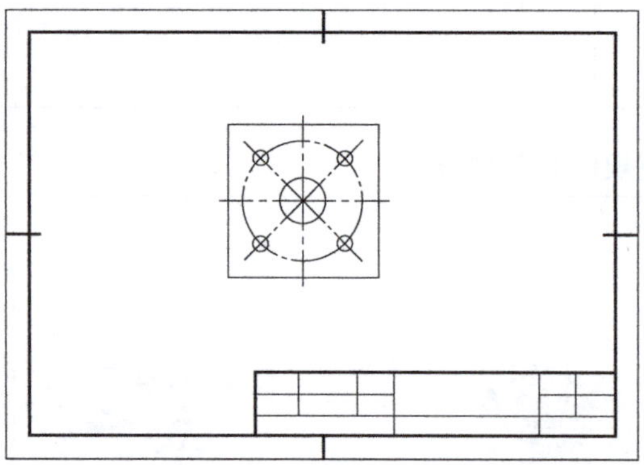

图 1-10　绘制已知线段

4—几何公差框格画法规定

5—基准符号画法规定

知识 11：绘图要点

1	绘制点画线时注意长画和短画之间间隔 1mm，借助 45°三角板绘制 45°和 135°的角度线
2	圆心中心线交叉处，使点画线的长画相交

知识 12：尺寸标注步骤

1. 定形尺寸	标注确定图样中各种类型几何要素形状的定形尺寸，如圆、圆弧的直径、半径和直线段的长度等
2. 定位尺寸	标注确定图样中各种类型几何要素位置的定位尺寸，如圆心距、确定圆心位置的尺寸等
3. 其他尺寸	标注其他尺寸，如零件的厚度，用 t 表示

知识 13：尺寸四要素及箭头的画法

规定	图例
标注尺寸一定按照国家标准规定，绘制尺寸界线、尺寸线、尺寸数字和箭头	 尺寸四要素
	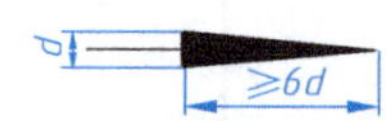 箭头画法

步骤 5：加深图线

加粗、加深外轮廓线，如图 1-11 所示。

＊注意：圆规、铅笔的正确使用方法（保持用力均匀，图线绘制均匀）。

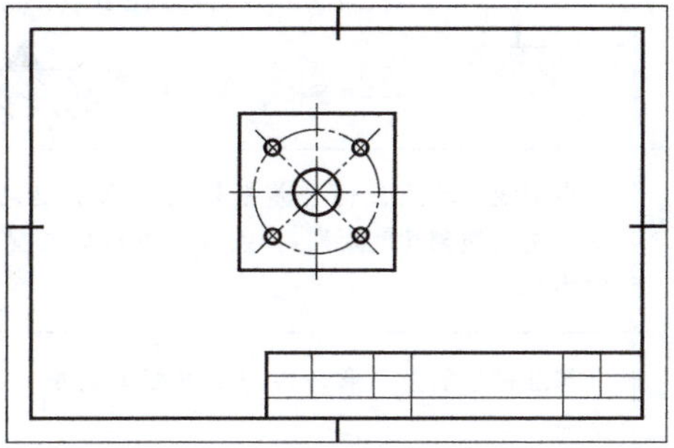

图 1-11　加深图线，完成绘图

6—绘制方形垫片图的步骤

7—方形垫片图的尺寸标注步骤

8—方形垫片图的几何公差标注步骤

知识 14：图上字体的书写

字体高度	字体高度公称尺寸系列：1.8mm、2.5mm、3.5mm、5mm、7mm、10mm、14mm、20mm，高度按$\sqrt{2}$比例递增。汉字应写成长仿宋体字，并应采用国家正式公布的简化汉字，高度一般应不小于 3.5mm
字型	字母和数字分 A 型和 B 型两种。A 型字体的笔画宽度 $d=h/14$，B 型字体的笔画宽度 $d=h/10$。在同一张图样上，只允许选用一种形式的字体
字体	字母和数字可写成斜体或直体。斜体字字头向右倾斜，与水平基准线成 75°。用作指数、分数、极限偏差、注脚等的数字及字母，一般采用小一号的字体。字符之间的距离应是 $2d$。如果某些字符写在一起，距离可以是 $1d$

知识 15：数字书写

为避免绘制草图时尺寸标注出现数字混淆，一般尽量采用手写体。

3—数字的书写

步骤 6：标注尺寸

1）标注定位尺寸：ϕ40、45°。

2）标注定形尺寸：□50±0.1、ϕ15、4×ϕ5/EQS。

3）标注其他尺寸：t10。

步骤 7：注写技术要求

1）按照国家标准绘制几何公差框格和基准符号，并在图样上进行注写。

2）按照国家标准规定的汉字和字母书写标题栏附近的技术要求。

步骤 8：填写标题栏

按照国家标准规定的汉字和字母填写标题栏。

知识 16：几何公差标注

几何公差框格和基准符号尺寸及画法	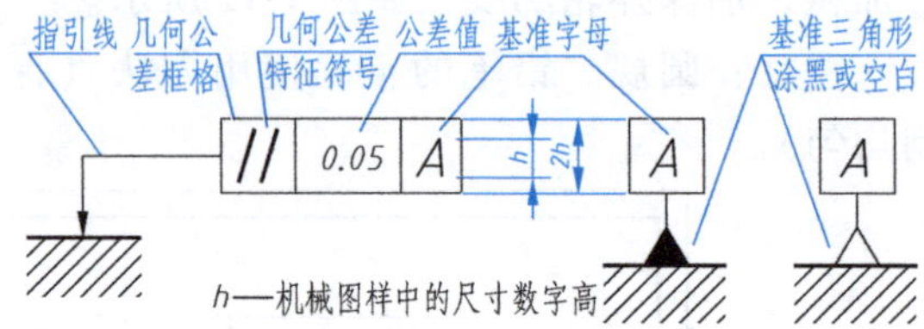
几何公差框格标注	指引线一端由几何公差框格的中点引出，另一端带有箭头。箭头指向被测几何要素，指引线可以根据情况折弯，折弯角度一般为 90°
基准标注	基准符号的三角形一边与基准要素对准，三角形可以涂黑或空白

❖ 笔记：

测　　评

知识测评

请确定关键词，按重要程度进行关键词排序并举例解读。根据自己的判断给关键词赋予权重，满分 100 分。

方形垫片零件图识读知识测评表

序号	关键词	举例解读	评分自定
1			
2			
3			
4			
5			

技能测评

表中所列内容，操作规范即得分，操作错误或未操作即零分。

方形垫片零件图绘制技能测评表

序号	技能点	配分	得分
1	使用绘图工具	20	
2	运用线型表达图样	30	
3	标注尺寸和几何公差	30	
4	图框绘制及填写标题栏	20	
总分		100	

素质测评

表中所列素质点，做到即得分，未做到即零分。

素质测评表

序号	素质点	配分	得分
1	学习纪律	20	
2	工具使用、摆放	20	
3	严谨认真、一丝不苟的精神	20	
4	互帮互助、团队精神	20	
5	绘图环境“5S”	20	
总分		100	

拓展训练

1）请列举出在识读和绘制方形垫片零件图时易出现的问题，分析产生问题的原因及为避免问题采取的措施。

2）请利用思维导图，按照其格式，对方形垫片零件图识读与绘制学习中的收获进行总结。

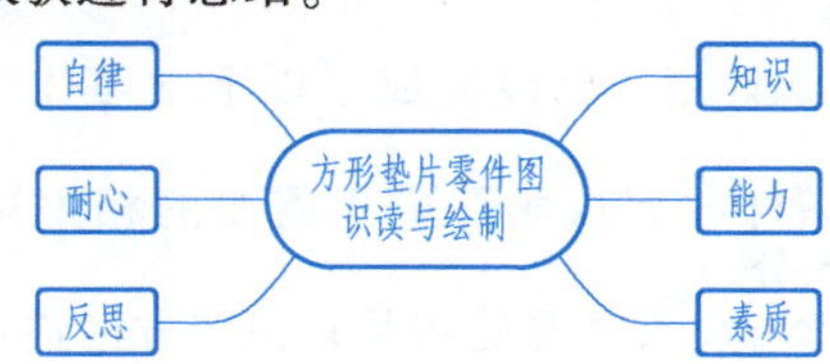

学习考评

学习成果

一、考评项目

根据所学，请识读和绘制图1-12所示的零件图。

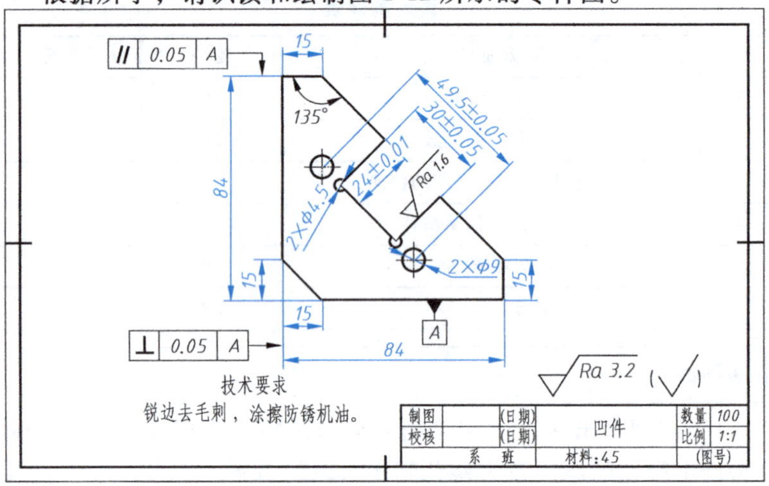

图1-12　凹件零件图

二、实施准备

1. 学生准备

学生按照教学计划，已经完成了以下学习任务，可进行该学习成果的实施。

1）能分析图样并完成学习成果需要的相关知识和方法的学习，得分大于75分。

2）能运用学习成果需要的相关知识和方法进行图样识读，得分大于75分。

3）能运用学习成果需要的相关知识和方法进行图样绘制，得分大于80分。

4）自觉遵守国家标准相关规定、规范识图绘图、严格执行“5S”规定、养成团结协作的好习惯，得分大于80分。

5）能识读凹件零件图。

6）能确定凹件零件图的绘图步骤。

2. 教师准备

1）在安排学生实施学习成果前，通过课堂问题研讨、作业、实训和考核及其他方式，确认学生已经具备了实施学习成果所需的知识、技能和素质，并确保学生独立进行操作。

2）对学生自评、小组互评、教师评价进行测评的方法培训，明确评价的意义和重要性，确保测评结果的准确性和公平性。

3）准备好测评记录。

三、考核方法与标准

1）评价监管。组长监控小组成员自评结果、教师监控小组互评结果、教师最终评价。

2）详细记录学生在实施学习成果过程中的方法步骤、完成时间以及出现错误等情况，学习成果要求在60min内完成。

3）考核内容及标准见下表。

考核内容及标准

序号	完成任务	考核内容	考核标准	配分	得分
1	识读凹件零件图	识读标题栏、图框	正确率10%~100%（1~5分）	50	
		识读视图	正确率10%~100%（1~15分）		
		识读尺寸	正确率10%~100%（1~15分）		
		识读技术要求	正确率10%~100%（1~15分）		
2	绘制凹件零件图	绘制标题栏、图框	不符合国家标准-5分	50	
		绘制视图	不符合国家标准-15分		
		标注尺寸	不符合国家标准-15分		
		注写技术要求	不符合国家标准-15分		

标准是约束，执行标准是素养！

知识拓展——绘制垫片平面图形

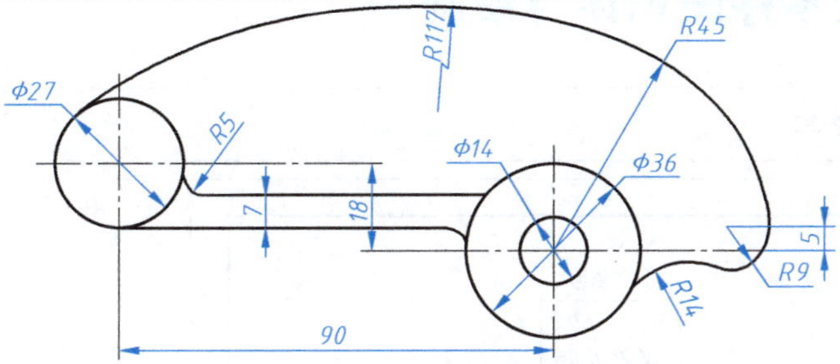

图 1-13　绘制垫片平面图形

步骤	内容
1. 画尺寸基准线和已知线段	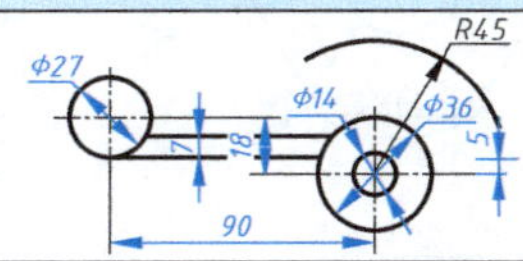
2. 画中间线段(圆弧)画中间圆弧 *R*9	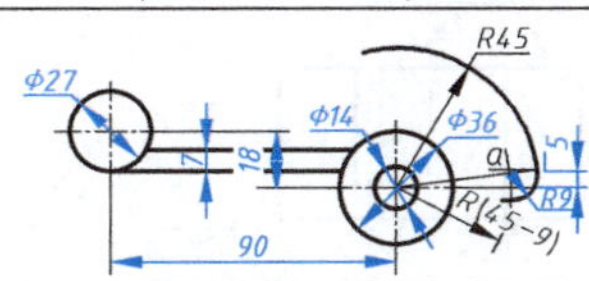
3. 画连线线段(圆弧)画连接圆弧 *R*117	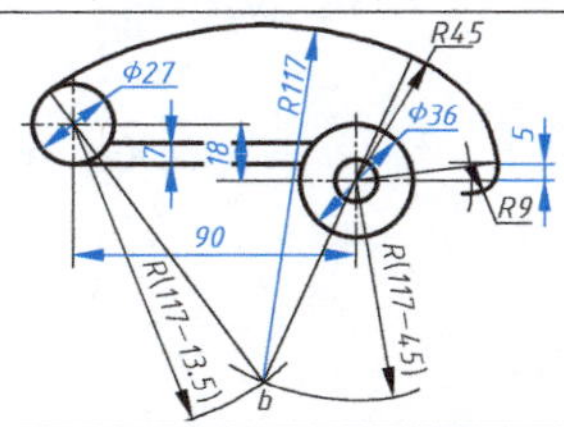
4. 画圆弧线段 *R*14 和 *R*5	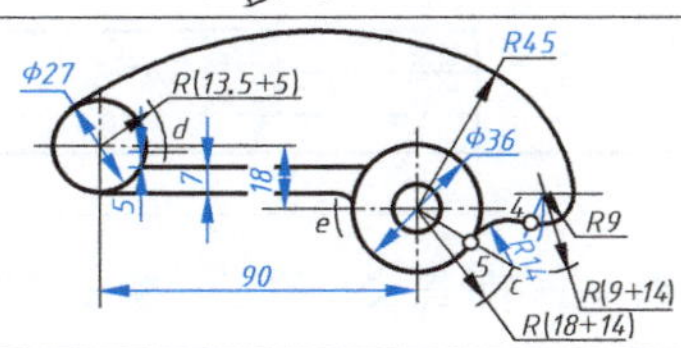

相关知识：

尺寸定义	定位尺寸	确定平面图形上各个几何要素位置的尺寸
	定形尺寸	确定平面图形上各个几何要素形状的尺寸
线段定义	已知线段	定形定位尺寸齐全,可以直接画出的线段
	中间线段	只有定形尺寸和一个定位尺寸,另一个定位尺寸必须根据相邻已知线段的几何关系求出才能画出的线段
	连接线段	只有定形尺寸,其定位尺寸必须依靠两端相邻已知线段求出才能画出的线段

（1）图形分析　图 1-13 垫片平面图形是由圆、圆弧、直线组成的。通过平面图形及尺寸分析可知，该平面图形上、下、左、右都不对称，$\phi36$ 的水平中心线是高度方向尺寸标注的起点，$\phi36$ 的垂直中心线为长度方向尺寸标注的起点。

（2）尺寸分析

1）定位尺寸：90、18 和 5。

2）定形尺寸：$\phi27$、$\phi36$、$\phi14$、*R*45、*R*5、*R*117、*R*14、*R*9 和 7。

（3）线段分析

1）已知线段：$\phi27$、$\phi36$、$\phi14$、*R*45、相距 7 的直线。

2）中间线段：已知圆弧 *R*9 的一个定位尺寸为 5，另一个定位尺寸需要求出，圆弧 *R*9 为中间线段。

3）连接线段：*R*117、*R*14 和 *R*5。它们分别与 $\phi27$、*R*45 和 *R*9、$\phi36$ 及 $\phi27$（$\phi36$）和直线相切，圆心需要通过作图求出。

拓展阅读——“图”是人类的智慧：图是用绘画方法表现出来各种实物的形象。人类从远古走到现代，几乎每个脚印都含有“图”的踪迹。人类与“图”结下了不解之缘。在文字还没有形成之前，“图”是人类表达某种意图、传递信息的重要手段。虽然这些“图”仅仅是在地面上或树皮、岩石上的简单刻划，但在那个时期“图”是实实在在地存在并被人类所应用。

标准是约束，执行标准是素养！

项目2　带螺纹孔的正六棱柱零件图识读与绘制

项目描述

依据机械制图国家标准的相关规定识读与绘制带螺纹孔的正六棱柱零件图（图 2-1）。

项目要求

1. 能够正确识读带螺纹孔的正六棱柱零件图承载的各项信息。

2. 能够正确使用绘图工具，按照绘图基本步骤和国家标准规定抄画出带螺纹孔的正六棱柱零件图。

学习目标

1. 能叙述视图、三视图的概念和绘制三视图。

2. 正确识读带螺纹孔的正六棱柱零件图上的知识信息，主要包括尺寸公差和几何公差的含义。

3. 正确运用图线的规定画法，绘制带螺纹孔的正六棱柱零件图。

4. 正确熟练书写数字、绘制箭头，标注带螺纹孔的正六棱柱零件图中的尺寸、几何公差和表面粗糙度。

5. 能为绘制带螺纹孔的正六棱柱零件图选择合适的图纸幅面、绘制图框并正确书写汉字、填写标题栏。

6. 自觉遵守国家标准和要求、规范绘制图样、保持绘图环境“5S”、养成耐心细致的好习惯。

学习载体

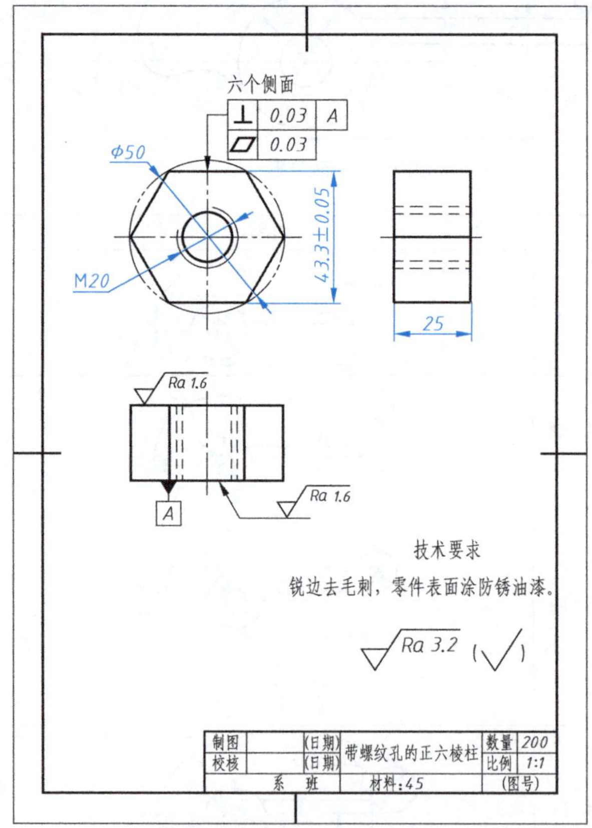

图 2-1　带螺纹孔的正六棱柱零件图

9—带螺纹孔的正六棱柱钳加工过程

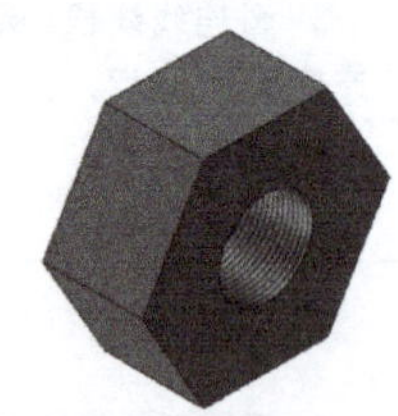

图样中每一条图线的绘制都应一丝不苟！

任务 1　识读带螺纹孔的正六棱柱零件图

职业行动

步骤 1：识读图框和标题栏

1）根据带螺纹孔的正六棱柱的外形尺寸可以判断此图纸幅面是 A4（Y 型），尺寸规格为 210mm×297mm。

2）采用的图框格式如图 2-2 所示。

3）标题栏采用的是简化标题栏，如图 2-1 所示。

① 零件名称：带螺纹孔的正六棱柱。

② 制图。

③ 校核。

④ 比例：采用的绘图比例是 1∶1。

⑤ 数量：需要加工的带螺纹孔的正六棱柱的数量为 200。

⑥ 系和班。

⑦ 日期。

⑧ 材料：零件采用的材料是 45 钢。

⑨ 图号：在部件中的零件编号，如为单独的一个零件，该项无意义。

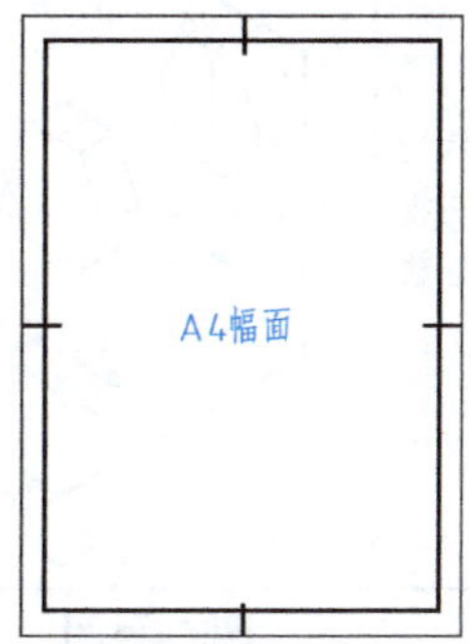

图 2-2　图框格式

职业知识

知识 1：标准图纸幅面及图框格式

Y 型图框格式	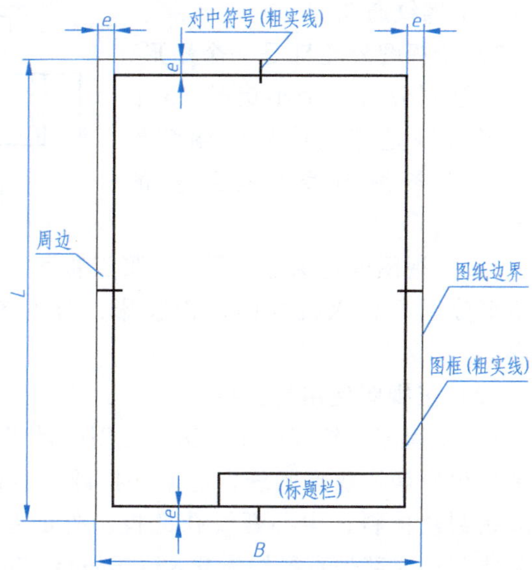
尺寸($B\times L$ 型)	210mm×297mm
边距 e/mm	10

❖笔记：

图样中每一条图线的绘制都应一丝不苟！

步骤 2：识读一组视图及使用的图线

如图 2-3 所示，该带螺纹孔的正六棱柱零件图有三个图形，分别是主视图、俯视图和左视图。

（1）视图

1）主视图外轮廓是一个正六边形，正六边形有一个外接圆，中心有一个螺纹通孔。

2）俯视图外轮廓是一个矩形，矩形又被划分为 3 个小矩形，3 个小矩形分别是正六棱柱的侧面投影；有 4 条细虚线是螺纹孔的投影。

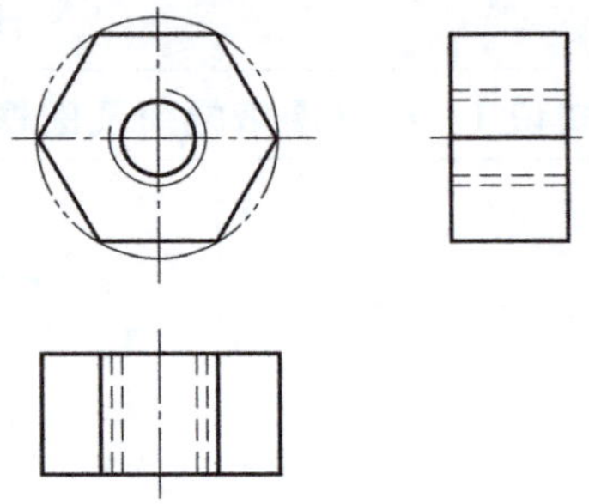

图 2-3　三视图

3）左视图外轮廓是矩形，矩形又被划分为 2 个小矩形，2 个小矩形分别是正六棱柱的侧面投影；有 4 条细虚线是螺纹孔的投影。

（2）三视图使用的图线

1）主视图外轮廓的正六边形使用的是粗实线，正六边形的外接圆使用的是细双点画线，这个外接圆表示该正六棱柱加工前的毛坯是圆柱棒料；中心螺纹孔的投影外面是直径为 20mm 的 3/4 细实线圆，内部是直径约为 0.85×20mm＝17mm 的粗实线圆。

2）俯视图。外轮廓是粗实线绘制的矩形，矩形内部有 2 条粗实线和 4 条细虚线。

3）左视图。外轮廓是粗实线绘制的矩形，矩形内部有 1 条粗实线和 4 条细虚线。

知识 2：视图

视图概念	视图是把人的视线假想成相互平行且垂直投影面的一组射线，将物体投射在投影面上所得的投影
三视图	三视图就是将物体置于三个相互垂直且交于一点的投影平面组成的三投影面体系中，然后从物体的三个方向观察，在三个投影面上所得的三个视图
正六棱柱三视图形成	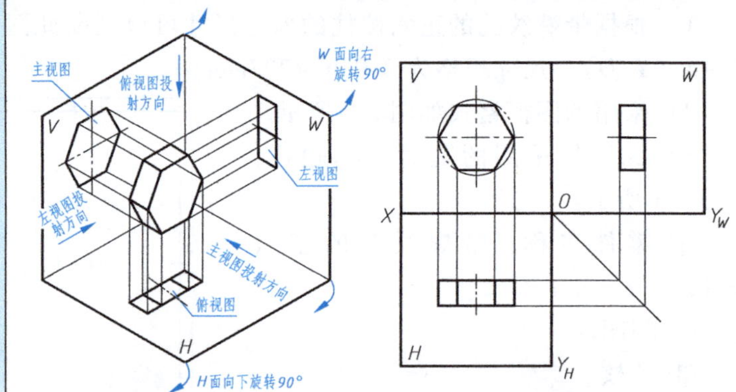

10—三视图概念　　11—三视图的形成

知识 3：带螺纹孔的正六棱柱零件图使用的图线

图线名称	线型	宽度	一般应用
粗实线	————	d	可见轮廓线
细实线	————	0.5d	尺寸线及尺寸界线
细点画线	—·—·—·—	0.5d	对称中心线
细虚线	— — — —	0.5d	不可见轮廓线
细双点画线	—··——··—	0.5d	毛坯的轮廓线

图样中每一条图线的绘制都应一丝不苟！

步骤 3：识读全部尺寸

零件图中只有 4 个尺寸：ϕ50、M20、43.3±0.05 和 25，如图 2-4 所示。

1）ϕ50 表示加工成品之后正六棱柱的正截面的外接圆的理想直径尺寸是 50。

2）M20 表示螺纹孔的公称直径为 20mm，牙型角为 60°，粗牙普通螺纹。

3）43.3±0.05 是为了保证正六棱柱的正截面的外接圆的理想直径尺寸是 50，需要在加工中随时测量两个相互平行的一对侧面之间的距离尺寸，最大是 43.35mm，最小是 43.25mm。

4）25 是正六棱柱最终加工完成的厚度尺寸。

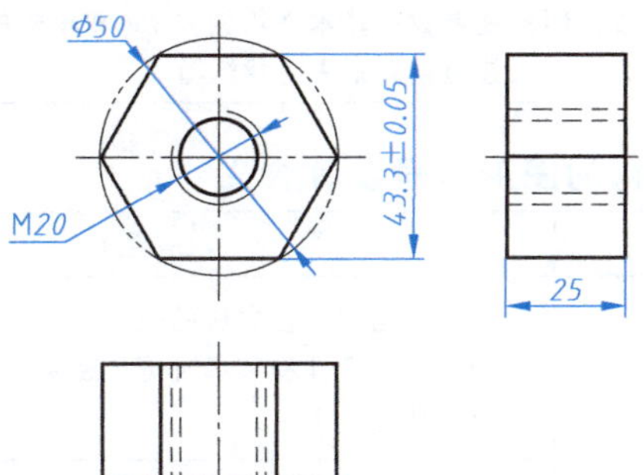

图 2-4　三视图尺寸标注

知识 4：内、外螺纹的结构

螺纹	螺纹是零件上最常见的一种结构，在圆柱或圆锥表面上加工的螺纹称为外螺纹，在圆柱或圆锥孔内加工的螺纹称为内螺纹	
车削螺纹	车削外螺纹	车削内螺纹
	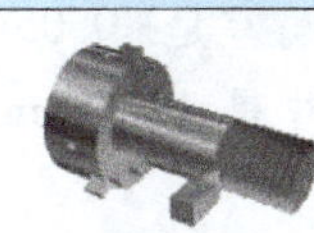	
钳加工螺纹	套螺纹	攻螺纹
	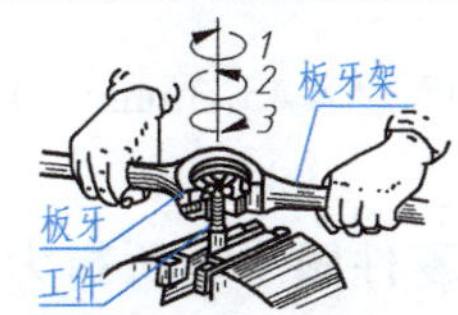	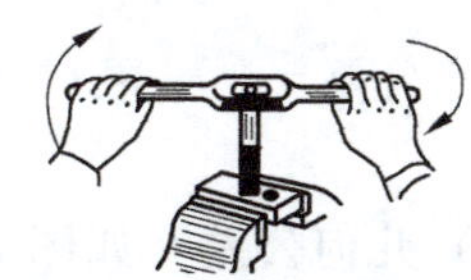
内螺纹的表达	内螺纹结构要素	内螺纹画法
	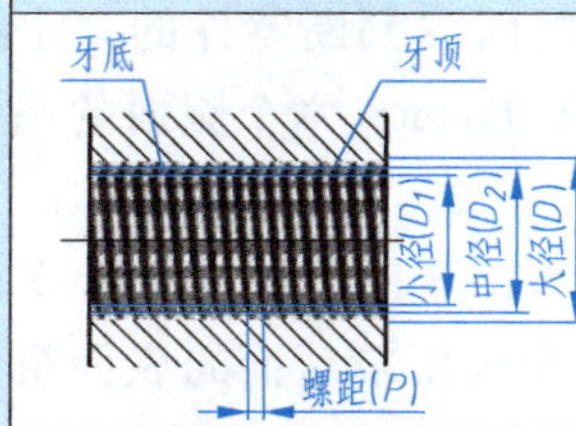	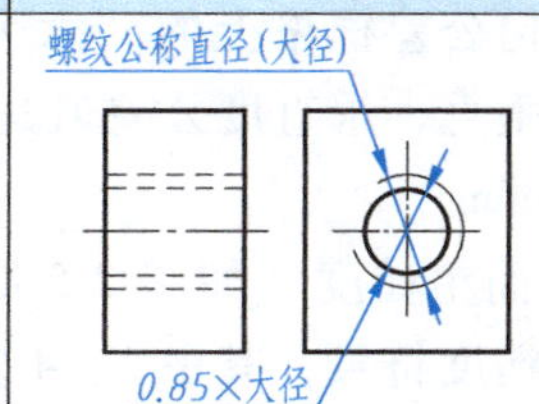 12—螺纹孔的画法规定

知识 5：三视图中的尺寸标注

项目	内容	图例
遵循原则	1）主视图标注——长、高尺寸；俯视图标注——长、宽尺寸；左视图标注——宽、高尺寸 2）同一尺寸只标注一次 3）首先标注主视图上的尺寸；其次标注俯视图上的尺寸；最后标注左视图上的尺寸	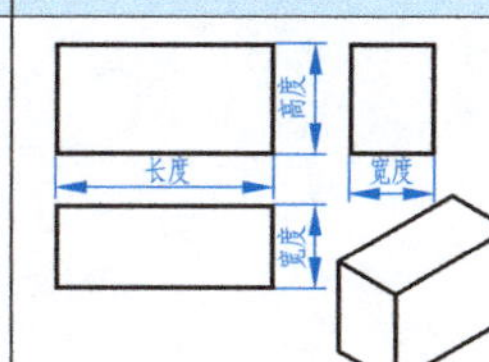

图样中每一条图线的绘制都应一丝不苟！

步骤 4：识读技术要求

带螺纹孔的正六棱柱零件图中的技术要求有两类，一类用符号标注在图样中，一类用文字书写在标题栏附近。

（1）尺寸公差　尺寸 43.3±0.05 中 43.3 是公称尺寸，±0.05 表示上下两个面之间距离尺寸的上极限偏差是+0.05mm，下极限偏差是-0.05mm，这个距离的上极限尺寸是 43.35mm，下极限尺寸是 43.25mm，这个尺寸的公差值是 0.1。

尺寸公差=上极限偏差-下极限偏差=+0.05mm-(-0.05mm)=0.1mm

尺寸公差=上极限尺寸-下极限尺寸=43.35mm-43.25mm=0.1mm

（2）几何公差　如图 2-5 所示，零件图中 1 所指为几何公差框格，2 所指为基准符号。根据几何公差框格中的字母和基准符号字母以及几何公差框格上的“六个侧面”判断零件的六个侧面与零件的前面垂直，垂直度公差值是 0.03mm；六个侧面的平面度公差值是 0.03mm。

（3）表面粗糙度　如图 2-5 所示，零件图中 3、4、5 所指符号为表面粗糙度符号，其中 3、4 所指表示前后面的表面粗糙度值是 *Ra*1.6μm，5 所指表示六个侧面的表面粗糙度值是 *Ra*3.2μm。

（4）文字要求　对加工后的锐边去除毛刺，零件表面进行涂防锈油漆处理。

知识 6：技术要求

公称尺寸	公称尺寸是指设计给定的尺寸
极限尺寸	极限尺寸是指允许尺寸要素的两个极端值，分别为上极限尺寸和下极限尺寸
极限偏差	允许尺寸变动的极限偏差值，包括上极限偏差和下极限偏差
尺寸公差	允许尺寸变动范围
尺寸公差计算	尺寸公差=上极限偏差-下极限偏差=上极限尺寸-下极限尺寸
平面度	平面度衡量的是零件上某一个表面与理想状态相比的平整程度，属于形状公差
垂直度	垂直度衡量的是两个几何要素之间相互垂直的情况，属于方向公差
表面粗糙度	1）加工零件时，由于刀具在零件表面上留下刀痕和切削分裂时金属表面的塑性变形等原因，使零件表面存在着间距较小的轮廓峰谷。这种表面上具有较小的峰谷所组成的微观几何特性称为表面粗糙度 2）表面粗糙度参数有算术平均偏差 *Ra* 和轮廓的最大高度 *Rz*，数值单位为“μm”，数值越大则表面越粗糙

知识 7：表面结构的图形符号及其含义

符号名称	符号	含义
基本图形符号		表示未指定工艺方法的表面，仅用于简化代号的标注 当通过一个注释解释时可单独使用，没有补充说明时不能单独使用
扩展图形符号		要求去除材料的图形符号，表示用去除材料方法获得的表面，如通过机械加工（车、铣、钻、磨等）的表面，仅当其含义是“被加工并去除材料的表面”时可单独使用
扩展图形符号		不允许去除材料的图形符号，表示用不去除材料方法获得的表面，如铸、锻等；也可用于表示保持上道工序形成的表面，不管这种状况是通过去除材料还是通过不去除材料方法获得的

图样中每一条图线的绘制都应一丝不苟！

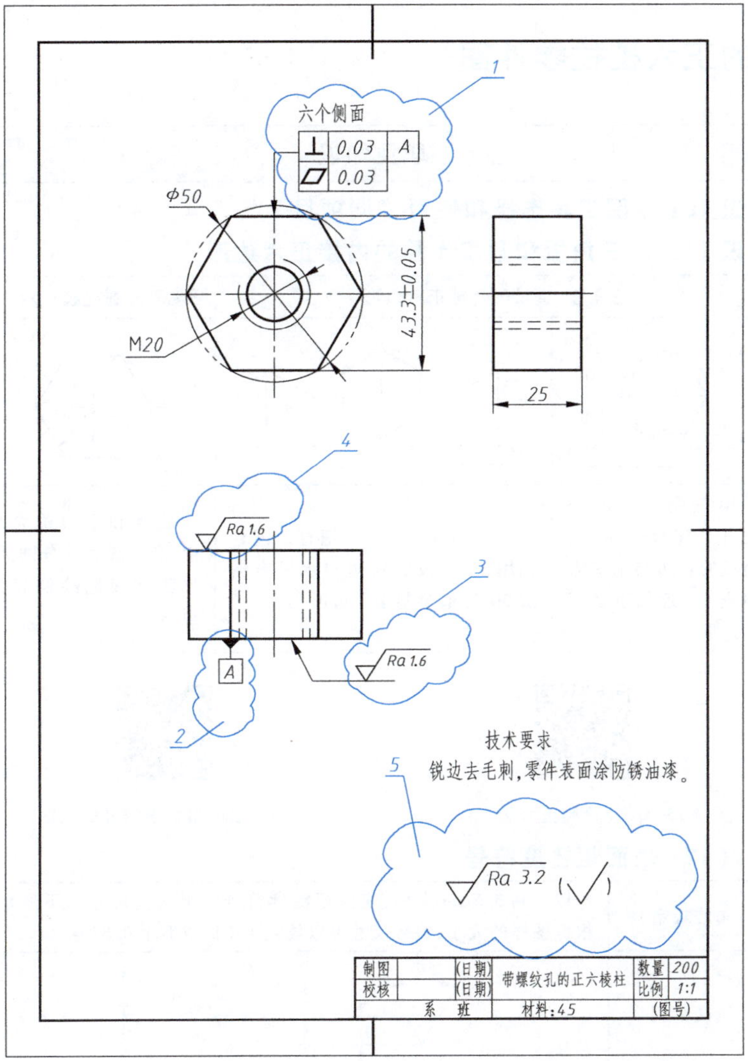

图 2-5　带螺纹孔的正六棱柱零件图中的技术要求

知识 8：表面粗糙度应用举例

表面粗糙度的注写图例		备注
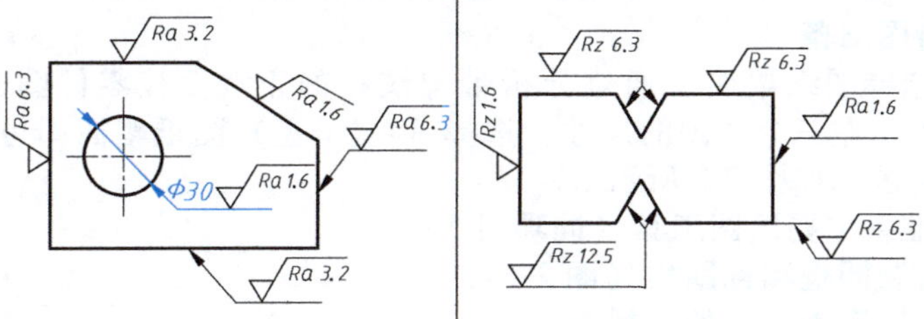		应使注写和读取方向与尺寸的注写和读取方向一致

知识 9：表面处理

对于有防腐等要求的零件需要进行涂油漆处理，需要在标题栏附近用文字说明。

❖笔记：

任务 2　绘制带螺纹孔的正六棱柱零件图

职业行动	职业知识

步骤 1：绘图准备

（1）选择图纸幅面　通过分析带螺纹孔的正六棱柱零件图，根据主、俯、左三个视图的尺寸，选择 A4（Y 型）图纸幅面即可满足绘图要求，如图 2-2 所示。

（2）准备主要绘图工具（同项目 1）。

步骤 2：绘制图框和标题栏（图 2-6a）

步骤 3：绘制正六棱柱的三视图

1）用细点画线绘制两条相互垂直中心线，长度是 56mm，如图 2-6b 所示。

2）根据三视图之间的位置、尺寸关系，用细实线、细点画线确定左视图和俯视图的位置，如图 2-6c 所示。

3）用细双点画线绘制 ϕ50mm 圆，等分圆周绘制正六边形，如图 2-6d 所示 。

4）根据长对正、高平齐、宽相等绘制正六棱柱的俯、左视图，如图 2-6e 所示。

5）用 3/4 细实线圆表达螺纹孔 M20 底圆；再绘制螺纹孔的牙顶圆，直径是 0. 85×20mm。

6）绘制螺纹孔的俯、左视图。

步骤 4：加深图线，完成绘图（图 2-6f）

步骤 5：标注尺寸

1）标注正六边形外接圆直径 ϕ50。

2）标注正六边形对边距离 43. 3±0. 05（加工过程中需要通过测量该尺寸，达到加工要求）。

3）标注螺纹孔公称直径尺寸 M20。

4）标注正六棱柱的厚度尺寸 25。

知识 10：绘图工具选择和使用（同项目 1）

知识 11：用三角板和圆规作圆的内接正六边形

三角板、直尺配合画正六边形		圆规等分圆周画正六边形
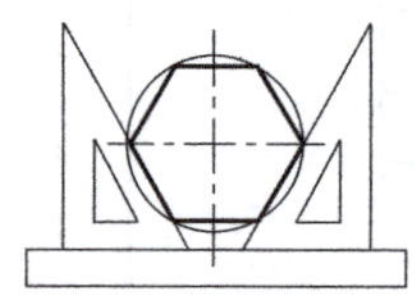	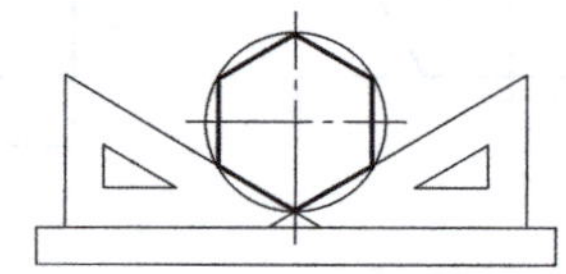	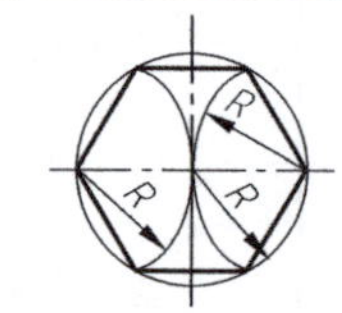
30°三角板两块，一把直尺配合使用，三角板的斜边与水平方向成 60°近似绘制正六边形	30°三角板两块，一把直尺配合使用，三角板的斜边与水平方向成 30°近似绘制正六边形	圆规和直尺配合使用，利用圆规等分圆周，比较准确地绘制正六边形

13—尺规绘制正六边形　　14—表面粗糙度符号的画法

知识 12：表面粗糙度符号

画法规定	以字高 3.5mm 为例，表面粗糙度符号的画法及尺寸如下所示。根据图样的大小，符号尺寸可以放大 1.4 倍或缩小 0.67 倍。
画法举例	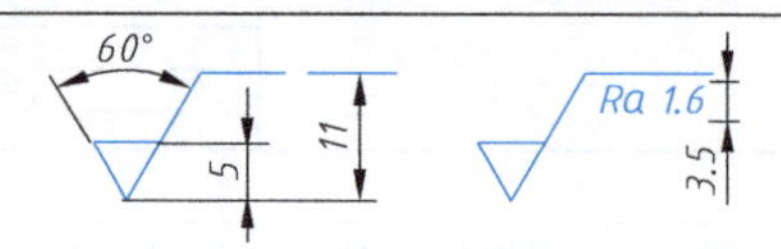

图样中每一条图线的绘制都应一丝不苟！

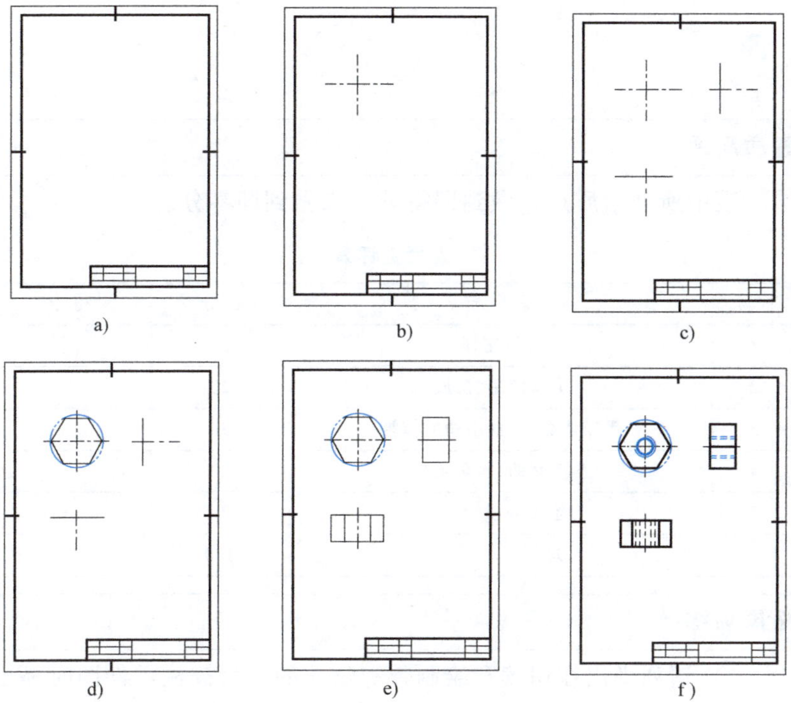

图 2-6　绘图步骤

步骤 6：注写技术要求（同项目 1）

步骤 7：填写标题栏（同项目 1）

❖笔记：

15—绘制带螺纹孔的正六棱柱视图步骤

16—带螺纹孔的正六棱柱尺寸标注步骤

17—带螺纹孔的正六棱柱几何公差标注步骤

18—带螺纹孔的正六棱柱图样绘制

19—带螺纹孔的正六棱柱表面粗糙度标注步骤

图样中每一条图线的绘制都应一丝不苟！

测　评

知识测评

请确定关键词，按重要程度进行关键词排序并举例解读。根据自己的判断给关键词赋予权重，满分 100 分。

带螺纹孔的正六棱柱零件图识读知识测评表

序号	关键词	举例解读	评分自定
1			
2			
3			
4			
5			

素质测评

表中所列素质点，做到即得分，未做到即零分。

素质测评表

序号	素质点	配分	得分
1	学习纪律	20	
2	工具使用、摆放	20	
3	严谨认真、一丝不苟的精神	20	
4	互帮互助、团队精神	20	
5	绘图环境“5S”	20	
总分		100	

技能测评

表中所列内容，操作规范即得分，操作错误或未操作即零分。

带螺纹孔的正六棱柱零件图绘制技能测评表

序号	技能点	配分	得分
1	使用绘图工具	20	
2	运用线型表达图样	30	
3	标注尺寸、几何公差和表面粗糙度	30	
4	图框绘制及填写标题栏	20	
总分		100	

拓展训练

1）请列举出在识读和绘制带螺纹孔的正六棱柱零件图时易出现的问题，分析产生问题的原因及为避免问题采取的措施。

2）请利用思维导图，按照其格式对带螺纹孔的正六棱柱零件图识读与绘制学习中的收获进行总结。

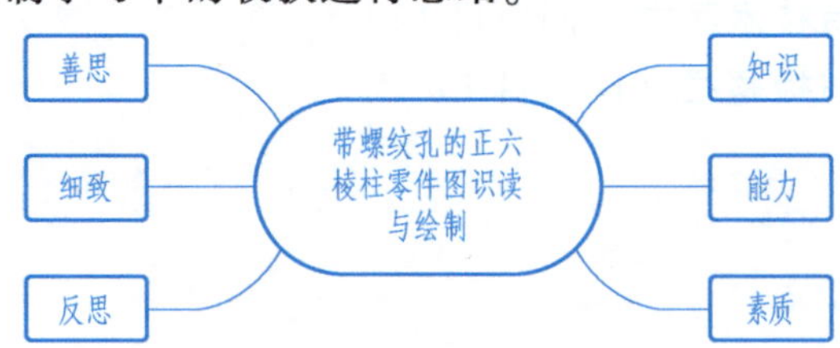

图样中每一条图线的绘制都应一丝不苟！

学习考评

学习成果

一、考评项目

根据所学，请识读和绘制图 2-7 所示的零件图。

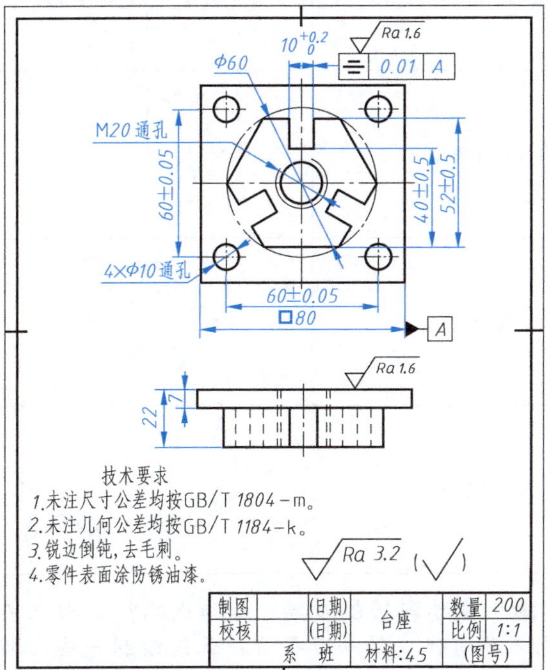

图 2-7　台座零件图

二、实施准备

1. 学生准备

学生按照教学计划，已经完成了以下学习任务，可进行该学习成果的实施。

1）能够分析图样并完成学习成果需要的相关知识和方法的学习，得分大于 75 分。

2）能够运用学习成果需要的相关知识和方法进行图样识读，得分大于 75 分。

3）能够运用学习成果需要的相关知识和方法进行图样绘制，得分大于 80 分。

4）具有自觉遵守国家标准相关规定、规范识图绘图、严格执行“5S”规定、团结协作的好习惯，得分大于 80 分。

5）能识读台座零件图。

6）能确定台座零件图的绘图步骤。

2. 教师准备

1）在安排学生实施学习成果前，通过课堂问题研讨、作业、实训和考核及其他方式，确认学生已经具备了实施学习成果所需的知识、技能和素质，并确保学生独立进行操作。

2）对学生自评、小组互评、教师评价进行测评的方法培训，明确评价的意义和重要性，确保测评结果的准确性和公平性。

3）准备好测评记录。

三、考核方法与标准

1）评价监管。组长监控小组成员自评结果、教师监控小组互评结果、教师最终评价。

2）详细记录学生在实施学习成果过程中的方法步骤、完成时间以及出现错误等情况，学习成果要求在 60min 内完成。

3）考核内容及标准见下表。

考核内容及标准

序号	完成任务	考核内容	考核标准	配分	得分
1	识读台座零件图	识读标题栏、图框	正确率 10%～100%（1～5 分）	50	
		识读视图	正确率 10%～100%（1～15 分）		
		识读尺寸	正确率 10%～100%（1～15 分）		
		识读技术要求	正确率 10%～100%（1～15 分）		
2	绘制台座零件图	绘制标题栏、图框	不符合国家标准－5 分	50	
		绘制视图	不符合国家标准－15 分		
		标注尺寸	不符合国家标准－15 分		
		注写技术要求	不符合国家标准－15 分		

图样中每一条图线的绘制都应一丝不苟！

知识拓展——绘制五角星和圆的内接正五边形

五角星是中心对称图形，根据图 2-8 中给定的尺寸，可以先绘制一个半径是 100mm 的圆，采用尺规绘制正五边形，借助正五边形绘制五角星。

图 2-8　绘制五角星

绘图步骤：

步骤	内容	图例
1. 绘制正五边形	1）以 *O* 点为圆心、*R* 为半径画圆与对称中心线交于 *A*、*D*、*B*、*C* 四点 2）以 *B* 点为圆心、*R* 为半径画弧，与圆周交于Ⅰ、Ⅱ，连接Ⅰ、Ⅱ，交 *AB* 于 *M* 点	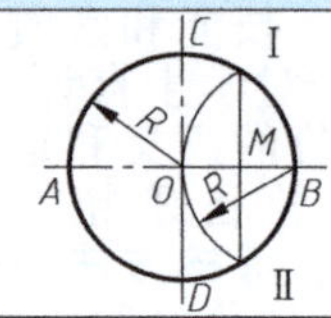
	以 *M* 点为圆心、线段 *MC* 长为半径，画弧交 *AO* 于 *N* 点	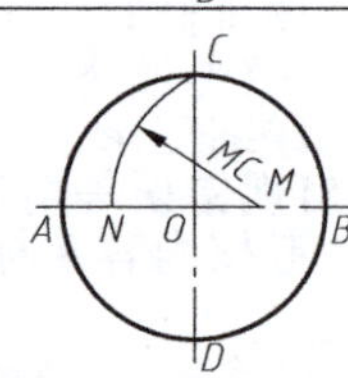
	以线段 *CN* 为半径，以 *C* 点为圆心，画弧交圆 *O* 于 *E* 点，依次画弧，分别与圆 *O* 交于 *F*、*H*、*G* 点，依次连接 *CEFHG*，得到正五边形	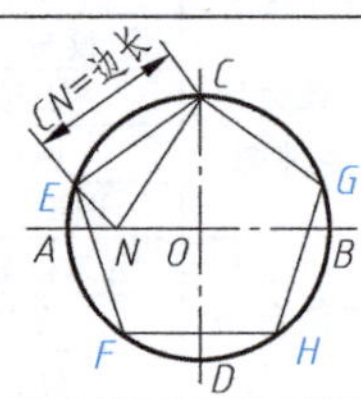

（续）

步骤	内容	图例
2.	绘制半径为 100mm 的圆	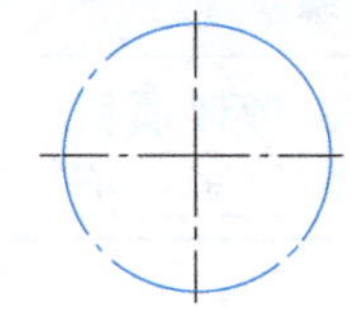
3.	绘制圆的内接正五边形	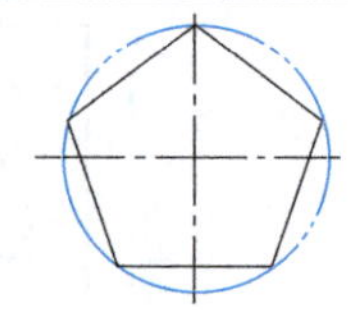
4.	连接正五边形的角点	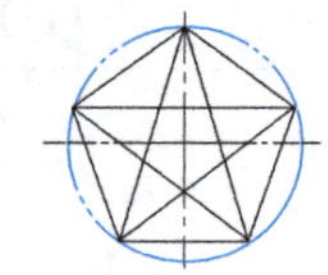
5.	擦除多余的图线并加粗	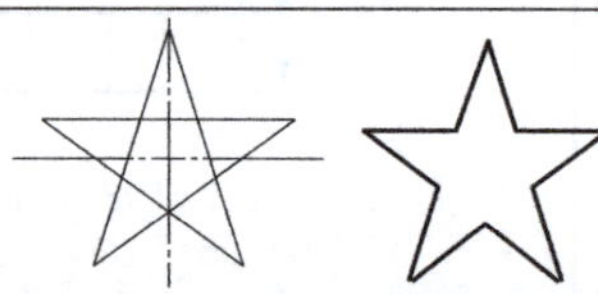

拓展阅读——“图”推动科技的发展：你知道吗？从出土文物中考证，我国在新石器时代（约一万年前）就能绘制一些几何图形、花纹，具有简单的图示能力。在春秋战国时期的一部技术著作《周礼·考工记》中，有画图工具“规、矩、绳、墨、悬、水”的记载。在战国时期，我国人民就已运用设计图来指导工程建设，距今已有 2400 多年的历史。“图”在人类社会的文明进步中和推动现代科学技术的发展中起了重要作用。

图样中每一条图线的绘制都应一丝不苟！

项目3　交换齿轮架轴零件图识读与绘制

项目描述

依据机械制图国家标准的相关规定识读与绘制交换齿轮架轴零件图（图3-1）。

项目要求

1. 正确识读交换齿轮架轴零件图上承载的各项信息。

2. 正确使用绘图工具，按照绘图基本步骤和国家标准规定抄画出交换齿轮架轴零件图。

学习目标

1. 能叙述断面图的概念。

2. 能区分移出断面图和重合断面图及画法的不同。

3. 能正确识读交换齿轮架轴零件图，主要包括尺寸和公差的含义。

4. 能正确运用图线的规定画法，绘制交换齿轮架轴零件图。

5. 能正确熟练书写数字、绘制箭头，标注交换齿轮架轴零件图中的尺寸和公差。

6. 能根据交换齿轮架轴零件图的大小选择合适的图纸幅面、绘制图框及正确书写图样中的汉字并填写标题栏。

7. 自觉遵守国家标准和要求、规范绘制图样、保持绘图环境“5S”、养成耐心细致的好习惯。

学习载体

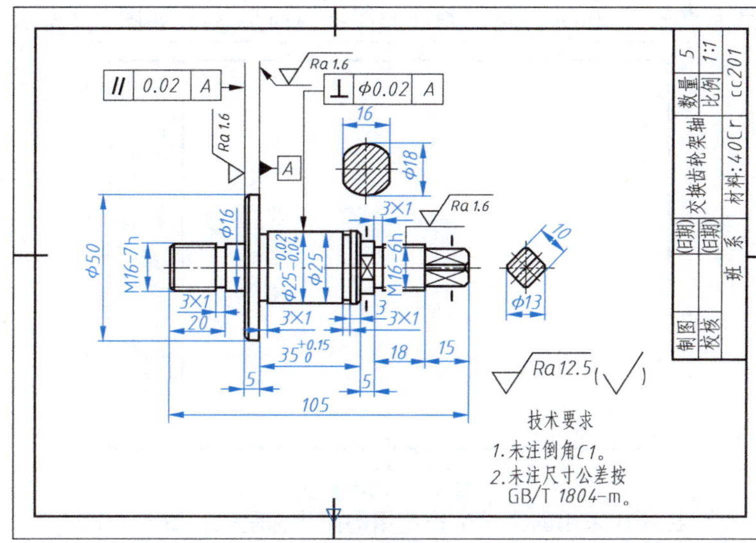

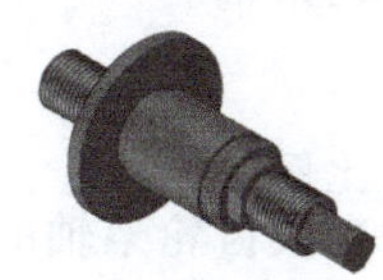

图3-1　交换齿轮架轴零件图

任务 1　识读交换齿轮架轴零件图

职业行动	职业知识

步骤 1：识读图框和标题栏

1）根据交换齿轮架轴的外形尺寸（轴向总长为 105mm，径向最大直径为 50mm）可以判断此图纸幅面是 A4，如图 3-2 所示。

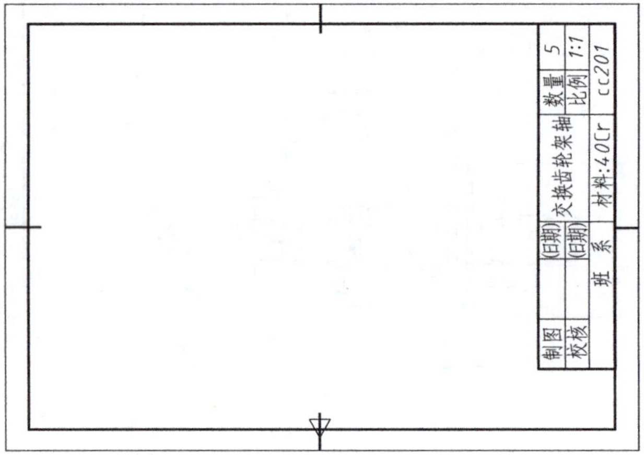

图 3-2　图框格式

2）标题栏采用的是学生作业用的简化标题栏，如图 3-1 所示。

① 零件名称：交换齿轮架轴。
② 制图。
③ 校核。
④ 比例：采用的绘图比例是 1∶1。
⑤ 数量：需要加工的交换齿轮架轴的数量是 5 个。
⑥ 系和班。
⑦ 制图日期。
⑧ 校核日期。
⑨ 材料：零件采用的材料是 40Cr。
⑩ 图号：零件图号是 cc201。

知识 1：标准图纸幅面及图框格式

带方向符号的图纸幅面	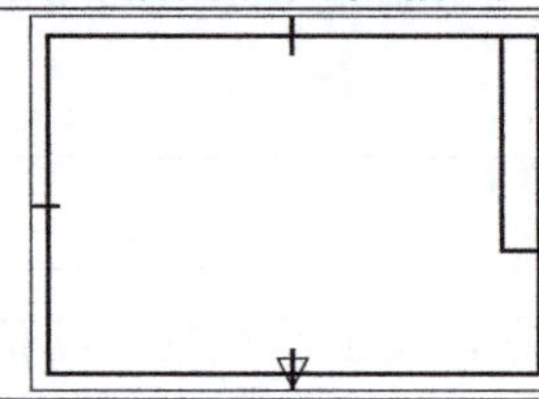	1）如果使用预先印制好的图纸，需要改变标题栏的方位，不得不将其旋转到图纸的右上角，为明确看图方向，在图纸的下边对中符号处画一个方向符号 2）允许将 Y 型图纸长边置于水平位置使用，A4 图纸横放，标题栏位于图纸右上角，标题栏中长边均置于铅垂方向，画有方向符号的图框边位于图纸下方，按方向符号指示的方向看图
方向符号的画法及尺寸	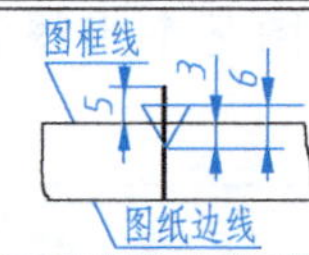	

知识 2：轴类零件视图的表示方法

特点和结构	一般轴类零件由同轴回转体构成，其上常见倒角、退刀槽、螺纹、平面等结构	
视图表达	1）一般与其工作位置和加工位置相关。一般采用轴线水平放置方向的投影作为主视图，能够反映出轴的形状特征和结构特点 2）根据需要也可以配置相关的断面图表达轴上某个断面的结构	
断面图	假想用剖切面将物体剖开，仅画出该剖切面与物体接触部分的图形，称为断面图	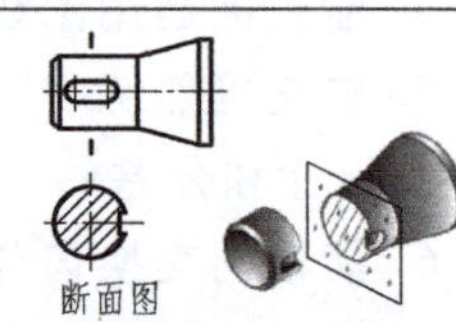

20—移出断面图的概念、画法

21—重合断面图的概念、画法

精益求精地去绘制每一张图样！

步骤 2：识读一组视图及使用的图线

如图 3-3 所示，该交换齿轮架轴零件图有三个图形，分别是主视图和两个断面图。

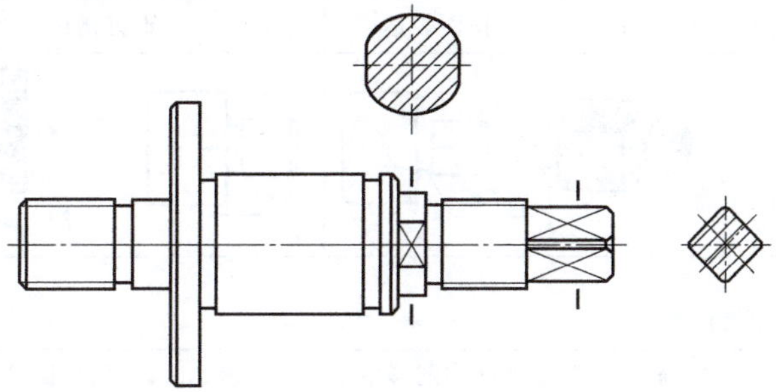

图 3-3　交换齿轮架轴图形

（1）视图　主视图是一个轴线水平放置的由线框围成的图形，2 个移出断面图用于表达轴上 2 处的断面结构形状，具体结构如下：

1）2 处螺纹结构。

2）4 处倒角结构。

3）4 处退刀槽结构。

4）6 处平面结构。

（2）视图使用的图线

1）粗实线。

① 主视图外轮廓使用的是粗实线。

② 表示断面图剖切位置的剖切符号用粗实线。

2）细实线。

① 2 处螺纹的牙底线。

② 3 处平面符号。

③ 2 个断面图的剖面线。

3）细点画线：回转轴线、断面图的对称中心线使用细点画线。

知识 3：剖切符号

画法、作用及要求	1）5~8mm 长的粗实线表示剖切符号 2）在相应视图上标记表达剖切位置 3）剖切符号在起、迄和转折处，尽量不与图形的轮廓线相交	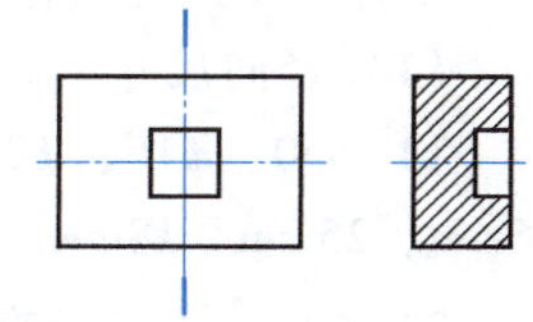

知识 4：外螺纹的表示方法

概念	加工回转体外表面上的螺纹
图例	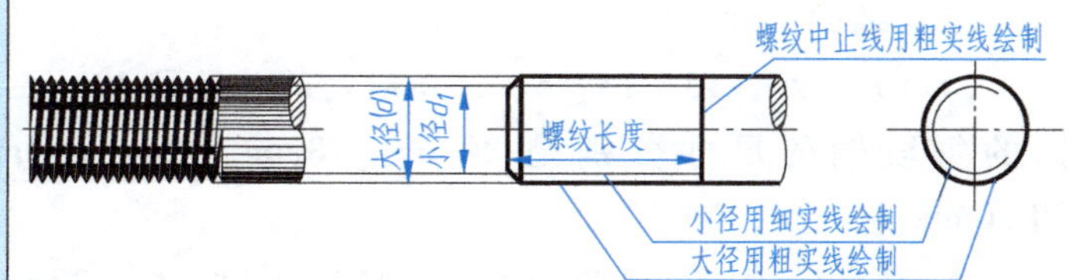

知识 5：倒角

概念	1）倒角是在轴的端部倒出的斜面结构，一般斜面的角度是 45° 2）在车削加工中用 45°倒角车刀加工 3）倒角的作用是防止轴端面与回转面相交出的锐边刮伤 4）倒角结构相当减小了轴端的直径，便于孔轴装配		
图例	实体图	视图表达	倒角标注
	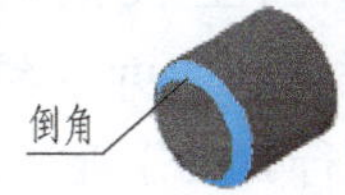	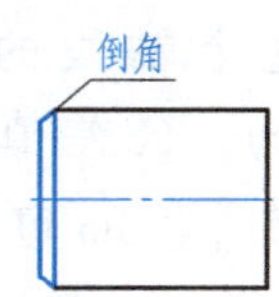	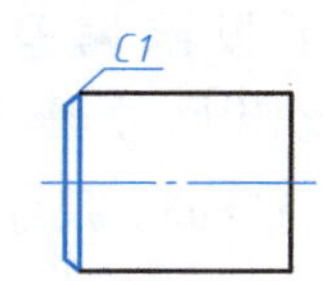 22—倒角的画法

精益求精地去绘制每一张图样！

步骤 3：识读全部尺寸

零件图中尺寸按标注规律和所起作用划分为三类。

（1）径向尺寸

1）$\phi50$、$\phi16$、$\phi25$、$\phi18$、$\phi13$ 表示直径尺寸分别是 50mm、16mm、25mm、18mm、13mm。

2）$\phi25_{-0.04}^{-0.02}$ 表示直径的上极限尺寸是 24.98mm，下极限尺寸是 24.96mm。

3）M16-7h 、M16-6h 表示 2 处外螺纹的公称直径是 16mm，公差带代号分别是 7h 和 6h。

（2）轴向尺寸

1）105、20、18、15、5、3 分别表示总长是 105mm，轴线方向的每段轴的尺寸分别是 20mm、18mm、15mm、5mm、3mm 和 10mm。

2）$35_{0}^{+0.15}$ 表示该轴段轴向尺寸最长是 35.15，最短是 35。

3）3×1 表示退刀槽的尺寸，轴向尺寸是 3mm，径向深度是 1mm。

（3）其他尺寸　*C*1 倒角尺寸，*C* 代表 45°，1 代表径向尺寸是 1mm。10 和 16 表示断面图的对边距离。

步骤 4：识读技术要求

（1）尺寸公差　$35_{0}^{+0.15}$ 中 35 是公称尺寸，+0.15 表示上极限偏差，0 表示下极限偏差，这个轴段的轴向上极限尺寸是 35.15mm，下极限尺寸是 35mm，公差值 = 35.15mm − 35mm = +0.15mm−0 = 0.15mm。尺寸 $\phi25_{-0.04}^{-0.02}$mm 可进行类似分析。

（2）几何公差　如图 3-4 所示，零件图中有两处具有几何公差的要求，具体如下：

知识 6：退刀槽

概念	在车床加工中，如车削轴、车削螺纹时，为便于退出刀具并将工序加工到毛坯底部，常在待加工面末端，预先制出退刀的空槽		
	实体图	视图表达	退刀槽标注
图例		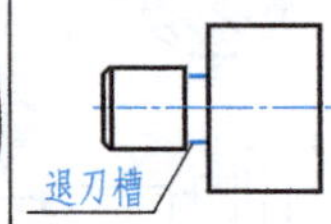	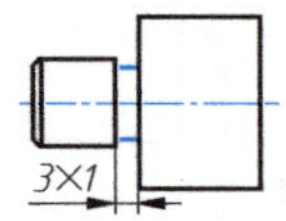 23—退刀槽的概念

知识 7：平面符号

概念	当回转体上某些平面在图形中不能充分表达时，可用平面符号（两条相交的细实线）表示这些平面	
	带平面的回转体实体	回转体上的平面符号
图例	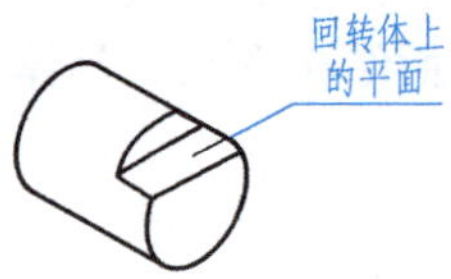	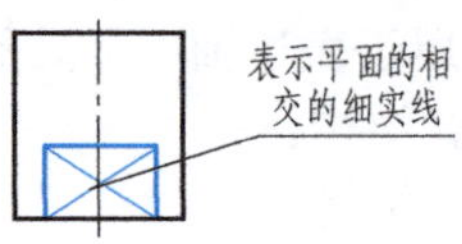 24—平面和曲面投影对比

知识 8：尺寸类型

径向尺寸	轴向尺寸	其他尺寸
1）用于表达回转面直径的尺寸，数字前面加符号 ϕ，螺纹直径数字前面加符号 M 2）有配合关系尺寸，标注公差或公差带代号 3）非重要轴段直径不必标注公差尺寸	轴的总长和每段的长度，要留出开口环，即一段不重要的轴段作为误差积累的尺寸	1）倒角尺寸和退刀槽尺寸 2）标注在图样上或注写在技术要求中

1) $\phi50$ 轴肩左端面与右端面之间的平行度；以轴肩的右端面为基准，左端面与右端面平行，平行度公差值是 0.02mm。

2) $\phi25^{-0.02}_{-0.04}$ 轴段的轴线与 $\phi50$ 轴肩右端面的垂直度：以轴肩的右端面为基准，$\phi25^{-0.02}_{-0.04}$ 轴段的轴线与右端面垂直，垂直度公差值是 $\phi0.02$mm。

(3) 表面粗糙度　如图 3-4 所示，零件图中有 3 处表面粗糙度值是 $Ra1.6\mu m$，其余表面粗糙度值是 $Ra12.5\mu m$。

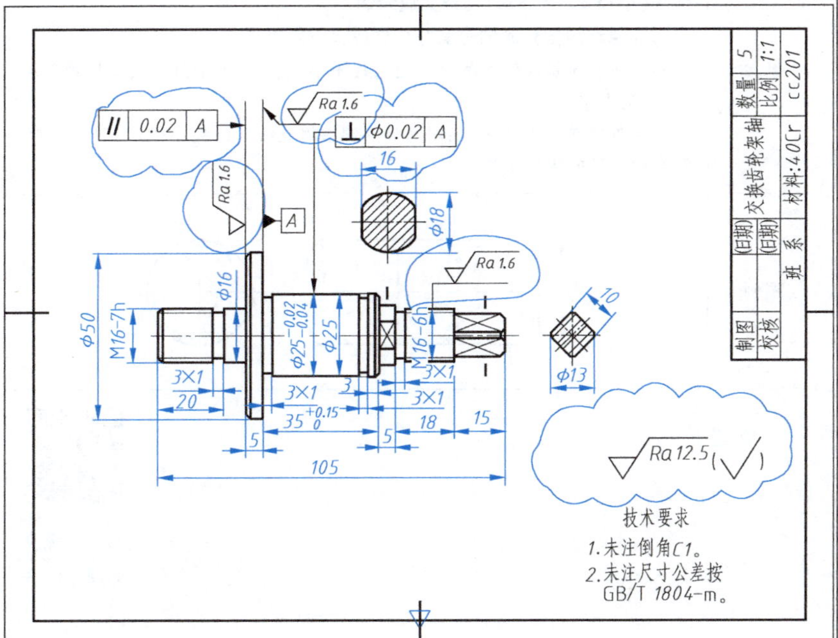

图 3-4　交换齿轮架轴零件图中的技术要求

（续）

径向尺寸	轴向尺寸	其他尺寸
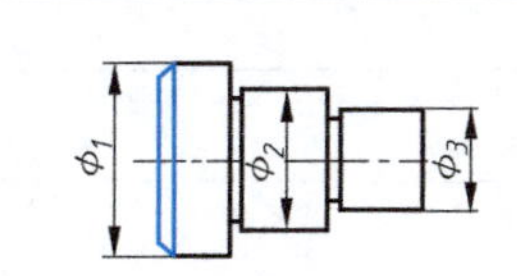	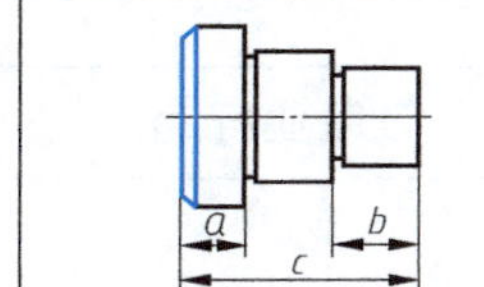	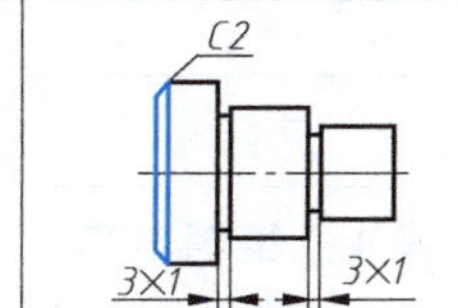

知识 9：几何公差

内容（方向公差）	
垂直度	平行度
用以限制被测实际要素偏离垂直方向所允许的最大变动范围	指一平面（边）相对于另一平面（边）平行的误差最大允许值
垂直度的被测要素和基准要素一般为平面和直线 垂直度评价直线之间、平面之间或直线与平面之间的垂直状态。其中一个直线或平面是被测要素，另一个是基准要素	平行度的被测要素和基准要素一般为平面和直线 平行度评价直线之间、平面之间或直线与平面之间的平行状态。其中一个直线或平面是被测要素，另一个是基准要素

知识 10：表面粗糙度

常用数值	机械加工零件表面粗糙度值一般为 $Ra12.5\mu m$、$Ra6.3\mu m$、$Ra3.2\mu m$、$Ra1.6\mu m$、$Ra0.8\mu m$		
规律特点	表面粗糙度值越小，表面越光滑，加工越精细，成本越高 机械加工中要按照经济粗糙度原则规定零件的表面粗糙度值，并非表面越光滑越好		
图例	错误标注 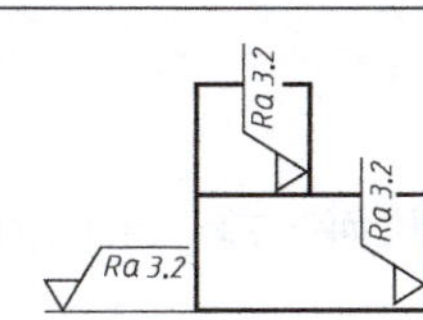	正确标注	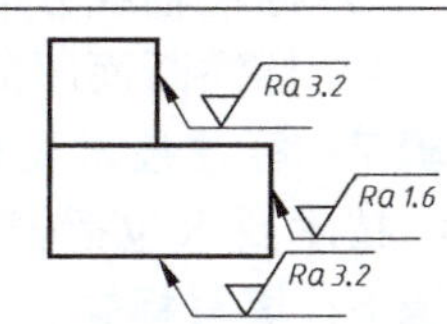

任务 2　绘制交换齿轮架轴零件图

职业行动

步骤 1：绘图准备

1）选择图纸幅面。分析交换齿轮架轴零件图的尺寸，选择 A4 型图纸幅面即可满足绘图要求。

2）准备主要绘图工具（同项目 1）。

步骤 2：绘制图框和标题栏

按照所给图样，属于 A4 幅面 Y 型横放绘制零件图，标题栏在图纸的右上角，必须绘制方向符号，按照图 3-1 绘制。

步骤 3：绘制交换齿轮架轴主视图和两个移出断面图

1）用细点画线绘制交换齿轮架轴的中心线。

2）按照图样上的尺寸，由左到右依次绘制各段轴，完成交换齿轮架轴的主视图主体的绘制。

3）完成两个断面图的绘制，再根据断面图，返回主视图完成轴上平面结构的视图。

步骤 4：绘制交换齿轮架轴的外螺纹（螺纹小径 = 0.85×16mm = 13.6mm）

步骤 5：加深图线，完成绘图

步骤 6：标注尺寸

1）标注直径方向的尺寸。

2）标注轴线方向的尺寸。

3）标注断面图的尺寸。

步骤 7：标注技术要求

技术要求包括表面粗糙度、几何公差、未注倒角 $C1$ 等。

步骤 8：填写标题栏

职业知识

知识 11：外螺纹的规定画法

项目	内　容
概念	1）按国家标准规定，外螺纹牙顶（大径 d）及螺纹终止线用粗实线绘制；牙底（小径 $d_1 \approx 0.85d$）用细实线绘制 2）在螺杆的倒角或倒圆部分牙底线也应画出 3）在垂直于螺纹轴线的投影面的视图中，表示牙底的细实线圆只画 3/4 圆，倒角省略不画 4）当外螺纹被剖切时，剖切部分的螺纹终止线只画到小径处，剖面线画到表示牙顶的粗实线处
图例	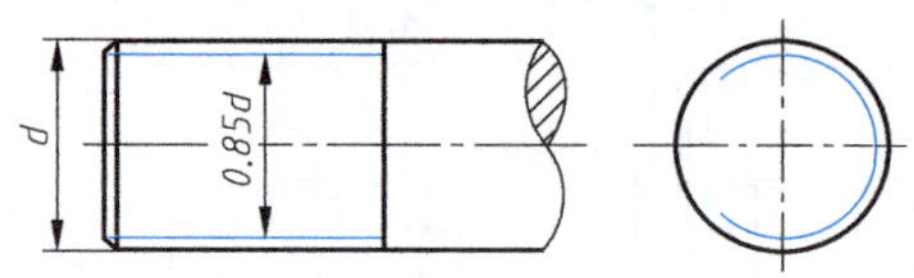

❖ 笔记：

25—外螺纹的规定画法

精益求精地去绘制每一张图样！

测　评

知识测评

确定关键词，按重要程度进行关键词排序并举例解读。根据自己的判断给关键词赋予权重，满分 100 分。

交换齿轮架轴零件图识读知识测评表

序号	关键词	举例解读	评分自定
1			
2			
3			
4			
5			

技能测评

表中所列内容，操作规范即得分，操作错误或未操作即零分。

交换齿轮架轴零件图绘制技能测评表

序号	技能点	配分	得分
1	使用绘图工具	20	
2	运用线型表达图样	30	
3	标注尺寸、表面粗糙度和几何公差	30	
4	图框绘制及填写标题栏	20	
总分		100	

素质测评

表中所列素质点，做到即得分，未做到即零分。

素质测评表

序号	素质点	配分	得分
1	学习纪律	20	
2	工具使用、摆放	20	
3	严谨认真、一丝不苟的精神	20	
4	互帮互助、团队精神	20	
5	绘图环境“5S”	20	
总分		100	

拓展训练

1）请列举出在识读和绘制交换齿轮架轴零件图时易出现的问题，分析产生问题的原因及为避免问题采取的措施。

2）请利用思维导图，按照其格式，对交换齿轮架轴零件图识读与绘制学习中的收获进行总结。

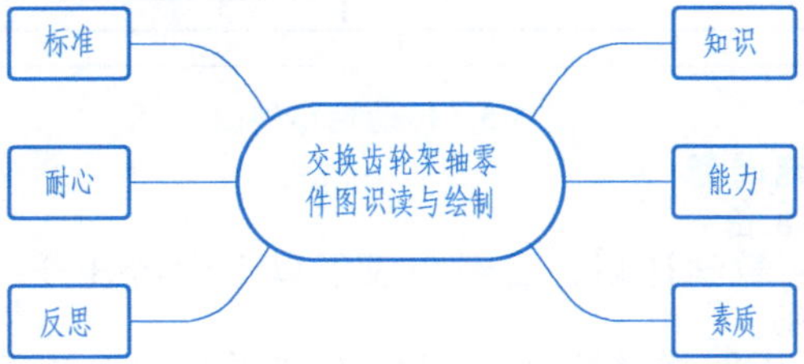

学习考评

学习成果

一、考评项目

根据所学，请识读和绘制图 3-5 所示的零件图。

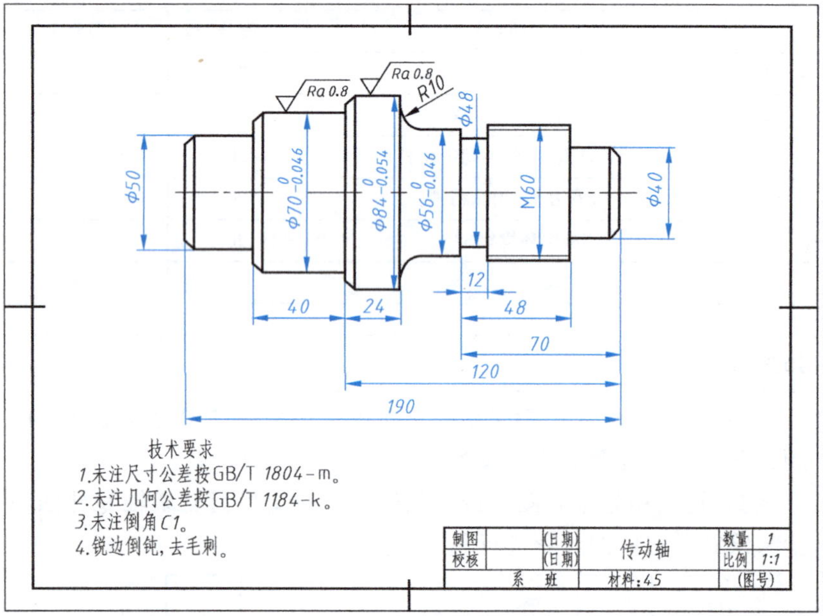

图 3-5　传动轴零件图

二、实施准备

1. 学生准备

学生按照教学计划，已经完成了以下学习任务，可进行该学习成果的实施。

1）能分析图样并完成学习成果需要的相关知识和方法的学习，得分大于 75 分。

2）能运用学习成果需要的相关知识和方法进行图样识读，得分大于 75 分。

3）能运用学习成果需要的相关知识和方法进行图样绘制，得分大于 80 分。

4）自觉遵守国家标准相关规定、规范识图绘图、严格执行“5S”规定、养成团结协作的好习惯，得分大于 80 分。

5）能识读传动轴零件图。

6）能确定传动轴零件图的绘图步骤。

2. 教师准备

1）在安排学生实施学习成果前，通过课堂问题研讨、作业、实训和考核及其他方式，确认学生已经具备了实施学习成果所需的知识、技能和素质，并确保学生独立进行操作。

2）对学生自评、小组互评、教师评价进行测评的方法培训，明确评价的意义和重要性，确保测评结果的准确性和公平性。

3）准备好测评记录。

三、考核方法与标准

1）评价监管。组长监控小组成员自评结果、教师监控小组互评结果、教师最终评价。

2）详细记录学生在实施学习成果过程中的方法步骤、完成时间以及出现错误等情况，学习成果要求在 60min 内完成。

3）考核内容及标准见下表。

考核内容及标准

序号	完成任务	考核内容	考核标准	配分	得分
1	识读传动轴零件图	识读标题栏、图框	正确率 10%～100%（1～5 分）	50	
		识读视图	正确率 10%～100%（1～15 分）		
		识读尺寸	正确率 10%～100%（1～15 分）		
		识读技术要求	正确率 10%～100%（1～15 分）		
2	绘制传动轴零件图	绘制标题栏、图框	不符合国家标准-5 分	50	
		绘制视图	不符合国家标准-15 分		
		标注尺寸	不符合国家标准-15 分		
		注写技术要求	不符合国家标准-15 分		

知识拓展——识读减速器输出轴零件图

减速器输出轴零件图如图 3-6 所示。

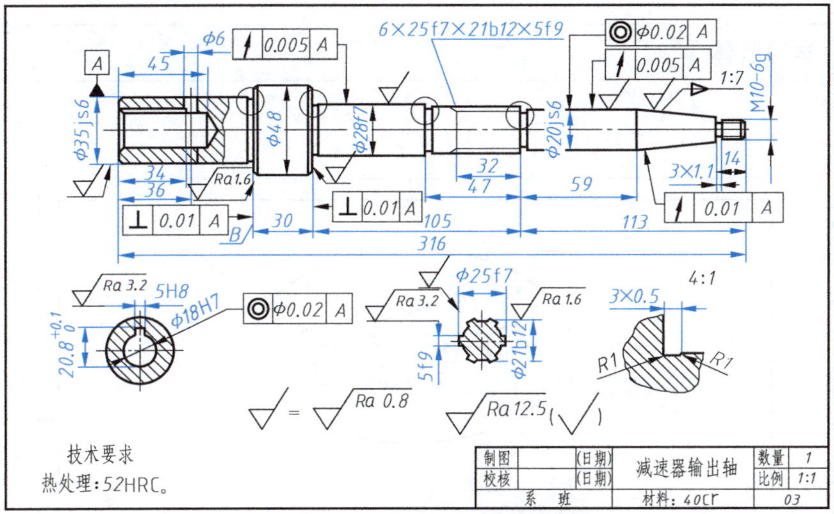

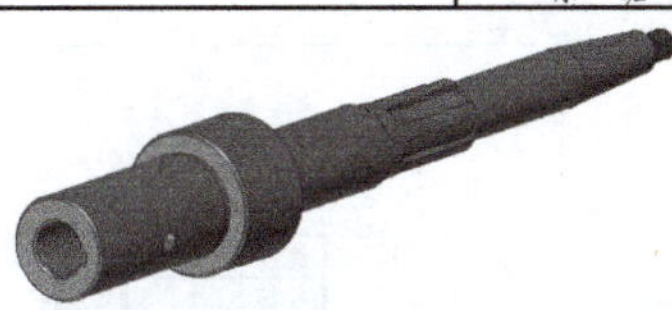

图 3-6　减速器输出轴零件图

拓展阅读——"图"是艺术创新：在文字发明之前，古人采用的是岩画的方法。岩画是指在岩穴、石崖壁面和独立岩石上的彩画、线刻、浮雕的总称。自远古时代起，岩石就不断地被人类使用，作为劳动工具，也作为日常用品。岩石同时也是世界上最早的绘画材料，古人在岩石上磨刻和涂画，来描绘人类的生活以及他们的想象和愿望，这就是岩画。岩画中的各种图像，构成了文字发明以前，原始人类最早的"文献"。岩画不仅涉及原始人类的经济、社会和生活，同时，岩画还作为人类的精神产品，以艺术语言打动人心。

识读步骤：

1. 读标题栏	零件的名称为减速器输出轴，材料为 40Cr，比例为 1 ∶ 1，图号为 03
2. 读视图	1)分析视图。轴类零件通常只画一个轴线水平放置的基本视图作为主视图，这样安放反映了轴的结构特点，如轴的总长、各轴段长度以及各种结构的位置，同时也符合加工的位置，便于加工时看图。轴上结构要素如键槽、退刀槽、花键等，可根据其结构特点，选画局部剖视图、断面图、局部视图和局部放大图等，配合主视图将其表达清楚。如图所示，除了主视图外，还画了两个移出断面图和一个局部放大图。对于实心轴，可以根据需要做一些局部剖视 2)分析零件的结构 ①轴上的结构除了轴肩外，还有螺纹、卡环槽、销孔等。输出轴右端 M10 的螺纹是为了装上垫圈和螺母，使其他零件在轴上定位用 ②径向定位结构一般有键槽、花键、销孔等。为使定位可靠、有利于加工和装配，轴上还有退刀槽、砂轮越程槽、倒角等
3. 读尺寸与技术要求	1)分析尺寸标注。轴类零件的轴向尺寸，通常以轴肩作为主要基准。如轴的端面 *B* 是确定轴承位置的定位面，它是设计基准，左右两端面是工艺基准，一般按加工顺序标注尺寸 2)分析技术要求：尺寸公差、表面粗糙度、几何公差与其他技术要求 ①从图中可以看出，该轴的配合表面有三段，都标出了尺寸公差。ϕ35js6、ϕ20js6 与轴承孔配合 ϕ28f7 与齿轮内孔配合，其公差等级较高，需要磨削加工，故表面粗糙度值为 *Ra*0. 8μm ②采用平键联接，其两侧为工作面，配合要求为 H8、H7，其键槽两侧表面粗糙度值为 *Ra*3. 2μm，花键大径 ϕ25mm 与定心的精度有关，其上表面粗糙度值为 *Ra*0. 8μm，两侧表面粗糙度值为 *Ra*3. 2μm ③轴肩 *B* 是轴承的定位面，其表面粗糙度值为 *Ra*1. 6μm；其余表面粗糙度值为 *Ra*12. 5μm，在图样右下角统一注写 ④以 ϕ35js6 的轴线为基准，基准符号为 *A*，要求 ϕ28f7、ϕ20js6 轴段的圆跳动公差为 0. 005mm；1 ∶ 7 锥度轴段的圆跳动公差为 0. 01mm。由于 ϕ48 轴段左右两轴肩是轴向定位面，以 *A* 为基准，其垂直度公差为 0. 01mm。轴左端 ϕ18H7 与孔 ϕ35js6 轴段有同轴度要求，ϕ20js6 与 ϕ35js6 也有同轴度要求，以 *A* 为基准分别注出同轴度公差 ϕ0. 02mm ⑤另外，还有热处理要求 52HRC

精益求精地去绘制每一张图样！

项目 4　绘制椭圆垫片零件图

项目描述

依据所给椭圆垫片平面图形（图 4-1），按近似目测尺寸，1∶1 徒手绘制平面图形并徒手完整标注尺寸。

项目要求

1. 正确使用铅笔，按照徒手绘图基本要求，绘制简单图形要素。

2. 正确使用铅笔，选择合适的图纸幅面，按照目测尺寸，选择恰当的比例抄画椭圆垫片平面图形。

学习目标

1. 能举例说明常见的基本图形要素。

2. 能叙述什么是徒手绘图。

3. 能叙述草图的概念。

4. 能正确运用图线的规定画法，徒手绘制简单几何图形要素，如水平直线，竖直直线，15°、30°、45°等角度线，圆，椭圆，正多边形等。

5. 能正确熟练书写数字、徒手绘制箭头，标注椭圆垫片上的尺寸。

6. 能徒手等分线段、徒手绘制已知线段的平行线段、徒手绘制直径较大的圆。

7. 自觉遵守国家标准和要求、规范绘制图样、保持绘图环境“5S”、养成耐心细致的好习惯。明确徒手绘图与尺规绘图要求是一样的。

学习载体

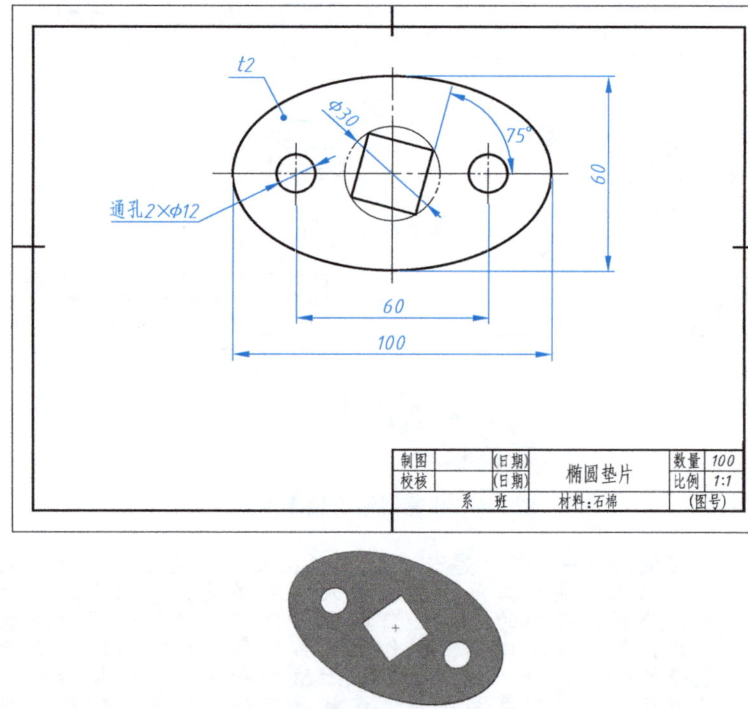

图 4-1　椭圆垫片零件图

任务　徒手绘制椭圆垫片零件图

职业行动

步骤 1：徒手绘制 A4 图框

1）准备铅笔。

2）准备 A4 幅面图纸（或坐标纸，坐标纸每个小格子是 1mm，普通坐标纸规格是 350mm×250mm）。

3）按照国家标准绘制 A4（X 型）图纸幅面不带装订边的图框。按 297mm×210mm 绘制图纸边界线。距离图纸边缘 10mm，找到 4 个点，从其中一点开始，徒手绘制水平边框线，再绘制竖直边框线。

步骤 2：徒手绘制标题栏

1）自图框右下方向上画竖直线段，长度是 21mm（或 21 个小格），再顺次画水平线段，长度是 120mm（或 120 个小格）。

2）按照标题栏的格式尺寸徒手绘制内部的线段（省略）。

3）填写标题栏（内容省略）。

步骤 3：徒手绘制椭圆垫片零件图（图 4-2）

（1）分析构成椭圆垫片的几何要素　垫片外轮廓有 1 个椭圆、中心位置有 1 个正方形、2 个关于中心对称的小圆。

（2）尺寸分析

1）定形尺寸。椭圆的长轴尺寸是 100，短轴尺寸是 60；正方形外接圆直径是 30；2 个小圆直径是 12；垫片的厚度是 2。

2）定位尺寸。小圆中心距是 60；正方形的边与水平方向倾斜一个 75°角度。

职业知识

知识 1：徒手作图

徒手作图	徒手作图是一种不用绘图仪器和工具，而按目测比例徒手画出的图样
使用工具	徒手作图一般先用 HB 或 B、2B 铅笔，常在坐标纸上画图
注意事项	徒手作图并不是潦草的图，因此，徒手作图仍应基本做到：图形正确，线型分明，比例匀称，字体工整，图面整洁

26—徒手画水平直线、竖直直线

知识 2：徒手画直线

项目	内容	图例
徒手画直线方法	1）画直线时，眼睛看着图线的终点，用力均匀，一次画成 2）画短线常用手腕运笔，画长线则以手臂动作且肘部不宜接触纸面，否则不易画直 3）画较长线时，也可以用目测在直线中间定出几个点，然后分段画 4）水平线由左向右画，铅垂线由上向下画	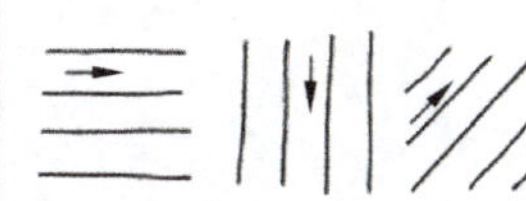

图样上的数字符号决定产品的质量，耐心写好它是责任！

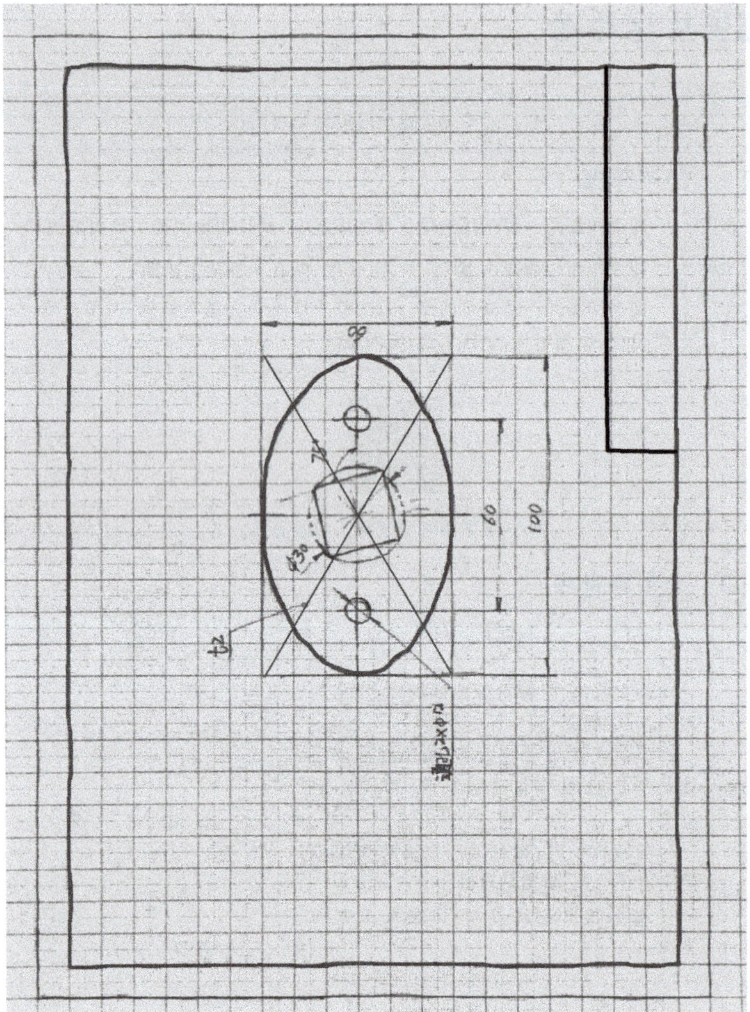

图4-2　徒手绘制椭圆垫片零件图

知识 3：徒手画等分线段

项目	内容	图例
等分线段	等分线段时，根据等分数的不同，应凭目测，先分成相等或成一定比例的两（或几）大段，然后逐步分成符合要求的多个相等小段 五等分线段：先目测将线段按2∶3比例分段。得分点2，再得分点3，最后取得分点1和4 八等分线段：先目测取得中点4，再取分点2、6，最后取其余分点1、3、5、7 27—徒手*N*等分线段	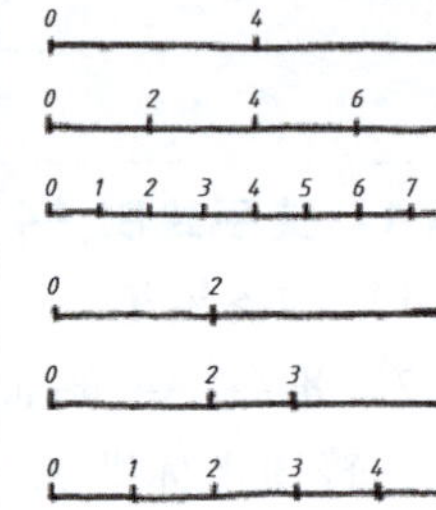

知识 4：徒手画椭圆

项目	内容	图例
画椭圆方法	根据椭圆的长短轴，目测定出其端点位置，过四个端点画一矩形，徒手作椭圆与此矩形相切 28—徒手画椭圆	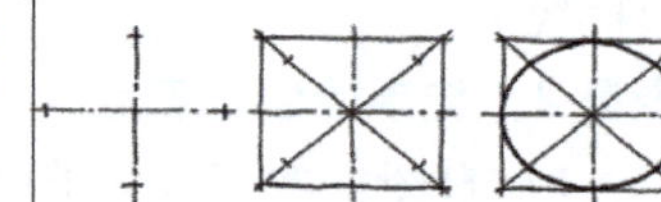

知识 5：徒手画圆

项目	内容	图例
方法	徒手作两条相互垂直的中心线，定出圆心用目测估计半径大小，在中心线上截得4个点，然后徒手将各点连接成圆	徒手画大圆  徒手画小圆 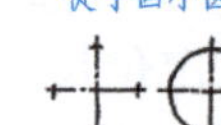
画大圆	当所画的圆较大时，可过圆心多作几条不同方向的直径线，在中心线和这些直径线上目测定出若干点后，再徒手连接成圆 29—徒手画圆	
画小圆	在中心线上截得4个点，然后徒手将各点连接成圆	

图样上的数字符号决定产品的质量，耐心写好它是责任！

（3）画图

1）徒手绘制长度分别是 106mm、66mm 相互垂直且相交于中点的细点画线，再以交点为中心徒手画长 100mm、宽 60mm 的长方形（细实线），与相互垂直的细点画线交于 4 个点，再连接长方形的对角点，得出对角线，再以对角线交点为中心，目测在对角线上截取 4 个点，依次用圆弧替代椭圆弧，连接 8 个点，徒手画出长轴 100mm、短轴 60mm 的椭圆（粗实线）。

2）以椭圆的圆心为圆心（即长方形的中心），徒手绘制直径是 30mm 的圆（细双点画线）。

3）再根据中心距 60mm，确定出直径是 12mm 的两个小圆圆心的位置，徒手画出两个小圆（粗实线）。

4）再根据 75°角度，徒手绘制圆的内接正方形（粗实线）。

（4）标注尺寸

1）标注定形尺寸 100、60、ϕ30、通孔 2×ϕ12，t2。

2）标注定位尺寸 60、75°。

3）标注其他尺寸 t2。

知识 6：徒手画角度线

项目	内容	图例
徒手画角度线	对 30°、45°、60°等常见角度，可根据两直角边的比例关系，定出两端点，然后连接两点即为所画的角度线 画 10°、15° 角度线，可先画出 30° 角后，再等分求得 30—徒手画角度线	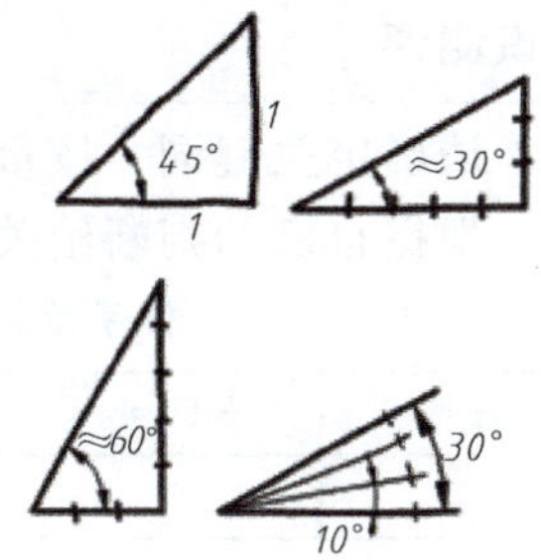

❖ 笔记：

测　评

知识测评

请确定关键词，按重要程度进行关键词排序并举例解读。根据自己的判断给关键词赋予权重，满分 100 分。

徒手绘制椭圆垫片零件图知识测评表

序号	关键词	举例解读	评分自定
1			
2			
3			
4			
5			

技能测评

表中所列内容，操作规范即得分，操作错误或未操作即零分。

徒手绘制椭圆垫片零件图技能测评表

序号	技能点	配分	得分
1	徒手绘制图样要领	20	
2	图样中图线的均匀程度	30	
3	徒手标注尺寸	30	
4	徒手绘制图框及填写标题栏	20	
总分		100	

素质测评

表中所列素质点，做到即得分，未做到即零分。

素质测评表

序号	素质点	配分	得分
1	学习纪律	20	
2	工具使用、摆放	20	
3	严谨认真、一丝不苟的精神	20	
4	互帮互助、团队精神	20	
5	绘图环境“5S”	20	
总分		100	

拓展训练

1）请列举出在徒手绘制椭圆垫片零件图时易出现的问题，分析产生问题的原因及为避免问题采取的措施。

2）请利用思维导图，按照其格式，对徒手绘制椭圆垫片零件图学习中的收获进行总结。

图样上的数字符号决定产品的质量，耐心写好它是责任！

学习考评

学习成果

一、考评项目

根据所学，请徒手绘制图 4-3 所示垫片零件图。

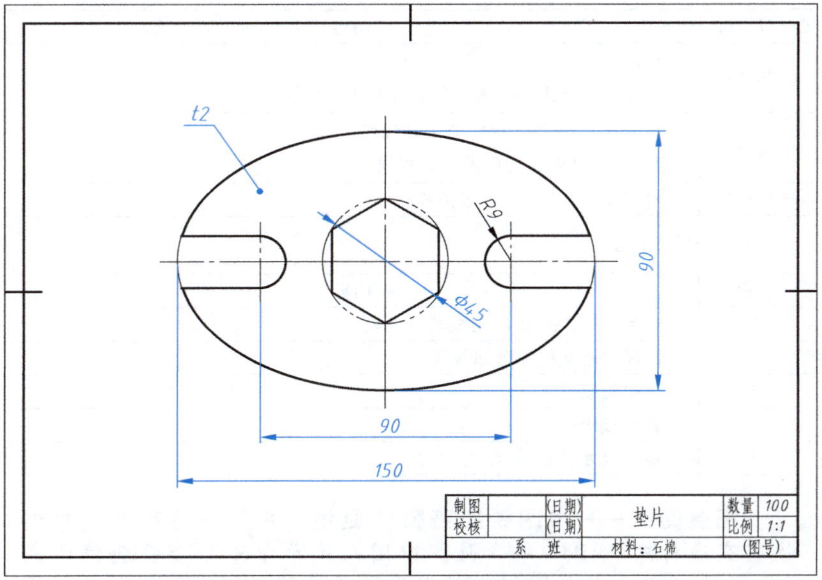

图 4-3　垫片零件图

二、实施准备

1. 学生准备

学生按照教学计划，已经完成了以下学习任务，可进行该学习成果的实施。

1）能分析图样并完成学习成果需要的相关知识和方法的学习，得分大于 75 分。

2）能运用学习成果需要的相关知识和方法进行图样识读，得分大于 75 分。

3）能运用学习成果需要的相关知识和方法进行图样绘制，得分大于 80 分。

4）自觉遵守国家标准相关规定、规范识图绘图、严格执行“5S”规定、养成团结协作的好习惯，得分大于 80 分。

5）能徒手绘制垫片零件图。

6）能确定徒手绘制垫片零件图步骤。

2. 教师准备

1）在安排学生实施学习成果前，通过课堂问题研讨、作业、实训和考核及其他方式，确认学生已经具备了实施学习成果所需的知识、技能和素质，并确保学生独立进行操作。

2）对学生自评、小组互评、教师评价进行测评的方法培训，明确评价的意义和重要性，确保测评结果的准确性和公平性。

3）准备好测评记录。

三、考核方法与标准

1）评价监管。组长监控小组成员自评结果、教师监控小组互评结果、教师最终评价。

2）详细记录学生在实施学习成果过程中的方法步骤、完成时间以及出现错误等情况，学习成果要求在 60min 内完成。

3）考核内容及标准见下表。

考核内容及标准

序号	完成任务	考核内容	考核标准	配分	得分
1	徒手绘制垫片零件图	徒手画标题栏、图框	正确率 10%～100%（1～15 分）	50	
		徒手画椭圆	正确率 10%～100%（1～15 分）		
		徒手圆、两槽	正确率 10%～100%（1～15 分）		
		徒手画正六边形	正确率 10%～100%（1～15 分）		
2	徒手标注尺寸和填写标题栏	标注定形尺寸	不符合国家标准-15 分	50	
		标注定位尺寸	不符合国家标准-15 分		
		填写标题栏	不符合国家标准-20 分		

图样上的数字符号决定产品的质量，耐心写好它是责任！

知识拓展——徒手绘制中国铁路路徽平面图

图 4-4 为中国铁路路徽，请分析图中的尺寸和线性要素，徒手绘制中国铁路路徽平面图。

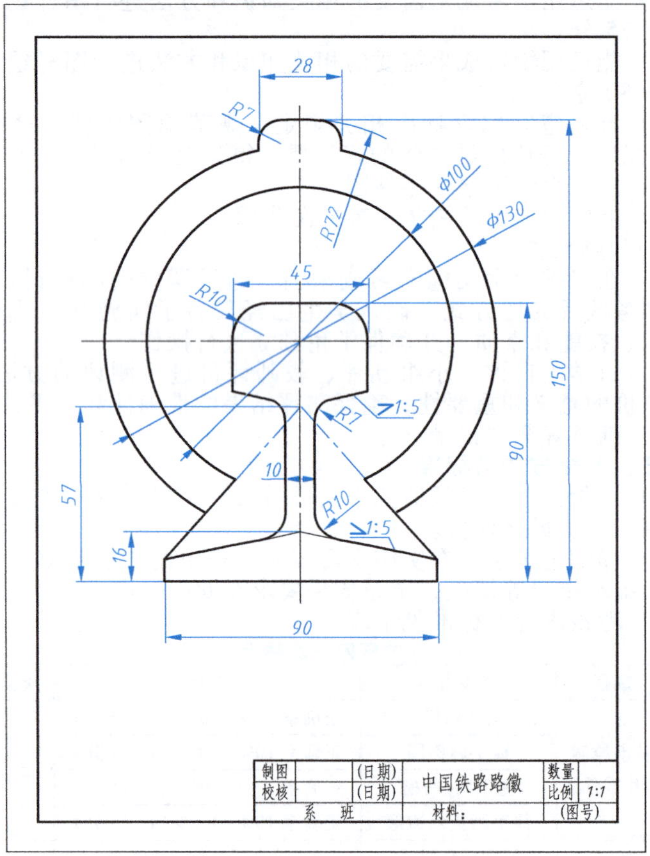

图 4-4　中国铁路路徽

1. 尺寸分析

尺寸类型	内容
定形尺寸	ϕ130、ϕ100、R72、2 个 R10、2 个 R7、2 个 1∶5 斜度
定位尺寸	28、45、10、90、57、16、90、150

2. 线段分析

线段类型	内容
已知线段	1) ϕ130、ϕ100、R72 2) 由 28、45、10、90 限定后直接画出的线段
中间线段	1) 2 个 1∶5 斜度确定的四条线段 2) 尺寸 10 确定的两条垂直线段
连接线段	由 R10、R7 画出的过渡圆弧

3. 绘图步骤

步骤	内容
1	选择 A4 图纸，绘制图框和标题栏
2	画尺寸基准线和已知线段
3	画中间线段
4	画连接线段
5	标注尺寸，填写标题栏

拓展阅读——中国铁路路徽的诞生： 中国铁路路徽是中国铁路交通标志。1949 年 5 月，中国人民革命军事委员会铁道部（军委铁道部）在全国征集新中国铁路的路徽图样，收到应征图案达 3200 多件。1950 年 1 月，《人民日报》发表了铁道部公告，确定采用陈玉昶设计的图案。路徽的诞生，凝结了中国铁路工人的心愿，代表了新中国铁路的形象，体现了人民铁道的宗旨。它随着隆隆前进的火车头，走向长城内外，奔赴大江南北。路徽，已不是一种简简单单的铁路标志图案，它是铁路的无形资产，是宝贵的精神财富，是铁路的形象代表。

图样上的数字符号决定产品的质量，耐心写好它是责任！

项目 5　减速器从动齿轮组件的测绘

项目描述

通过测绘减速器从动齿轮组件（图 5-1）进一步学习国家标准的相关知识，齿轮零件的相关知识及视图表达，标准件的国家标准规定；巩固轴类零件的视图表达、技术要求等。

项目要求

1. 分析从动轴、从动齿轮结构，选择合适的表达方案、确定技术要求等。
2. 装配图作用及视图表达基础知识。
3. 正确使用铅笔，选择合适的图纸幅面，按照目测尺寸，选择恰当的比例绘制从动轴、从动齿轮、零件草图和齿轮组件装配草图。

学习目标

1. 能正确叙述零件草图的概念。
2. 能对从动轴进行测绘。
① 正确合理确定表达方案。
② 利用测量工具测量从动轴的尺寸。
③ 基本恰当地确定从动轴的技术要求。
④ 徒手绘制从动轴零件草图。
3. 能对从动齿轮进行测绘。
① 能叙述齿轮的结构要素、基本参数之间的关系。
② 能确定从动齿轮表达方案的确定。
③ 能基本恰当地确定从动齿轮的技术要求。
④ 徒手绘制从动齿轮零件草图。
4. 能绘制从动齿轮组件装配草图。
5. 自觉遵守国家标准和要求、规范绘制图样、保持绘图环境“5S”、养成耐心细致的好习惯。

学习载体

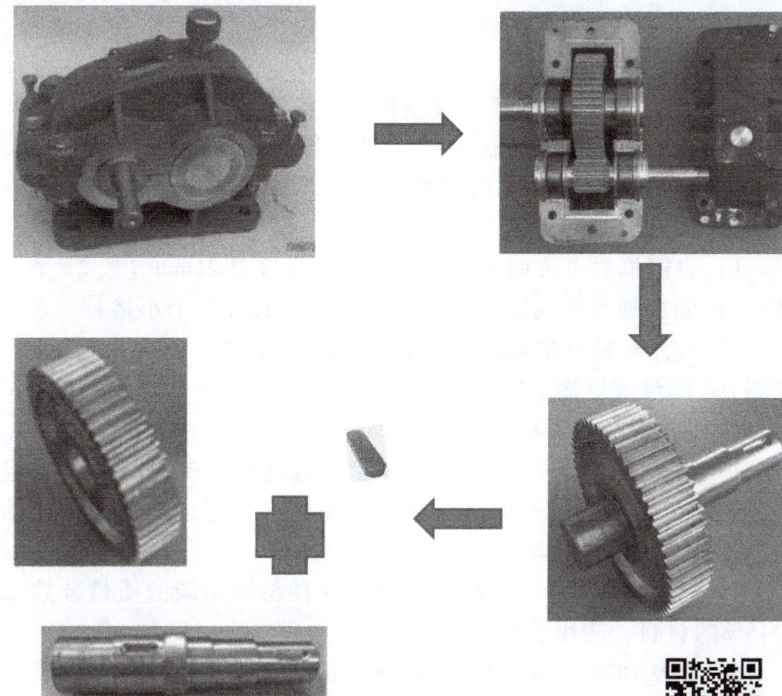

图 5-1　减速器从动齿轮组件

31—减速器的组成

任务 1　减速器从动轴的测绘

职业行动

步骤 1：徒手绘制 A4 图框

1）准备铅笔。

2）准备 A4 幅面图纸（或坐标纸）。

3）按照国家标准绘制 A4（Y 型）图纸幅面带装订边的图框。$a=25\text{mm}$，$c=5\text{mm}$，徒手绘制图框。

步骤 2：徒手绘制标题栏

1）自图框右下方向上画竖直线段，长度是 21mm（或 21 个小格），再顺次画水平线段，长度是 120mm（或 120 个小格）。

2）按照标题栏的格式尺寸徒手绘制内部的线段。

步骤 3：测绘减速器从动轴

（1）分析减速器从动轴

1）齿轮减速器从动轴与从动齿轮通过键联接为从动齿轮组件，主动齿轮轴的齿轮部分与从动齿轮啮合，将运动传递给从动轴，最后实现减速运动。

2）从动轴的材料一般为 45 钢，这种材料是碳的质量分数为 0.45%的材料，应用非常广泛。

3）该从动轴（图 5-2）的结构分析如下：从动轴由六段直径不等，同轴顺次连接的轴组成，其中有两段轴上带有键槽，轴段连接处有过渡圆角。

（2）确定视图表达方案

1）轴类零件一般采用一个主视图，再辅以断面图、局部放大图，局部剖视图等表达方案来表达其结构。

职业知识

知识 1：带装订边的图纸幅面

带装订边的
A4（Y 型）
图纸幅面

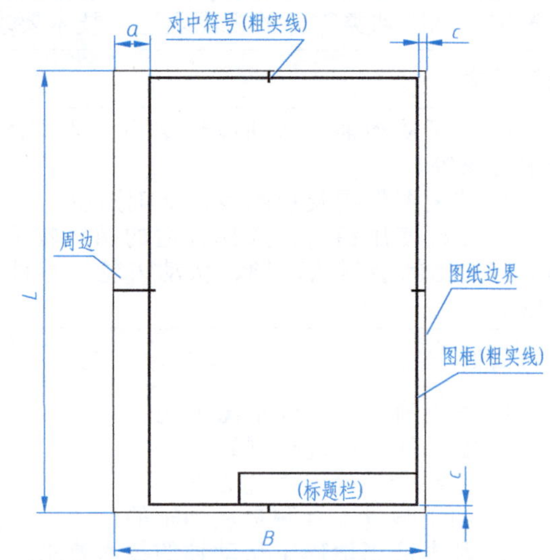

知识 2：标准图纸幅面及图框

图纸幅面	长 L/mm	宽 B/mm	非装订边宽度 c/mm	幅面大小关系	装订边宽度 a/mm
A0	1189	841	10	A0＝2×A1	25
A1	841	594		A1＝2×A2	
A2	594	420		A2＝2×A3	
A3	420	297	5	A3＝2×A4	
A4	297	210			

图样上每个细小的结构都有存在的价值！

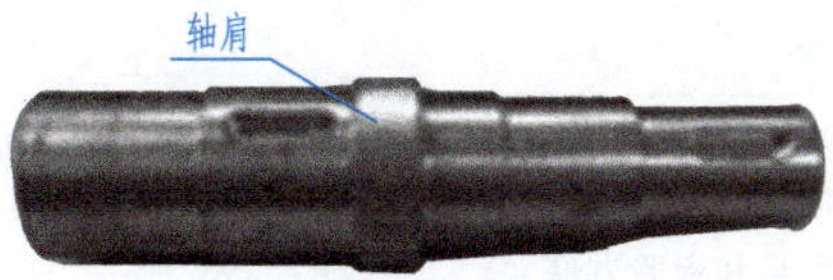

图 5-2　从动轴实体

2）从动轴采用的表达方法。

① 主视图用于表达从动轴轴线方向的结构。

② 两个断面图用于表达键槽所在位置的断面结构及键槽宽度和深度。

③ 局部放大图用于表达轴段连接处圆角结构。

（3）绘制从动轴零件草图

1）目测比例，徒手绘制细点画线，表达轴的轴线。由左端起顺次绘制每段轴的投影——矩形，这 6 个矩形按顺序顺次排列，尽量保持空间实体所表达的比例，如图 5-3a 所示。

2）绘制键槽。

① 在第 2 段轴上，用目测比例，绘制键槽投影，表达键槽形状特点一侧面向读者。

② 在第 6 段轴上，用目测比例绘制另一个键槽，该键槽的方位与第一个键槽的方位一致，其主要是为了在加工键槽结构时便于看图，如图 5-3b 所示。

3）徒手画断面图。该断面图属于移出断面图，断面图的直径是键槽所在第 2 段和第 6 段轴段的直径；键槽深度通过该段轴的直径可在《机械设计手册》中查找，如图 5-3b 所示。

知识 3：零件草图知识

零件草图概念	1)草图是实测零件的第一手资料,是整理装配图与零件图的主要依据,其应具有零件图的全部内容,即一组视图、全部的尺寸、技术要求和标题栏 2)草图是凭目测比例,徒手绘制而成的图样,但不能把草图理解为潦草的图,而应认真对待草图的绘制工作。否则,错误和遗漏将会给以后的工作带来困难,甚至给生产带来损失
测绘零件的类型	1)轴套类、轮盘类、叉架类、箱体类四大类非标准件 2)齿轮、带轮等常用件(部分结构被标准化的零件称为常用件) 3)标准件(如螺栓、螺母、垫圈、键、销、滚动轴承等)只需测出几个主要尺寸,其余尺寸可查阅有关手册确定,然后列出其名称、规格、标准编号及件数即可

知识 4：绘制零件草图的步骤

1. 分析零件	1)零件的名称、用途、材料、结构形状、各个表面的作用和要求 2)明确零件的加工方法、尺寸基准、表面粗糙度和技术要求	
2. 选择表达方案	选择主视图,确定视图的数量及是否需要采用剖视图、断面图、局部放大图等表达方法	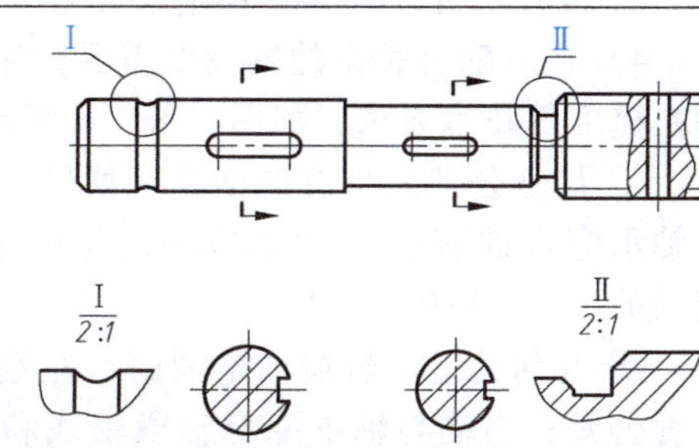
3. 画草图的步骤	1)画出图框和标题栏,选择表达方案,确定比例,布置视图,画出各视图的中心线、对称线和主要基准面的轮廓线 2)完成各个视图、剖视图、断面图等绘制。先绘制主要部分,后绘制次要部分。一般先从主视图开始,各个视图同时绘制 3)选择尺寸基准,画尺寸线、尺寸线及箭头 4)测量尺寸,填写数字;注写技术要求、填写标题栏等内容 5)校核全图并加深图线,完成草图	

图样上每个细小的结构都有存在的价值！

4）徒手绘制局部放大图。在一般情况下，轴类零件的各段轴连接处有圆角或退刀槽结构，需要采用局部放大图将该部分结构放大表达。该轴结构简单，轴段连接处为圆角过渡连接，因此，用局部放大图表达圆角结构即可，如图 5-3b 所示。

（4）标注尺寸、技术要求

1）该从动轴的径向尺寸基准是轴线，轴向尺寸基准是与齿轮紧靠的轴肩端面，如图 5-3c 所示。

2）在需要标注尺寸的结构要素上徒手画尺寸线、尺寸界线、箭头，如图 5-3c 所示。

3）测量尺寸。并标注，如图 5-3c 所示。

① 径向尺寸。6 段轴的直径。

② 轴向尺寸。轴的总长、轴段、键槽的长度以及键槽定位尺寸。

③ 其他尺寸。圆角、键槽尺寸等。

4）在有配合关系的轴段上需要标注尺寸公差、几何公差、表面粗糙度等技术要求，如图 5-3c、d 所示。

① 尺寸公差。带有键槽的两段轴、与轴承配合的两段轴，如与轴承配合的直径尺寸 ϕ30js6、与齿轮配合的直径尺寸 ϕ32k6；键槽的尺寸 10N9、8N9。

② 几何公差。轴肩两个端面与左端与轴承配合轴段轴线的垂直度公差；右端与轴承配合轴段轴线和左端与轴承配合轴段轴线的同轴度公差；键槽的对称度公差。

③ 表面粗糙度。与轴承配合表面的表面粗糙度值是 *Ra*0.8μm；与齿轮配合表面的表面粗糙度值是 *Ra*1.6μm，其他表面粗糙度值是 *Ra*3.2μm。

其他未标注的技术要求在标题栏上方用文字或符号统一注写。

（5）校核全图并加深图线，完成草图。

知识 5：尺寸基准

尺寸基准的概念	尺寸基准就是零件在设计、制造和检验时，计量尺寸的起点。标注尺寸时也必须从基准出发，以保证零件在机器中的工作要求，并使加工过程中的尺寸测量和检验方便
尺寸基准的数量	零件有长、宽、高三个度量方向，每个方向均有尺寸基准。决定零件主要尺寸的基准称为主要基准，但有时为了加工或测量方便，除了主要基准还有辅助基准，主要基准和辅助基准之间应标注尺寸，使其联系起来
轴类零件的尺寸基准	轴类零件有两个主要基准，径向尺寸基准和轴向尺寸基准。径向尺寸基准一般是轴线；轴向尺寸基准一般选择与传动件有关的轴肩端面
尺寸基准的形式	点基准——一般是坐标原点、圆的中心 线基准——回转体零件的轴线 面基准——零件加工面（如底面、端面、接触的配合面）、零件对称面
图例	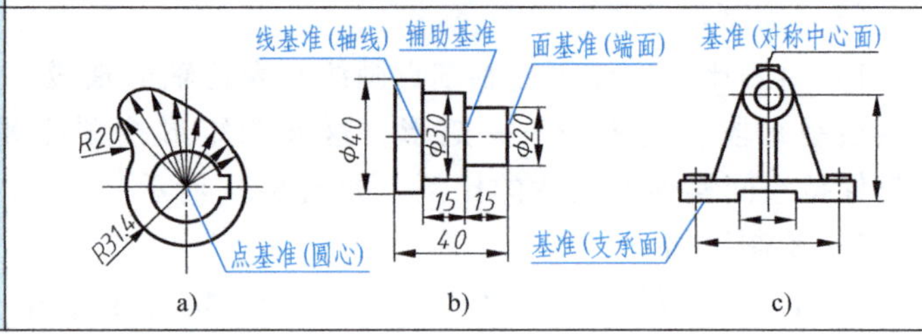

知识 6：轴上键槽的画法

轴上键槽	键槽是轴类零件上一个常见结构，用于安装键，通过键联接带动传动件传递运动	
图例	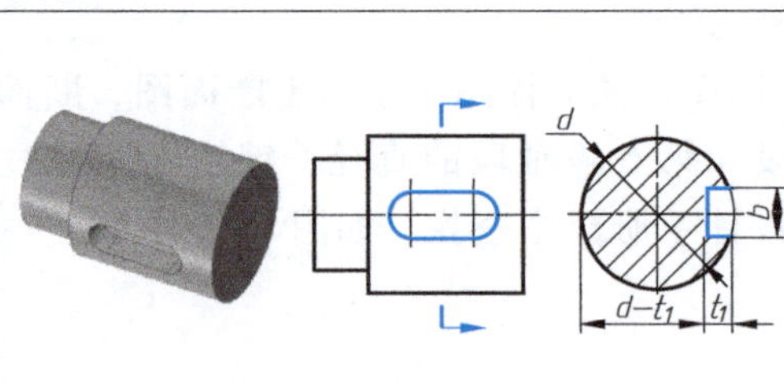	说明： 1）双色表达剖切位置和键槽投影 2）d—轴的直径 3）b—键槽宽度 4）t_1—键槽深度

图样上每个细小的结构都有存在的价值！

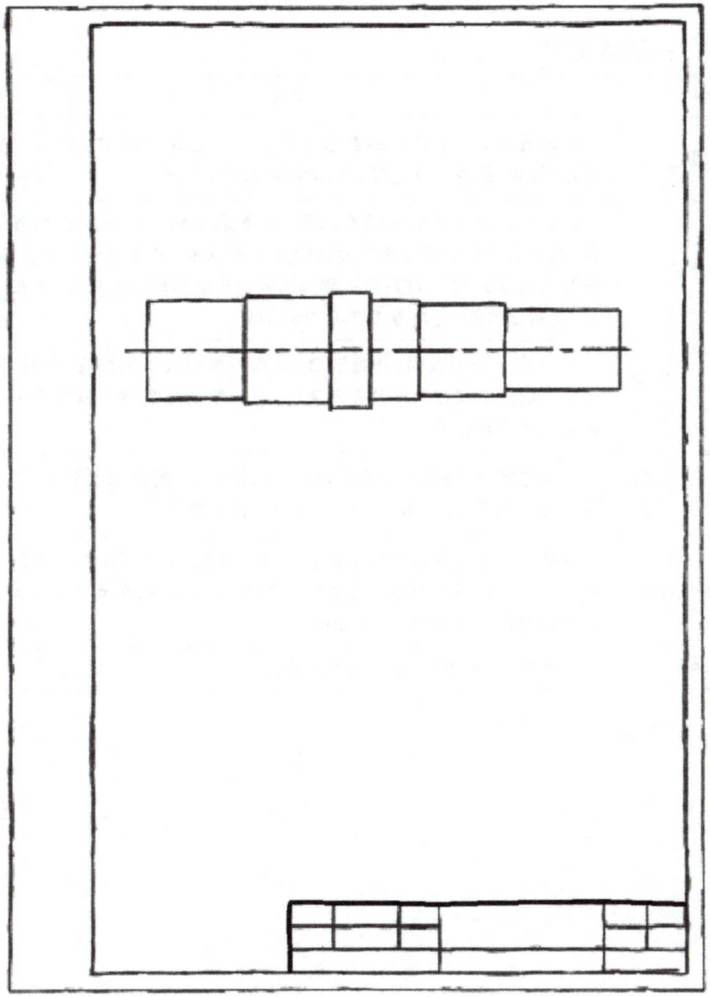

a)

图 5-3　绘制从动轴零件草图的步骤

知识 7：尺寸标注

尺寸标注形式	根据设计和加工制造要求选定基准标注尺寸，同一方向尺寸的排列形式有三种，即链状式、坐标式、综合式
正确标注轴向尺寸图例	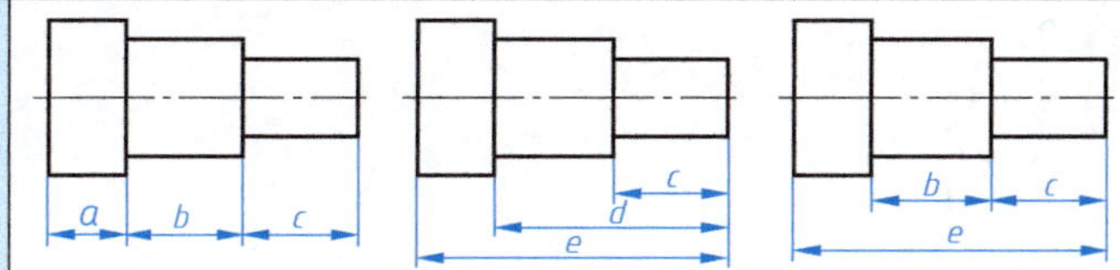
错误标注轴向尺寸图例	**尺寸链概念** 在零件加工或机器装配过程中，由相互联系的尺寸按一定顺序首尾相接排列而成的封闭尺寸组称为尺寸链。组成尺寸链的各个尺寸称为尺寸链的环 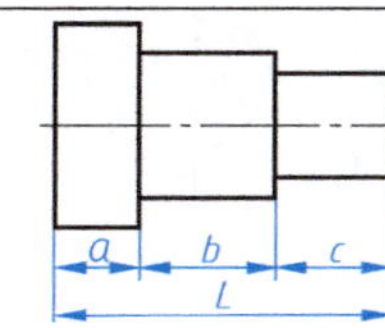 尺寸链：$L=a+b+c$

知识 8：测量工具

名称	实物图片	作用	备注
钢直尺	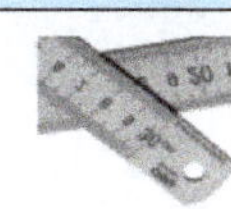	测量轴的轴线方向的长度	精度：取整数
游标卡尺		测量轴的内外径、长度、深度（配合关系要求不高的，可取整数）	分度值 0.02mm
千分尺		测外径	分度值 0.01mm 或 0.001mm
半径样板（R 规）		测量轴端之间的过渡圆角	精度：取整数

图样上每个细小的结构都有存在的价值！

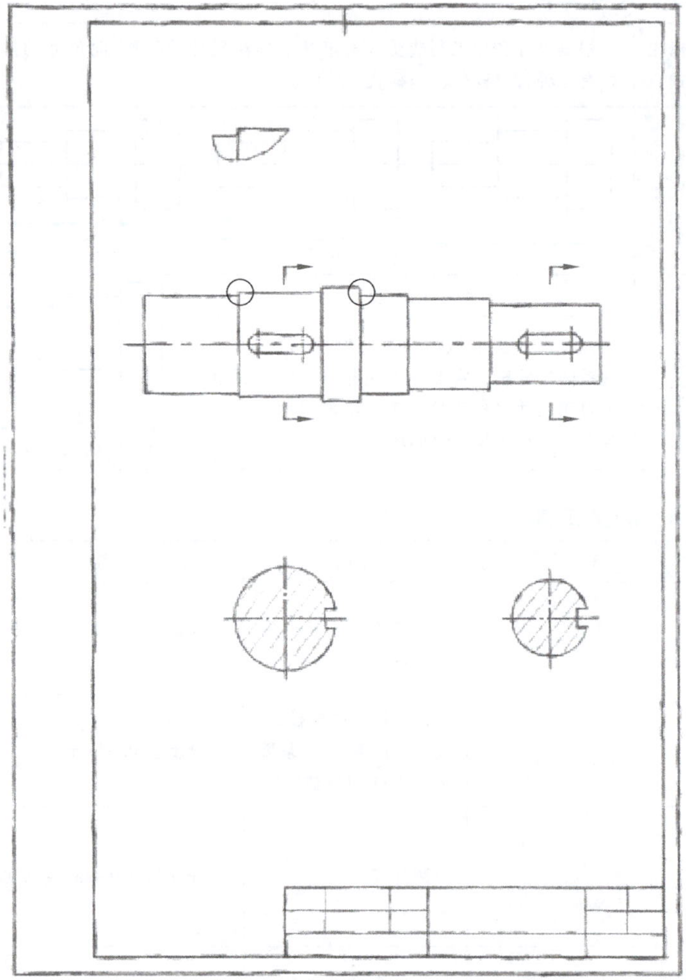

b)

图 5-3　绘制从动轴零件草图的步骤（续）

知识 9：技术要求

项目		内容
概述		轴是机械加工中常见的典型零件之一。它在机械中主要用于支承齿轮、带轮、凸轮以及连杆等传动件以传递转矩
尺寸公差		轴类零件的主要表面常有两类：一类是与轴承内圈配合的外圆轴颈，即支承轴颈是用于确定轴的位置并支承轴，尺寸精度要求较高，公差等级通常为 IT5～IT7；另一类是与各类传动件配合的轴颈，即配合轴颈，其精度稍低，公差等级常为 IT6～IT9
几何公差	形状公差	主要是指轴颈表面、外圆锥面、锥孔等重要表面的圆度、圆柱度，其误差一般应限制在尺寸公差范围内，对于精密轴需在零件图上另行规定其几何形状公差
	位置公差	主要包括内、外表面和重要轴面的同轴度、圆的径向圆跳动、重要端面对轴线的垂直度、端面间的平行度等精度要求
表面粗糙度		轴的加工表面都有粗糙度要求，一般根据加工的可能性和经济性来确定。支承轴颈表面粗糙度值常为 $Ra0.2 \sim 1.6\mu m$，传动件配合轴颈表面粗糙度值常为 $Ra0.4 \sim 3.2\mu m$
其他要求		其他热处理、倒角、倒棱及外观修饰等要求

❖ 笔记：

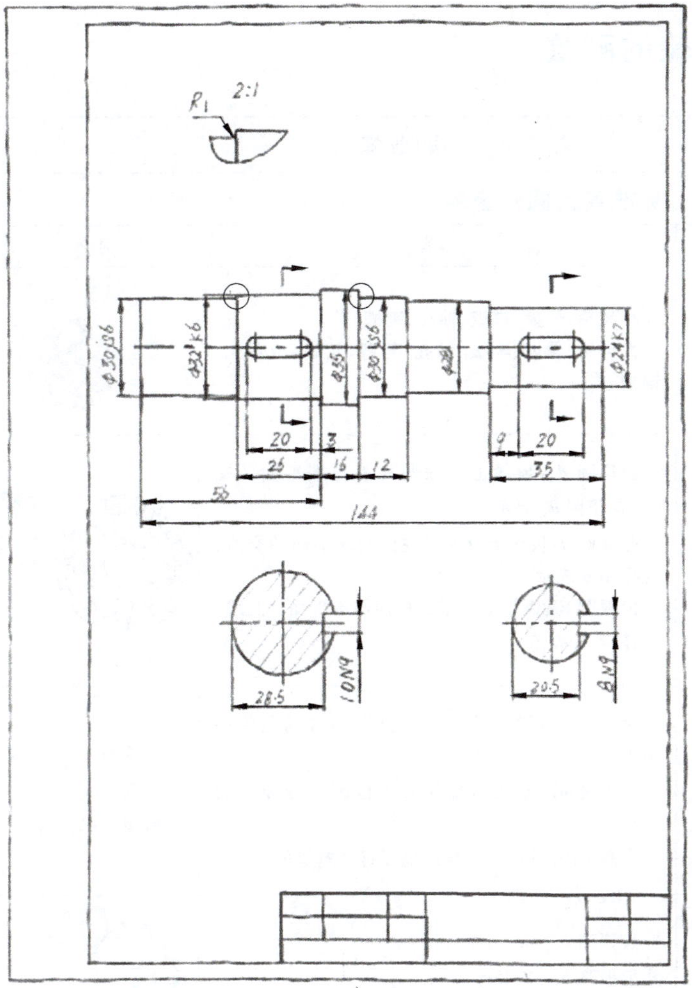

c)

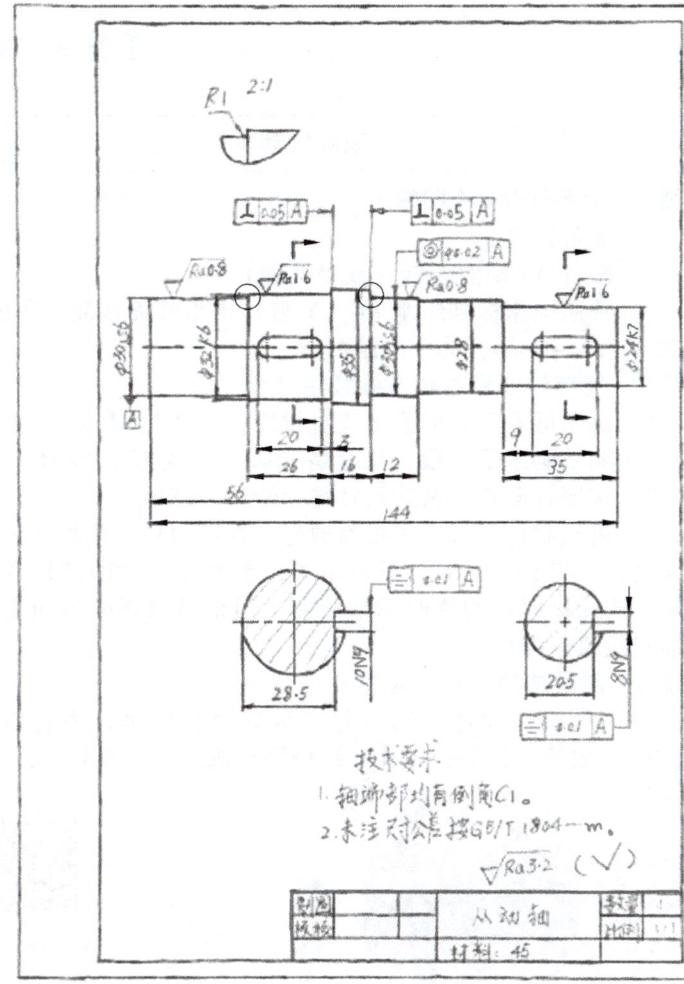

d)

图 5-3　绘制从动轴零件草图的步骤（续）

图样上每个细小的结构都有存在的价值！

任务 2 减速器从动齿轮的测绘

职业行动	职业知识

步骤 1：徒手绘制 A4 图框

1）准备铅笔。

2）准备 A4 幅面图纸（或坐标纸）。

3）按照国家标准绘制 A4（Y 型）图纸幅面带装订边的图框。$a=25\text{mm}$，$c=5\text{mm}$，徒手绘制图框。

步骤 2：徒手绘制标题栏及参数栏

1）自图框右下方向上画竖直线段，长度是 21mm（或 21 个小格），再顺次画水平线段，长度是 120mm（或 120 个小格）。

2）按照标题栏的格式尺寸徒手绘制内部的线段。

3）齿轮零件图多了一项参数栏，在参数栏中需填写齿轮的基本参数，如齿数、模数、压力角等，参数栏尺寸国家标准未严格规定，按照标题栏的栏距酌情绘制，但依然遵循外框粗实线，内格细实线绘制即可。

步骤 3：测绘减速器从动齿轮

（1）分析减速器从动齿轮 齿轮是回转体，由轮齿、轮缘（齿圈）、辐板、轮毂、轴孔、键槽等组成，如图 5-4 所示。

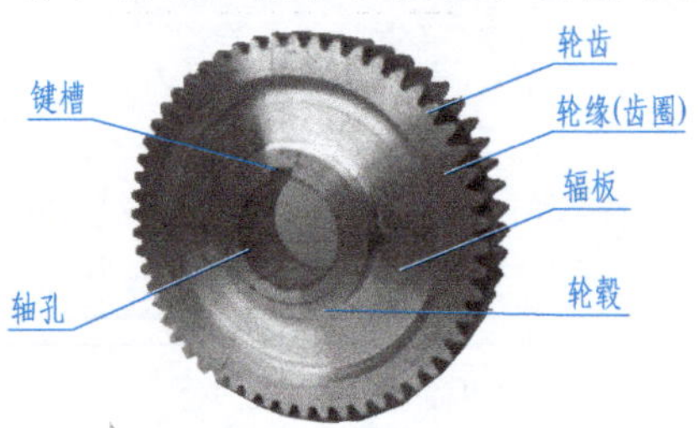

图 5-4 从动齿轮的结构组成

32—齿轮的种类

知识 10：标准直齿圆柱齿轮

<table>
<tr><th>项目</th><th>内容</th><th>图例</th></tr>
<tr><td>齿轮组成部分</td><td>小齿轮：轮齿、辐板、轴孔、键槽
大齿轮：轮齿、辐板、轴孔、轮毂、轮缘、减重孔、键槽</td><td>
</td></tr>
<tr><td rowspan="2">结构要素名称、代号</td><td>齿顶圆 d_a：齿轮上齿顶圆柱面与端平面的交线，直径用 d_a 表示
分度圆 d：齿轮上分度圆柱面与端平面的交线，直径用 d 表示
齿根圆 d_f：齿轮上齿根圆柱面与端平面的交线，直径用 d_f 表示</td><td>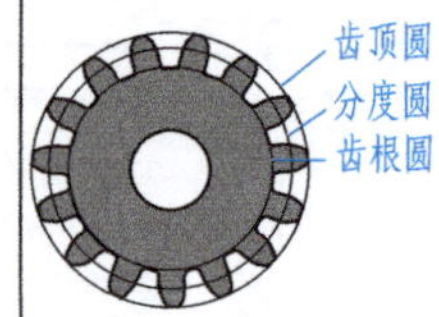
</td></tr>
<tr><td>齿顶高 h_a：齿顶圆直径与分度圆直径差值的一半
齿根高 h_f：分度圆直径与齿根圆直径差值的一半
齿高 h：齿顶圆直径与齿根圆直径差值的一半</td><td>齿顶高 h_a
齿根高 h_f
齿高 $h=h_a+h_f$</td></tr>
<tr><td>齿高与模数 m 的关系</td><td>齿顶高 $h_a=m$
齿根高 $h_f=1.25m$
齿高 $h=h_a+h_f=m+1.25m=2.25m$</td><td>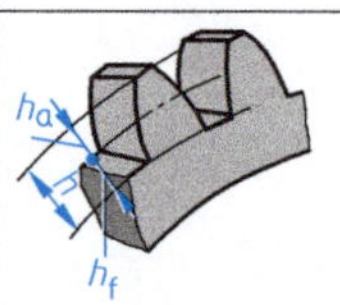
</td></tr>
</table>

图样上每个细小的结构都有存在的价值！

（2）确定视图表达方案　由于齿轮属于常用件，它的轮齿部分结构已经标准化，所以齿轮的视图表达也有标准规定。

1）在一般情况下，齿轮的主视图是轴线水平放置并与正立投影面平行得到的视图，可以根据齿轮的结构采用视图、全剖视图、半剖视图等不同的表达方案，通常情况下采用全剖主视图。

2）左视图是轴线垂直于侧立投影面得到的投影为圆的视图。有时也可以省略，用局部视图表达轮毂及轴孔结构。

（3）绘制从动齿轮零件草图（图 5-5）

1）绘制细点画线确定主视图和左视图的位置。

2）按照齿轮规定画法绘制零件图。

3）按下表测量并计算各个要素的尺寸。

齿轮轮齿部分			齿轮其他部分	
齿轮齿数 z	55	□奇数齿 □偶数齿	轮齿的宽度 B/mm	
测量直径 d_a/mm	114		辐板的厚度 t/mm	
计算模数 m/mm	$m=d_a/(z+2)$ = 114/57=2			
计算直径 d_f/mm	$d_f=m(z-2.5)$		轮毂的外径 D/mm	
计算直径 d/mm	$d=mz$		轴孔直径 D/mm	
计算直径	$d_a=m(z+2)$		轮缘(齿圈)的直径 D_1/mm	

4）标注尺寸、尺寸公差、几何公差和表面粗糙度等。

5）填写标题栏和参数栏。

（续）

项目	内容	图例
基本参数	1)模数 m;2)齿数 z;3)压力角 α	齿距 p 槽宽 e 齿厚 s $p=e+s$ 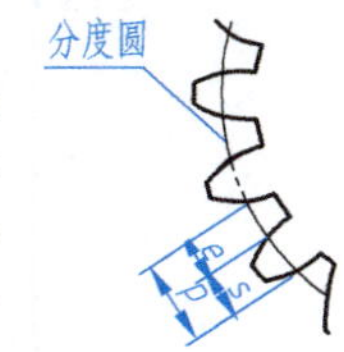
模数 m 与齿距 p 之间关系	因为 p 是齿轮齿距，d 是分度圆直径，所以分度圆周长 C 可以用 pz 和 πd 表示，即 $pz=\pi d$，可以得出 $d=(p/\pi)z$，令 $m=p/\pi$，m 即为齿轮的模数 33—齿轮模数与齿距的关系	

知识 11：标准直齿圆柱齿轮的尺寸计算

名称	代号	计算公式	名称	代号	计算公式
齿顶高	h_a	$h_a=m$	分度圆直径	d	$d=mz$
齿根高	h_f	$h_f=1.25m$	齿顶圆直径	d_a	$d_a=m(z+2)$
齿高	h	$h=2.25m$	齿根圆直径	d_f	$d_f=m(z-2.5)$

知识 12：标准齿轮的规定画法

齿轮轮齿部分是标准化结构，在绘制齿轮视图时，国家标准有相关规定。

项目	内容		
常用表达方案	1)主视图可以采用视图、全剖视图、半剖视图表达 2)左视图采用视图、局部视图表达		
图线使用	主视图	视图	齿顶线用粗实线绘制、齿根线用细实线绘制(或省略)、分度线用细点画线绘制
		全剖视图	齿顶线用粗实线绘制、齿根线用粗实线绘制、分度线用细点画线绘制
		半剖视图	一般情况上半部分画成剖视图，下半部分画成视图，剖视图和视图部分用细点画线分界
	左视图	视图	齿顶圆用粗实线绘制，齿根圆用细实线绘制(也可以省略)，分度圆用细点画线绘制
		局部视图	只用粗实线绘制轮毂部分

图样上每个细小的结构都有存在的价值！

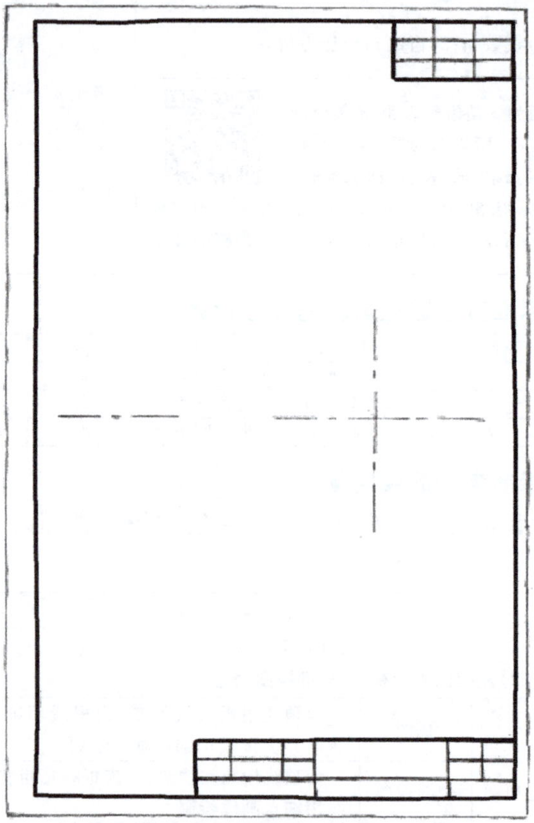

a)

图 5-5 绘制从动齿轮零件草图步骤

（续）

项目	内容
图例	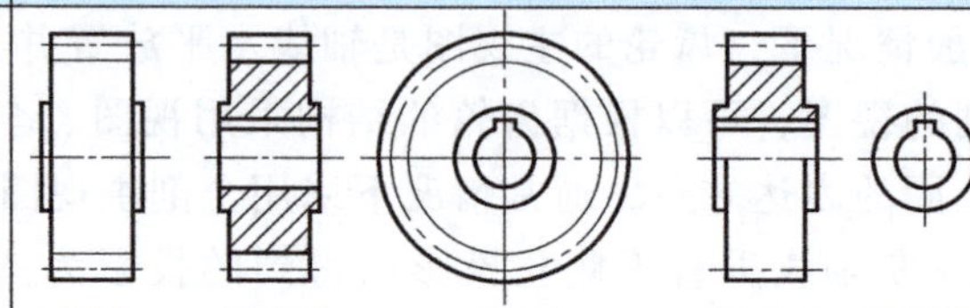 34—单个齿轮的画法

知识 13：齿轮测绘

概念	齿轮测绘是通过测量齿轮来确定齿轮的基本参数并画出零件工作图的过程	
齿轮测绘步骤	徒手绘制齿轮 ⇨ 1）数出齿数 z 2）测量齿顶圆直径 d_a 3）计算模数 m 4）计算分度圆直径 d 5）计算齿根圆直径 d_f ⇨ 测量齿轮上其他部分的尺寸 ⇨ 标注尺寸、尺寸公差、表面粗糙度、几何公差和填写标题栏等	
齿轮齿顶圆直径的测量	1）偶数齿齿轮直接测量齿顶圆直径 2）奇数齿齿轮间接测量计算齿顶圆直径	使用的测量工具 游标卡尺
图例	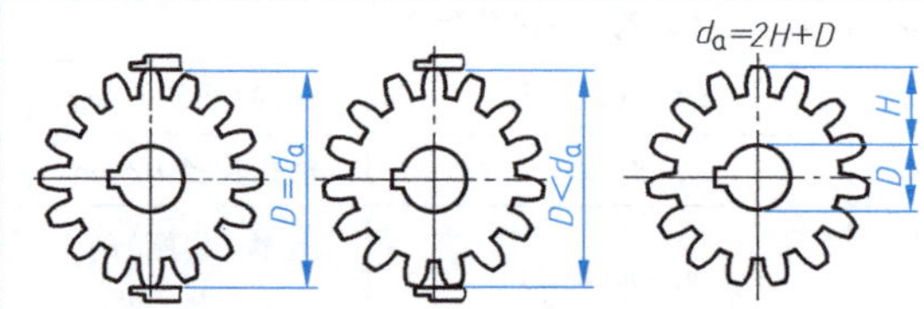 a) b) 35—奇数齿和偶数齿齿顶圆直径的测量	

知识 14：齿轮零件图的内容

一组视图	一般由一个全剖主视图、一个左视图或局部视图组成
全部尺寸	齿顶圆直径、分度圆直径、配合轴孔直径、键槽尺寸、齿轮宽度等
技术要求	轮齿部分、轴孔表面粗糙度、几何公差（如垂直度、轴向圆跳动等）
标题栏	注写零件名称、材料、比例、数量、图号等
参数栏	齿轮基本参数、精度，与之啮合的另一个齿轮的相关信息等

图样上每个细小的结构都有存在的价值！

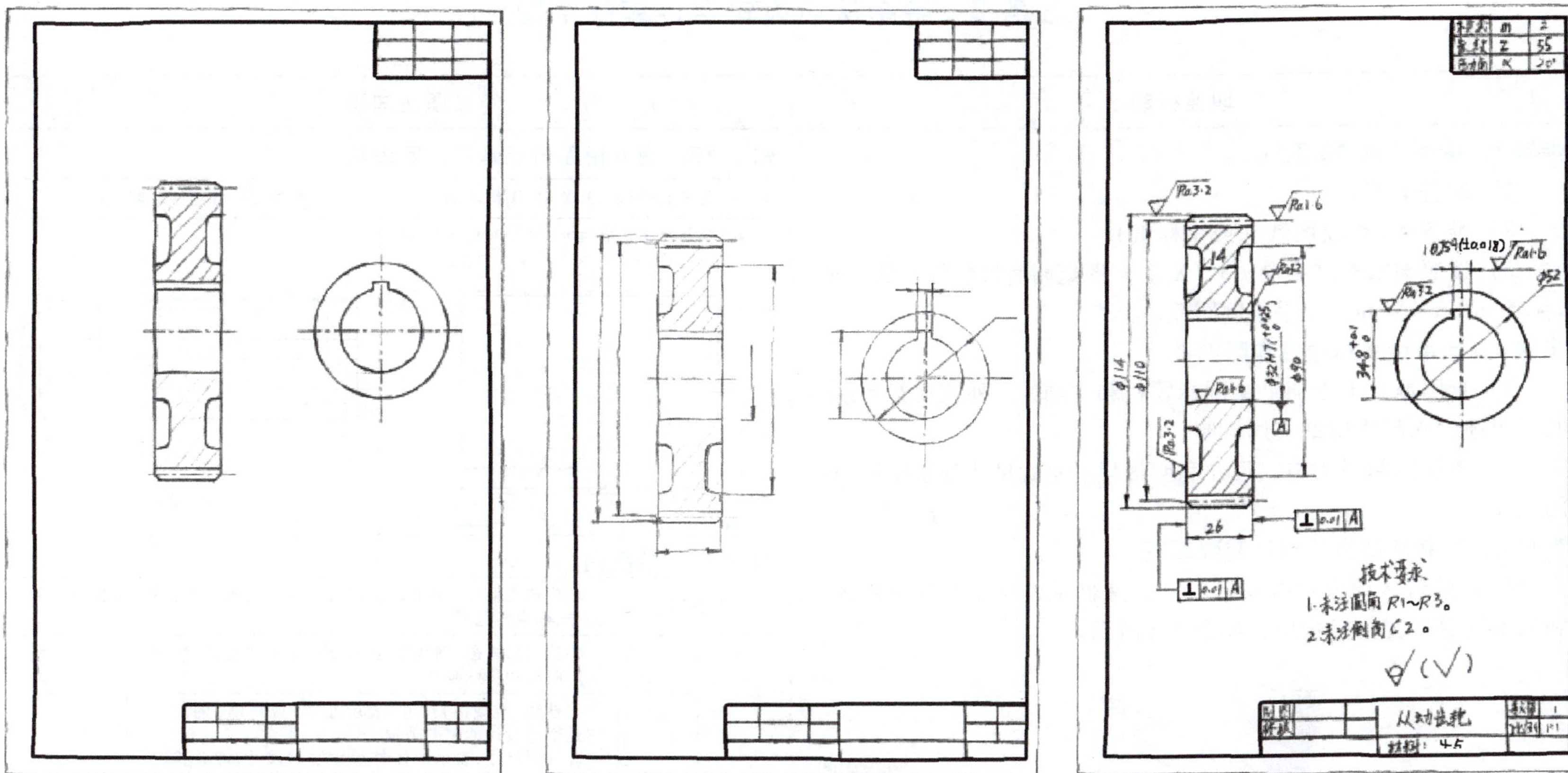

b)　　c)　　d)

图 5-5　绘制从动齿轮零件草图步骤（续）

图样上每个细小的结构都有存在的价值！

任务 3 绘制从动齿轮组件装配草图

职业行动	职业知识

步骤 1：徒手绘制 A3 图框

1）准备铅笔。

2）准备 A3 幅面图纸（或坐标纸）。

3）按照国家标准绘制 A3（X 型）图纸幅面带装订边的图框。$a=25\text{mm}$，$c=5\text{mm}$，徒手绘制图框。

步骤 2：徒手绘制标题栏和明细栏

1）自图框右下方向上绘制标题栏和明细栏，外框用粗实线绘制，明细栏顶部线用细实线绘制。

2）按照标题栏的格式尺寸和明细栏的格式尺寸徒手绘制内部的线段。

步骤 3：绘制从动齿轮组件装配草图

（1）分析从动齿轮组件组成　减速器从动齿轮组件是由齿轮和从动轴通过键联接构成，如图 5-6 所示。

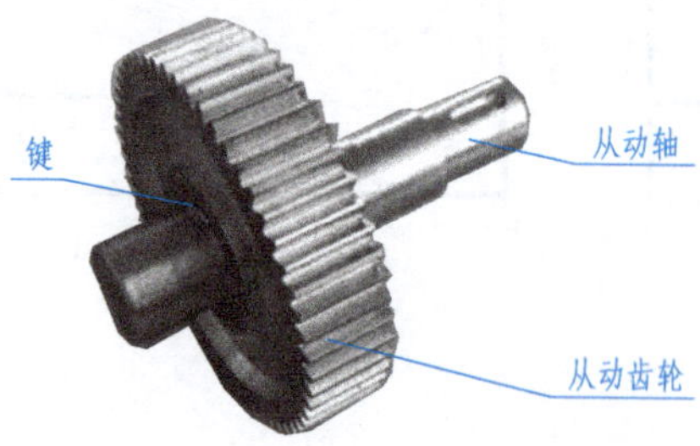

图 5-6　从动尺轮组件的组成

36—减速器从动齿轮组件

知识 15：图纸幅面与标题栏、明细栏

带装订边的 A3（X 型）图纸幅面

$L=420\text{mm}, B=297\text{mm}, a=25\text{mm}, c=5\text{mm}$

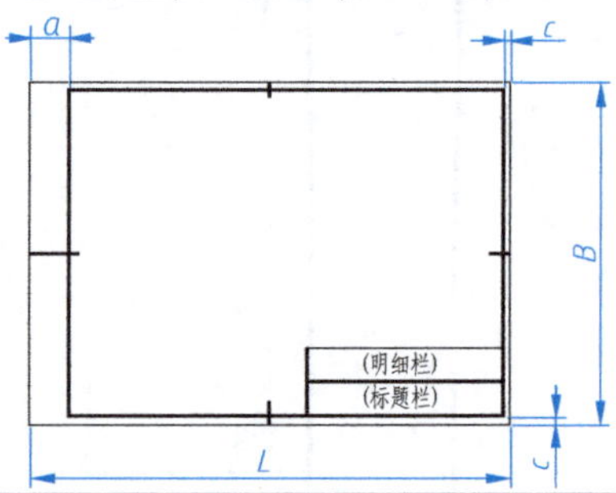

装配图中标题栏和明细栏

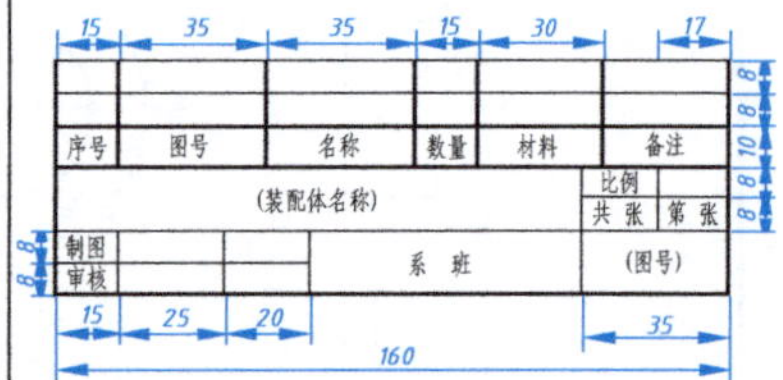

知识 16：装配图

装配图		在生产实际中，用于表示产品及其组成部分的连接、装配关系的图样，称为装配图	
装配图的内容	1. 一组图形	除选用的视图、剖视图、断面图等表达方法外，装配图还另有一些规定画法和特殊画法	
	2. 必要的尺寸	①性能（或规格）尺寸：表示性能（或规格）的尺寸，它是产品设计的主要依据 ②外形尺寸：表示形体外形轮廓的尺寸，即总长、总宽、总高。根据外形尺寸可以考虑包装、运输、放置的空间等 ③装配尺寸：保证装配体中各零件装配关系的尺寸，主要包括配合尺寸和相对位置尺寸，而配合尺寸是非常重要的尺寸 ④安装尺寸：把部件安装到其他设备或地基上时需要的尺寸 ⑤其他重要尺寸：根据部件的个体特点和需要，必须标注的尺寸，如经计算的重要的设计尺寸、定位尺寸等	在装配图中并非以上几种尺寸均需要标注，要根据需要进行标注

图样上每个细小的结构都有存在的价值！

（2）分析零件之间的联接方式和联接关系

从动齿轮轴孔上有一个键槽，从动轴上也有一个与之对应的键槽，通过标准件“键”与键槽的配合实现键联接，这样就能够实现轴旋转带动齿轮旋转。

（3）选择表达方案　选择全剖主视图、局部剖视图和局部视图。全剖主视图和局部剖视图用于表达齿轮、轴和键之间的联接关系及工作原理。左侧局部视图用于表达孔、轴上键槽和键之间的联接关系及孔轴的配合关系。

（4）绘制装配示意图　齿轮用矩形表示，键用叉符号表示，轴用粗直线表示，如图 5-7 所示。

图 5-7　从动齿轮组件的装配示意图

（5）绘制装配草图（图 5-8）

（6）绘制尺寸线、尺寸界线、箭头（图 5-9）

（7）标注装配尺寸和零件序号，填写标题栏和明细栏（图 5-10）

（8）检查，完成装配草图的绘制

（续）

装配图的内容	3. 技术要求	①用文字或符号注写出部件或机器的装配、检验、使用等方面的要求 ②关于装配体装配后的性能指标等要求 ③运输以及维护及保养等方面的要求 技术要求一般写在明细栏上方或图样下方空白处。如内容较多则可以另外编写图样的附件
	4. 零件的序号	①装配图中零件都应有对应的序号，一个或一种零件只能有一个序号，只标注一次 ②零件的序号应有顺序地（逆时针或顺时针）标注在装配图的周围，整齐地水平或垂直排列 ③单个零件及很薄的零件或涂黑的剖面的序号标注形式，如图 a 所示 ④序号的字号应比装配图中尺寸数字大一号或两号。 ⑤一组螺纹紧固件或其他零件组可以采用如图 b 所示的标注形式 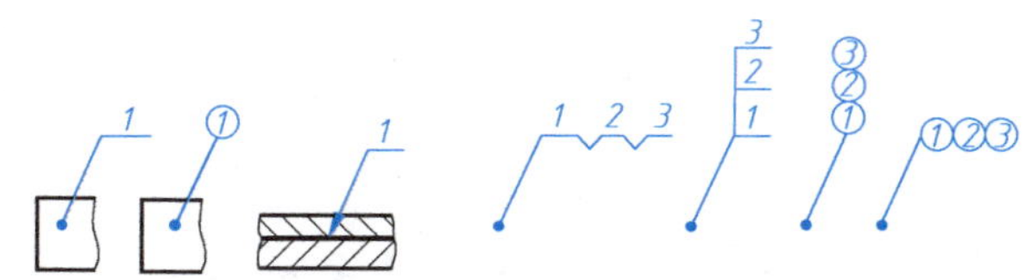 a)　b)
	5. 标题栏和明细栏	填写部件名称、制图、校核、组成部件的零件名称、材料等信息

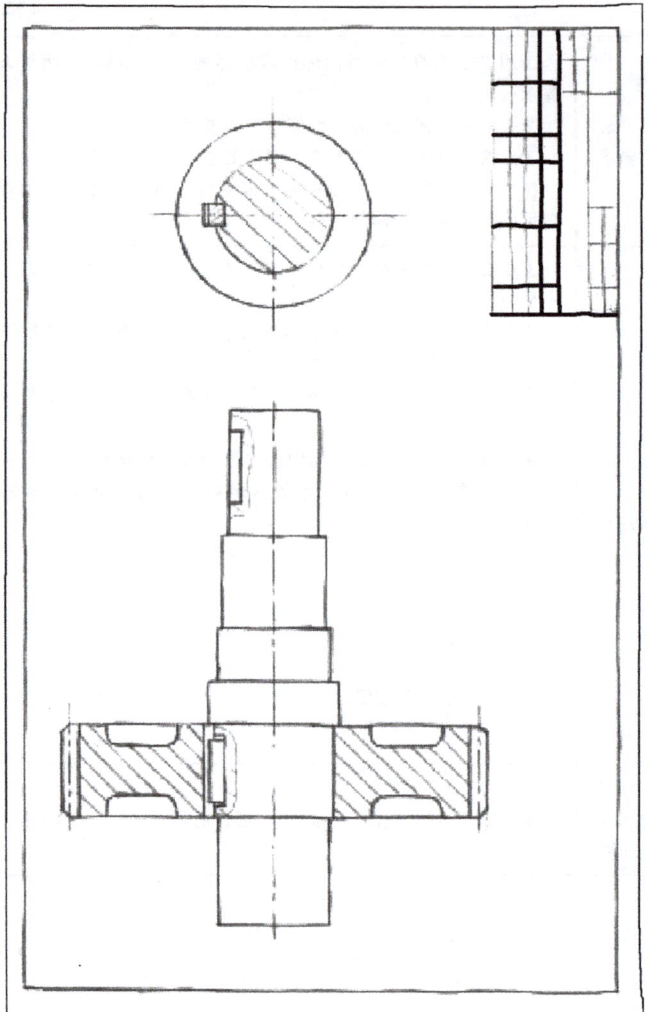

图 5-8 从动齿轮组件的装配草图

知识 17：装配草图

作用	1)装配草图记录各种零件名称、数量、在装配体中相对位置及装配连接关系 2)便于装配体拆后仍能顺利装配复原	
画法	1)一般用简单的线条和机构符号来表达部件中零件的大致形状和装配关系，用简单图形画出大致轮廓 2)螺栓、螺钉、轴等可用线段表示，常用的标准件可根据国家标准《机械制图　机构运动简图用图形符号》绘制 3)一般是把装配体看成是透明体，不需要画细虚线 4)装配示意图画好后要将全部零件编号，并填写明细栏 5)在画正式装配图时，零件的序号要与装配示意图上的序号一致	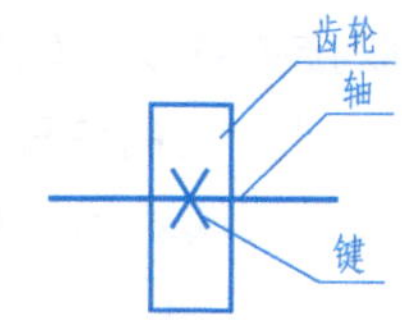

❖笔记：

图样上每个细小的结构都有存在的价值！

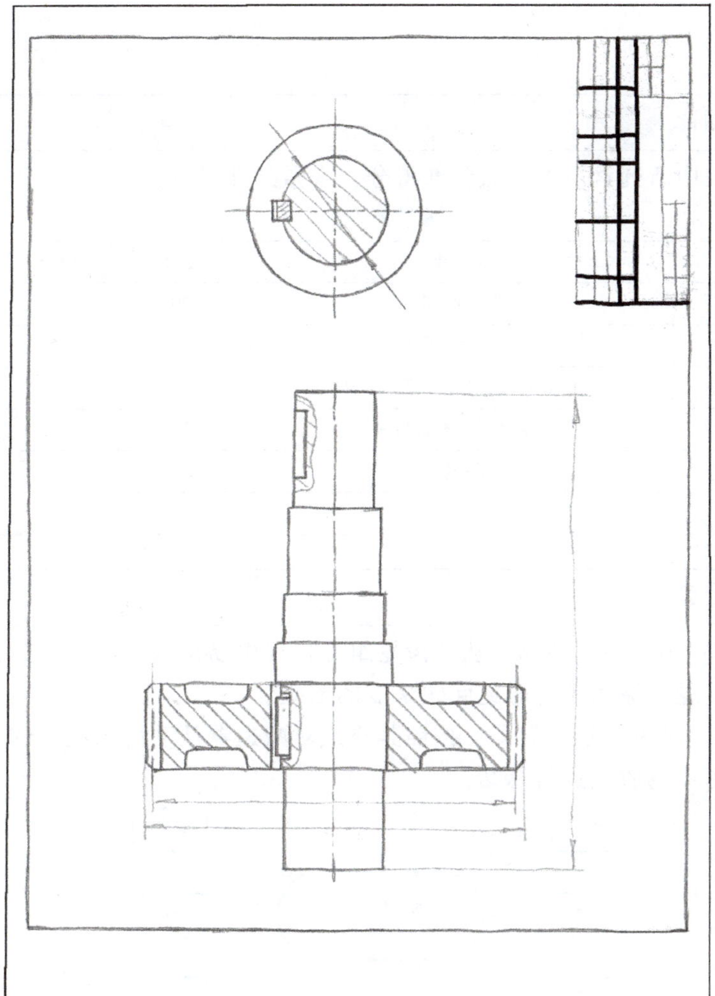

图5-9　绘制尺寸线、尺寸界线、箭头

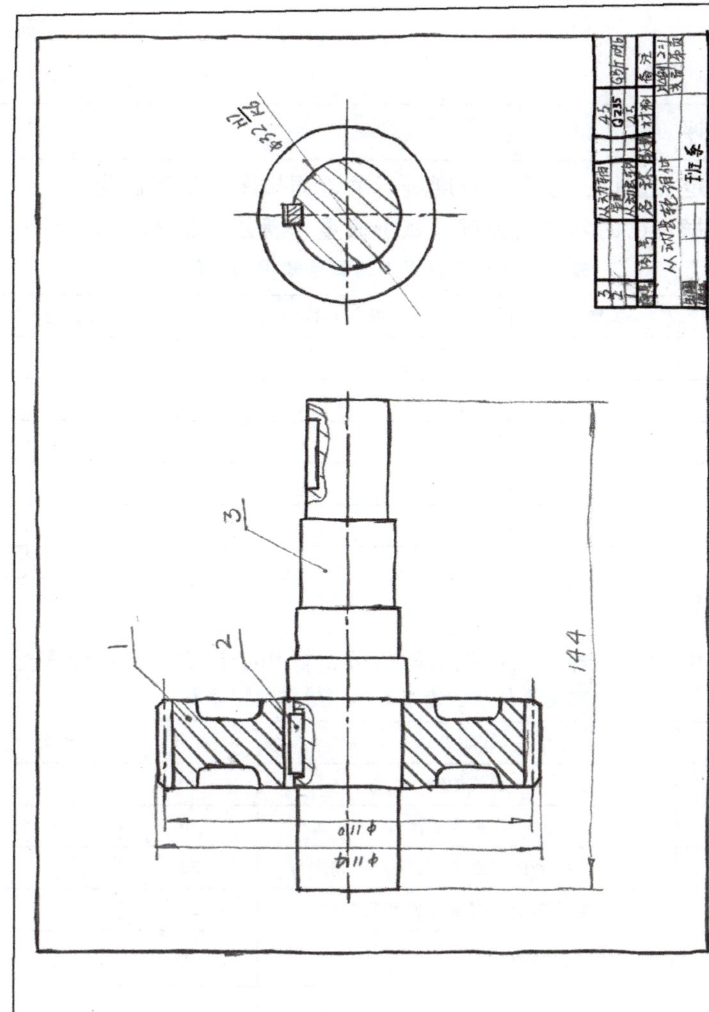

图5-10　标注装配尺寸和零件序号，填写标题栏和明细栏

图样上每个细小的结构都有存在的价值！

测　评

知识测评

确定关键词，按重要程度进行关键词排序并举例解读。

根据自己的判断给关键词赋予权重，满分 100 分。

减速器从动齿轮组件的测绘知识测评表

序号	关键词	举例解读	评分自定
1			
2			
3			
4			
5			

素质测评

表中所列素质点，做到即得分，未做到即零分。

素质测评表

序号	素质点	配分	得分
1	学习纪律	20	
2	工具使用、摆放	20	
3	严谨认真、一丝不苟的精神	20	
4	互帮互助、团队精神	20	
5	绘图环境“5S”	20	
总分		100	

技能测评

表中所列内容，操作规范即得分，操作错误或未操作即零分。

减速器从动齿轮组件的测绘技能测评表

序号	技能点	配分	得分
1	图线绘制	20	
2	运用线型表达图样	30	
3	标注尺寸、表面粗糙度、几何公差和序号	30	
4	图框绘制及填写标题栏和明细栏	20	
总分		100	

拓展训练

1）请列举出在测绘从动齿轮组件过程中易出现的问题，分析产生问题的原因及为避免问题采取的措施。

2）请利用思维导图，按照其格式对减速器从动齿轮组件的测绘学习中的收获进行总结。

图样上每个细小的结构都有存在的价值！

学习考评

学习成果

一、考评项目

1）根据所学测绘知识，目测尺寸，徒手绘制传动轴（图 5-11）零件草图。

2）徒手绘制模数 $m = 2\text{mm}$、齿数 $z = 17$、宽度 $B = 10\text{mm}$ 的直齿圆柱齿轮（图 5-12）的零件草图，齿轮轴孔尺寸根据目测绘制传动轴草图确定。

3）徒手绘制该轴和齿轮的装配草图，传动轴和齿轮通过键联接。

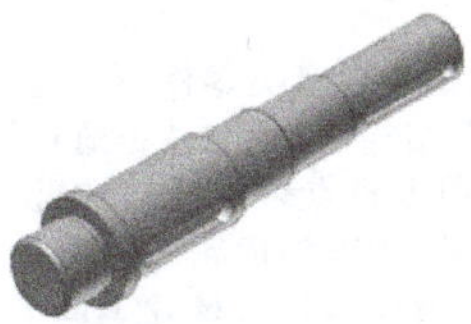

图 5-11　传动轴

图 5-12　直齿圆柱齿轮

二、实施准备

1. 学生准备

学生按照教学计划，已经完成了以下学习任务，可进行该学习成果的实施。

1）能分析传动轴实体，并完成学习成果需要的相关知识和方法的学习，得分大于 75 分。

2）能运用学习成果需要的相关知识和方法进行直齿圆柱齿轮的实体分析，得分>75 分。

3）能运用学习成果需要的相关知识和方法确定传动轴和直齿圆柱齿轮零件草图绘制步骤，得分大于 80 分。

4）能徒手绘制传动轴和直齿圆柱齿轮零件草图。

5）能正确标注尺寸、技术要求等。

6）自觉遵守国家标准相关规定、规范识图绘图、严格执行“5S”规定、养成团结协作的好习惯，得分大于 80 分。

2. 教师准备

1）在安排学生实施学习成果前，通过课堂问题研讨、作业、实训和考核及其他方式，确认学生已经具备了实施学习成果所需的知识、技能和素质，并确保学生独立进行操作。

2）对学生自评、小组互评、教师评价进行测评的方法培训，明确评价的意义和重要性，确保测评结果的准确性和公平性。

3）准备好测评记录。

三、考核方法与标准

1）评价监管。组长监控小组成员自评结果、教师监控小组互评结果、教师最终评价。

2）详细记录学生在实施学习成果过程中的方法步骤、完成时间以及出现错误等情况，学习成果要求在 60min 内完成。

3）考核内容及标准见下表。

考核内容及标准

序号	完成任务	考核内容	考核标准	配分	得分
1	绘制传动轴和直齿圆柱齿轮零件草图	分析传动轴和直齿圆柱齿轮结构特点、作用	正确率 10%～100%（1～10 分）	40	
		徒手画标题栏、图框	正确率 10%～100%（1～10 分）		
		选择表达方案	正确率 10%～100%（1～10 分）		
		绘制零件草图	正确率 10%～100%（1～10 分）		
2	标注尺寸、技术要求等	标注尺寸	不符合国家标准-15 分	60	
		标注几何公差	不符合国家标准-15 分		
		标注表面粗糙度	不符合国家标准-15 分		
		填写标题栏	不符合国家标准-15 分		

图样上每个细小的结构都有存在的价值！

知识拓展——识读圆柱齿轮零件图

要识读的圆柱齿轮零件图如图 5-13 所示。

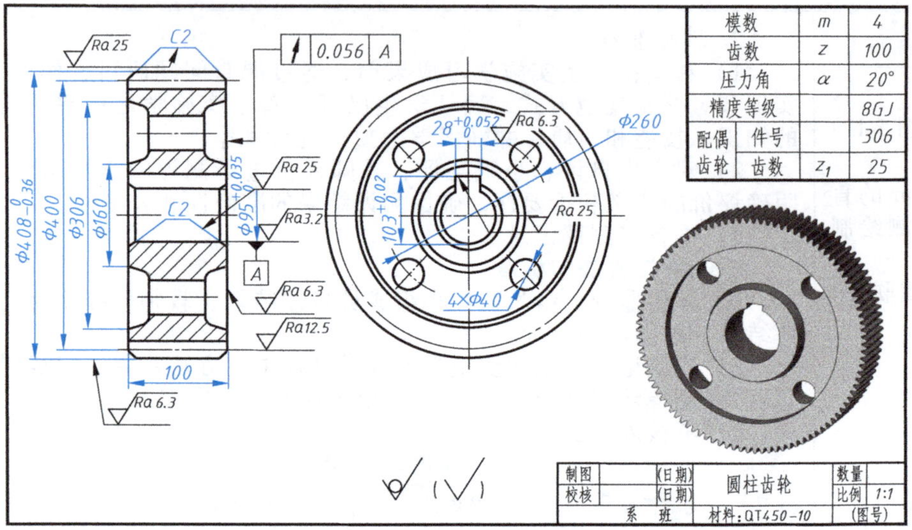

图 5-13　圆柱齿轮零件图

拓展阅读——中国古代齿轮发明史： 中国在秦代、汉代（公元前 221—220 年）年间就发明了齿轮。齿轮为铸铜，有直齿、斜齿和人字形齿轮。新中国成立以来，随着考古学的发展，从出土文物中发现，中国发明齿轮已有 2200 多年的历史。1954 年，在山西省永济县薛家崖出土的齿轮和秦代铜器古物一样，时间为公元前 221 年，该齿轮现存山西省博物馆内。1959 年 6 月 30 日在我国保定城南壁阳城村古代壁阳城址地下掘出西汉（公元前 207 年）时代的铸造齿轮，现在沈阳博物馆内保存。1953 年在陕西省长安县红庆村汉墓出土了东汉初年的人字齿轮，现存陕西省博物馆内。这种人字齿轮，后来在长沙也出土了，为西汉年初（公元前 200 年）制造。

识读步骤：

步骤	内　　容
读标题栏	零件的名称为圆柱齿轮，材料为 QT450-10，比例为 1∶1
读参数栏	零件是一个模数为 4mm、共有 100 个齿、压力角为 20°的标准直齿圆柱齿轮，齿轮的精度等级是 8GJ，与该齿轮相啮合的另一个齿轮的齿数是 25，零件的编号是 306
读视图	1）分析视图。圆柱齿轮通常用两个视图表达其轴向和径向结构。主视图为一个轴线水平放置的全剖视图，这样安放反映了齿轮的轴向和径向结构特点以及尺寸，如齿轮的厚度、轴孔直径、轮毂直径、辐板直径等，同时也符合齿轮工作的位置，便于加工时看图。左视图表达了减轻孔的数量与分布情况、键槽的宽度和深度 2）分析零件的结构。齿轮属于轮盘类零件，有一条回转轴线，轴孔及齿轮端部均有倒角结构；齿轮与轴是通过键联接，因此，键槽结构是齿轮零件图上重点表达的结构；该齿轮外形尺寸比较大，因此在设计时，考虑到齿轮的重量会影响到齿轮的传递运动效率和运动精度，因此，设计了四个沿圆周均匀分布的减轻孔，进而保证了齿轮的传递运动的准确性
读尺寸与技术要求	1）分析尺寸标注。圆柱齿轮的径向尺寸基准主要是回转轴线，如齿顶圆、分度圆、轴孔等直径尺寸的标注均以轴线为基准 2）分析技术要求。技术要求包括尺寸公差、表面粗糙度、几何公差与其他技术要求 ①从图中可以看出，该齿轮轴孔配合表面标出了尺寸公差 $\phi95^{+0.035}_{0}$；标出了键槽深度尺寸 $103^{+0.02}_{0}$，宽度尺寸 $28^{+0.052}_{0}$；标出了齿顶圆直径尺寸 $\phi408^{0}_{-0.36}$ ②采用平键联接，其两侧为工作面，表面粗糙度值为 $Ra6.3\mu m$，键槽顶面表面粗糙度值为 $Ra25\mu m$ ③齿轮顶面表面粗糙度 $Ra6.3\mu m$，倒角的表面粗糙度值为 $Ra25\mu m$，齿轮右端面表面粗糙度值为 $Ra3.2\mu m$，齿轮齿廓表面粗糙度值为 $Ra12.5\mu m$，其余为毛坯铸造表面，在图样右下角统一注写 ④该轴的几何公差。齿轮右端面相对轴线的轴向圆跳动公差为 0.056mm

图样上每个细小的结构都有存在的价值！

项目 6　减速器主动齿轮轴的测绘

项目描述

通过测绘主动齿轮轴（图 6-1）进一步学习国家标准的相关知识，齿轮轴零件的相关知识及视图表达；标准件的国家标准规定；巩固轴类零件的视图表达、技术要求等。

项目要求

1. 分析主动齿轮轴结构，选择合适的表达方案、确定技术要求等。

2. 掌握齿轮啮合的规定画法。

3. 正确使用铅笔，选择合适的图纸幅面，按照目测尺寸，选择恰当的比例绘制主动齿轮轴零件草图。

4. 正确使用铅笔，选择合适的图纸幅面，按照目测尺寸，选择恰当的比例绘制主动齿轮轴与从动齿轮的啮合草图。

学习目标

1. 能分析主动齿轮轴的结构组成及特点。

2. 能完成主动齿轮轴的测绘。

① 能确定主动齿轮轴的模数确定。

② 能确定主动齿轮轴表达方案的确定。

③ 能基本恰当地确定主动齿轮轴的技术要求。

④ 能徒手绘制主动齿轮轴零件草图。

3. 能完成两个齿轮啮合图的绘制。掌握主动齿轮轴和从动齿轮啮合区的规定画法。

4. 自觉遵守国家标准和要求、规范绘制图样、保持绘图环境“5S”、养成耐心细致的好习惯。

学习载体

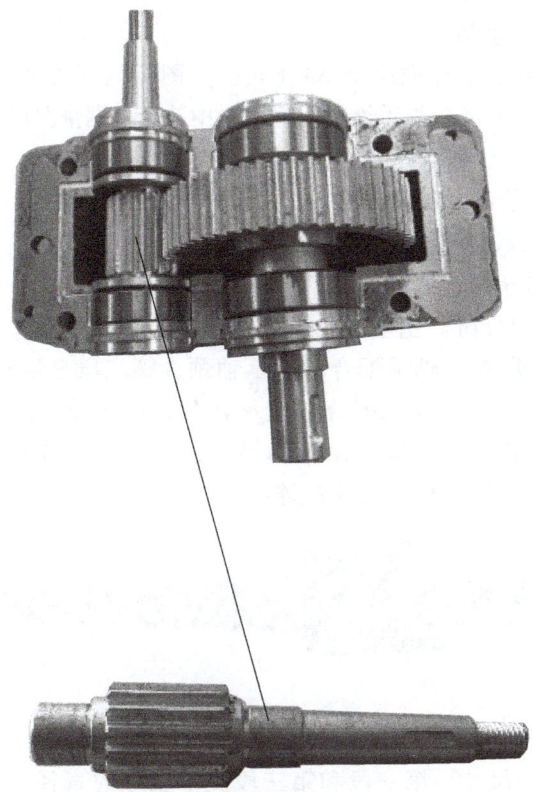

图 6-1　减速器中的主动齿轮轴

任务 1　测绘减速器主动齿轮轴

职业行动

步骤 1：徒手绘制 A4 图框

1）准备铅笔。

2）按照国家标准绘制 A4（Y 型）图纸幅面带装订边的图框。$a=25$mm，$c=5$mm，徒手绘制图框（对中符号根据情况可以省略）。

步骤 2：徒手绘制标题栏

标题栏绘制见项目 1。

步骤 3：测绘减速器主动齿轮轴

（1）分析减速器主动齿轮轴

1）结构分析。主动齿轮轴（图 6-2）由左到右共有六段主要结构：第一段是与轴承配合的支承轴颈；第二段是齿轮结构部分；第三段是另一个与轴承配合的支承轴颈；第四段是光轴；第五段是带有锥度且有一个键槽结构的轴段；第六段是带有螺纹结构的轴段。六段主要结构同轴顺次连接。

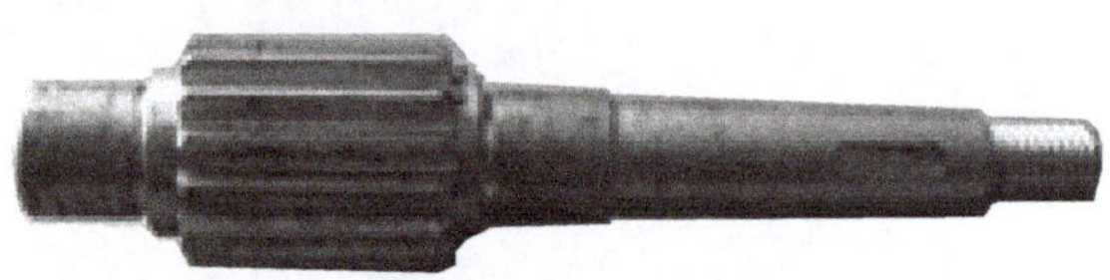

图 6-2　主动齿轮轴

2）尺寸分析。

① 径向尺寸。第一段和第三段支承轴颈的直径；第二段齿轮部分的齿顶圆直径、齿根圆直径、分度圆直径；第四段光轴的直径；第六段螺纹的公称直径。

职业知识

知识 1：Y 型图纸幅面及图框格式

1）根据零件结构尺寸需要选择 A4（Y 型）图纸幅面

2）该图纸需要全套装订，留装订边

3）图样比例采用 1∶1

知识 2：主动齿轮轴轮齿部分模数的确定

一对齿轮能够正确啮合的条件是两者模数相等、压力角相等。由于从动齿轮的模数已经通过测绘确定，所以，主动齿轮轴的模数 m 就应该与从动齿轮的模数相等，均为 2mm，从动齿轮的模数计算过程见项目 5。

每一张图样都是劳动成果，请珍惜爱护！

② 轴向尺寸。

- 长度尺寸。主动齿轮轴总长尺寸；轴段的轴向长度尺寸。
- 定位尺寸。键槽的轴向定位尺寸。

③ 其他尺寸。键槽长度、宽度、深度尺寸；退刀槽尺寸；锥度；轴端倒角尺寸（绘制草图可以省略不画，在技术要求中说明即可）。

（2）确定视图表达方案

1）轴类零件一般采用一个主视图，再辅以断面图、局部放大图，局部剖视图等表达方案来表达结构。

2）主动齿轮轴采用的表达方法。

① 主视图用于表达主动齿轮轴轴向和径向的结构。

② 断面图用于表达键槽所在锥轴段剖切位置的断面结构。

③ 局部剖视图用于表达锥轴键槽底部与轴线平行关系和键槽深度。

④ 局部视图用于表达键槽的形状结构和尺寸。

（3）绘制主动齿轮轴零件草图（图 6-3）

1）目测比例，徒手绘制细点画线，作为轴的轴线，由左端起顺次绘制每段轴的投影，包括齿轮结构和螺纹结构。

2）徒手画断面图，该断面图属于移出断面图，断面图的直径是键槽所在轴段剖开位置的直径，键槽深度可以通过该段轴的直径在《机械设计手册》中查找。

3）徒手画锥轴段的键槽局部剖视图。

4）徒手画键槽的局部视图。

（4）标注尺寸

1）选择尺寸基准。在一般情况下，轴类零件有两个主要尺寸基准，径向尺寸基准和轴向尺寸基准。径向尺寸基准一般是轴线；轴向尺寸基准一般选择与传动件有关的轴肩端面。主动齿轮轴的径向尺寸基准是轴线，轴向尺寸基准是左端面。

知识 3：斜度和锥度

项目	内容	图例
斜度	1）棱体高之差与平行于棱并垂直一个棱面的两个截面之间的距离之比，称为斜度，代号为“S” 2）举例：最大棱体高 H 与最小棱体高 h 之差，对棱体长度 L 之比，用关系式表示为：$S=(H-h)/L=\tan\beta$（β 是倾斜的角度） 3）也可理解为一直线对另一直线或一平面对另一平面的倾斜程度，在图样中以 1∶n 的形式标注 4）斜度符号∠的方向应与倾斜方向一致	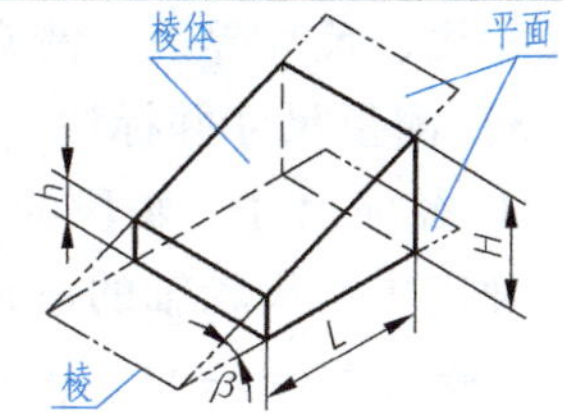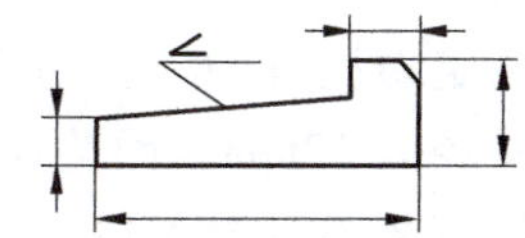
锥度	1）两个垂直圆锥轴线的圆锥截面直径差与该两截面间的轴向距离之比，称为锥度，代号为“C” 2）α 为圆锥角，D 为最大端圆锥直径，d 为最小端圆锥直径，L 为两圆锥截面之间的距离，即 $C=(D-d)/L=2\tan(\alpha/2)$ 3）与斜度的表示方法一样，通常也把锥度的比例前项化为 1，写成 1∶n 的形式 4）在图样中以 1∶n 的形式标注，标注时用引出线从锥面的轮廓线上引出，锥度符号◁的尖端应指向圆锥小端方向。右图所示为锥度 1∶5 的作图方法与标注	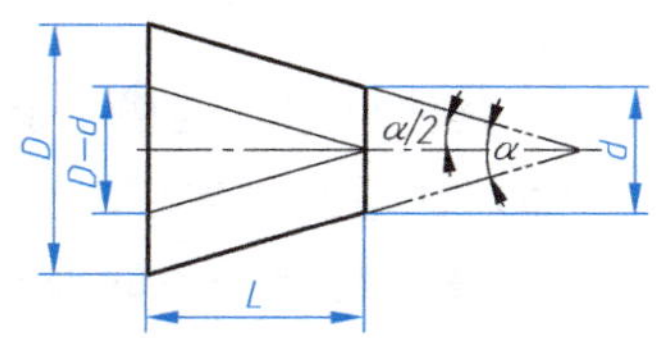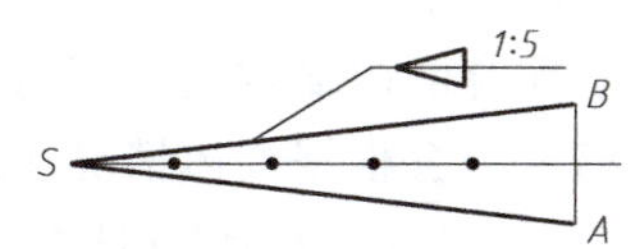

2）在需要标注尺寸的结构要素上徒手画尺寸线、尺寸界线、箭头。先画轴线方向的尺寸线、尺寸界线、箭头，再画直径方向的尺寸线、尺寸界线、箭头。

3）测量尺寸并标注。

① 径向尺寸。轴段的直径。

确定主动齿轮轴的齿顶圆直径 d_a、齿根圆直径 d_f、分度圆直径 d。数出齿数 $z=15$，由项目 5 得知齿轮模数 $m=2$mm，因此 $d_a=m(z+2)=2\times17\text{mm}=34\text{mm}$；$d_f=m(z-2.5)=2\times(15-2.5)\text{mm}=25\text{mm}$；$d=m\times z=2\times15\text{mm}=30\text{mm}$

确定螺纹直径。主动齿轮轴上的螺纹为外螺纹，用游标卡尺测得外径为 12mm，因为粗牙普通螺纹用 M 表示，所以该段螺纹的公称直径书写为 M12。

② 轴向尺寸。轴的总长、轴段的长度；第四段光轴的长度不需要标注。

③ 其他尺寸。键槽、退刀槽等尺寸。

（5）注写技术要求

1）在有配合关系的轴段上需要标注尺寸公差、几何公差、表面粗糙度等技术要求。

2）该轴上需要标注尺寸公差、几何公差和表面粗糙度，如与轴承配合的两端轴直径尺寸 ϕ20js6。其他未标注技术要求如表面粗糙度等会根据具体情况在标题栏上方用文字或符号统一注写。

3）几何公差为右端与轴承配合轴段轴线和左端与轴承配合轴段轴线的同轴度公差；与轴承配合表面的表面粗糙度值为 $Ra0.8\mu m$，齿轮齿廓的表面粗糙度值为 $Ra1.6\mu m$，其他表面粗糙度值为 $Ra3.2\mu m$ 等。

（6）校核全图，完成草图

知识 4：圆锥形轴伸平键键槽的画法

轴伸	轴伸端是指某设备机械有输出机械能或者说输入机械能的轴，因此为了与其他设备相连接而需要伸出设备以外，习惯称之为轴伸	
圆锥形轴伸	轴伸是圆锥形状，其上键槽画法如图 6-3 所示，表示键槽底的轮廓线与轴线平行，由于键槽深度尺寸是沿着轴线方向按锥度发生变化，故以大端键槽深度为公称尺寸	
举例	图中的 L_1 是圆锥形轴伸长度，L_2 是键的长度，b 是键槽宽，d_1 是圆锥形在断面处的直径，t_2 是大端键槽深度，检验键槽深度时用 t_2 值	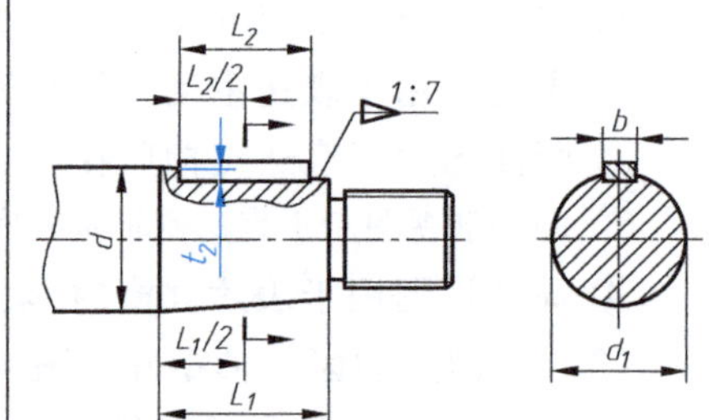
圆锥形轴伸锥度确定	在测绘圆锥形轴伸锥度时，通常是用游标万能角度尺测量出锥角值，再通过机械手册反推锥度值	

❖笔记：

每一张图样都是劳动成果，请珍惜爱护！

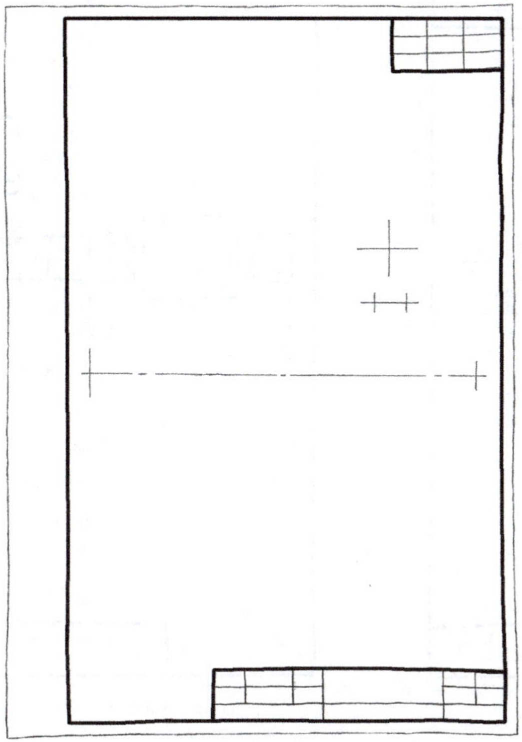

a) 确定位置

图 6-3　绘制主动齿轮轴零件草图步骤

知识 5：局部视图

项目	内容	图例
局部视图	局部视图是将物体的某一局部向基本投影面投射所得到的视图。如右图所示箭头所指的方向投射，只画出键槽这一局部的轮廓形状的图形，这一图形为局部视图	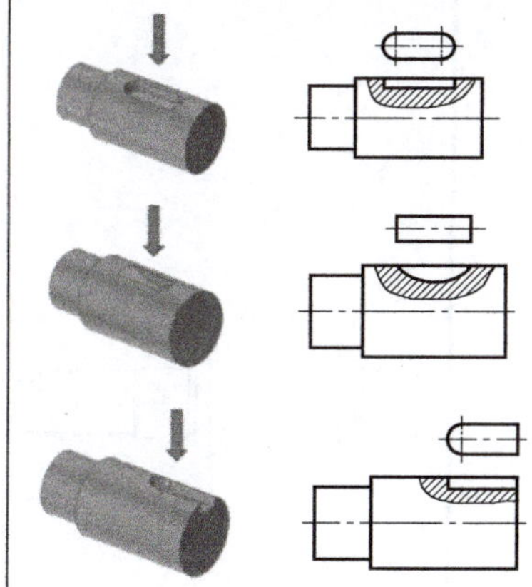

❖笔记：

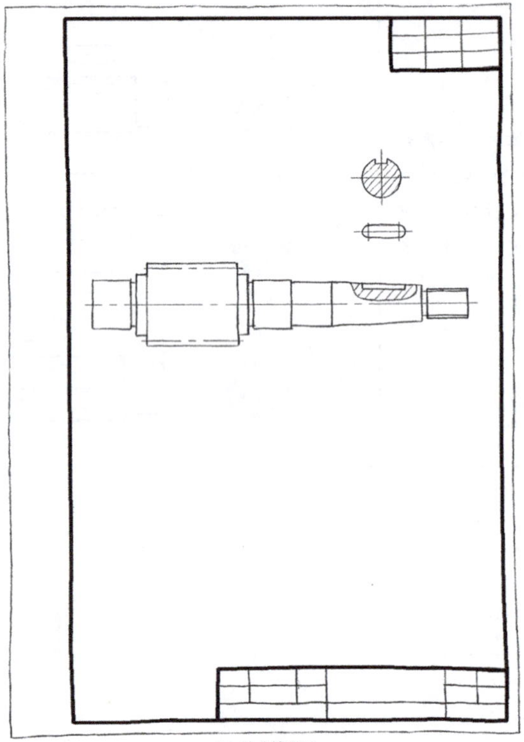

b) 绘制视图

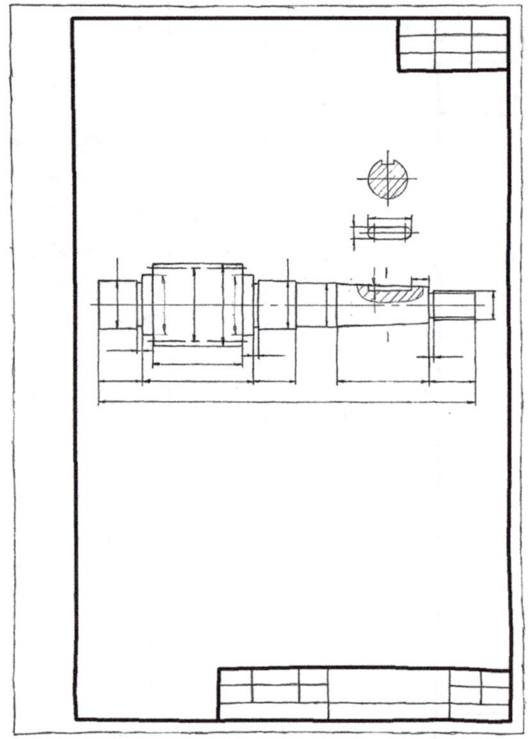

c) 绘制尺寸线、尺寸界线、箭头

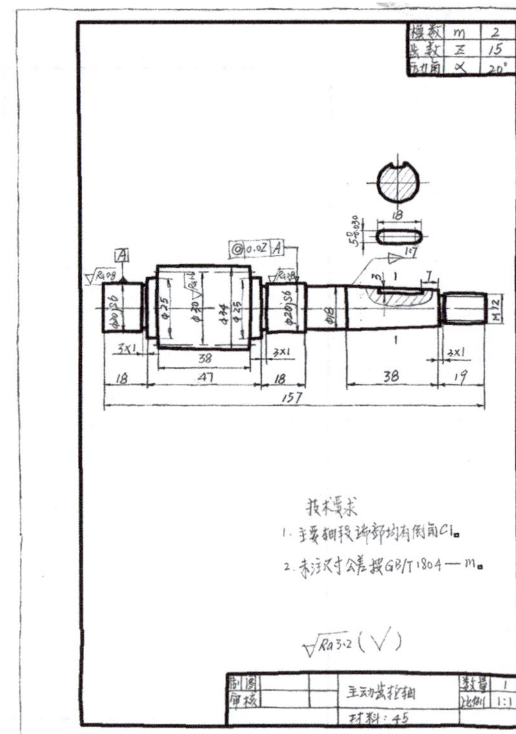

d) 测量并标注、填写文字

图 6-3　绘制主动齿轮轴零件草图步骤（续）

任务 2　绘制齿轮啮合图

职业行动

步骤 1：徒手绘制 A3 图框

1）准备铅笔。

2）按照国家标准绘制 A3（X 型）图纸幅面带装订边的图框。$a=25$mm，$c=5$mm，徒手绘制图框（对中符号省略）。

步骤 2：徒手绘制标题栏、明细栏

标题栏、明细栏绘制见项目 5 中知识 15。

步骤 3：绘制从动齿轮与主动齿轮轴啮合图

1）用细点画线徒手绘制位置线，即从动齿轮的回转轴线，再根据主动齿轮轴与从动齿轮中心距 $a=m(z_1+z_2)/2=2\text{mm}\times(55+15)/2=70\text{mm}$ 绘制主动齿轮轴的回转轴线。

2）绘制主动齿轮轴和从动齿轮的啮合图，如图 6-4 和图 6-5 所示。

正确绘制啮合区的 5 条线：

① 2 条齿顶线用粗实线绘制（剖视图时 1 条齿顶线用细虚线或省略不画）。

② 1 条分度线用细点画线绘制。

③ 2 条齿根线用粗实线或细实线绘制（剖视图中用粗实线，视图中用细实线）。

3）编写零件序号，填写标题栏和明细栏。

职业知识

知识 6：X 型图纸幅面及图框格式

1）根据减速器工作位置及尺寸，选择 A3（X 型）图纸幅面

2）该图纸需要全套装订，留左侧装订边

3）因齿轮啮合图属于装配图，故需要绘制明细栏，填写零件的名称等信息

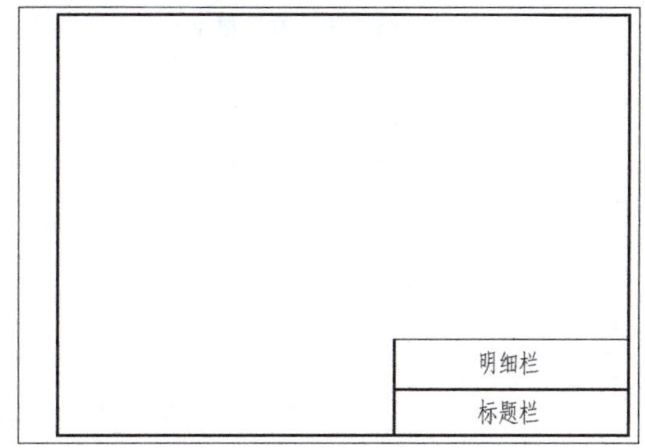

❖笔记：

图 6-4　齿轮啮合

37—齿轮啮合

38—啮合齿轮的画法

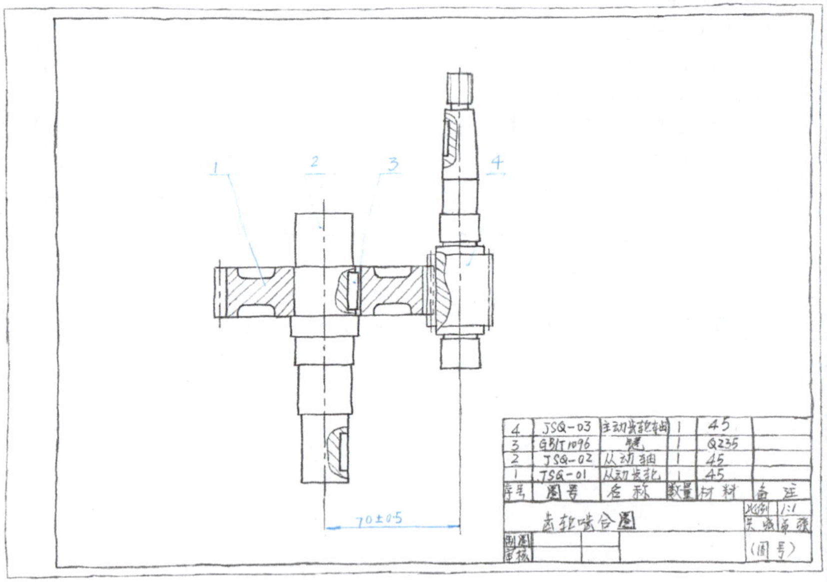

图 6-5　齿轮啮合图

知识 7：齿轮啮合的规定画法

画法	1）在投影为圆的视图上，啮合区内两齿轮的节圆相切，用细点画线绘制；两齿顶圆用粗实线绘制，齿顶圆在啮合区内的部分一般省略不画；齿根圆通常省略不画 2）在非圆的视图上，采用剖视图绘制时，齿轮啮合区内节线重合，用细点画线绘制；两齿根线都为粗实线；两齿顶线一条为粗实线，另一条为细虚线或省略不画 3）一个齿轮的齿顶线与另一个齿轮的齿根线之间应有 0.25m（m 为模数）的间隙 4）在非圆的视图上不采用剖视图时，节线重合，画成粗实线
图例	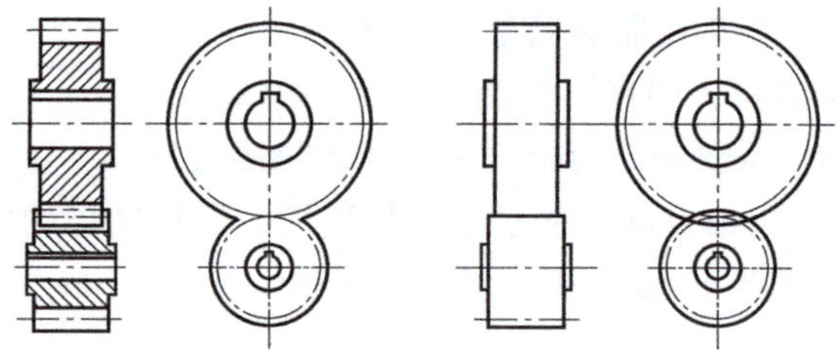

知识 8：节圆和分度圆的区别

节圆	节圆是只有齿轮装配后，才“存在”的，是假想按照传动比做纯滚动的两个圆（当然也是相切的）
分度圆	分度圆是齿轮几何结构要素计算的“基准圆”，是单个齿轮存在的圆。当一对齿轮按照标准中心距装配后，总变位系数等于 0 时，节圆与分度圆重合，否则就不重合 分度圆是一个虚拟的圆，分度圆直径是端面模数与齿数的乘积（$d=mz$）
节点	在一对啮合的齿轮中，两齿轮基圆的公切线与两齿轮中心连线的交点
节圆和分度圆关系	节点所在的半径称为节圆半径。所以，单个齿轮没有节圆直径，只有两齿轮啮合，才会形成节点和节圆。在标准齿轮副传动和高变位齿轮副传动中，节圆与分度圆相等

测 评

知识测评

确定关键词，按重要程度进行关键词排序并举例解读。

根据的自己判断给关键词赋予权重，满分 100 分。

减速器主动齿轮轴的测绘知识测评表

序号	关键词	举例解读	评分自定
1			
2			
3			
4			
5			

素质测评

表中所列素质点，做到即得分，未做到即零分。

素质测评表

序号	素质点	配分	得分
1	学习纪律	20	
2	工具使用、摆放	20	
3	严谨认真、一丝不苟的精神	20	
4	互帮互助、团队精神	20	
5	绘图环境“5S”	20	
总分		100	

技能测评

表中所列内容，操作规范即得分，操作错误或未操作即零分。

减速器主动齿轮轴的测绘技能测评表

序号	技能点	配分	得分
1	图线绘制	20	
2	表达方案的选择	30	
3	尺寸测量标注尺寸、表面粗糙度和几何公差	40	
4	图框绘制及填写标题栏	10	
总分		100	

拓展训练

1）请列举出在测绘主动齿轮轴过程中易出现的问题，分析产生问题的原因及为避免问题采取的措施。

2）请利用思维导图，按照其格式，对减速器主动齿轮轴的测绘学习中的收获进行总结。

每一张图样都是劳动成果，请珍惜爱护！

学习考评

学习成果

一、考评项目

根据所学测绘知识，目测尺寸，徒手将两直齿圆柱齿轮啮合图（图 6-6）补画完整。

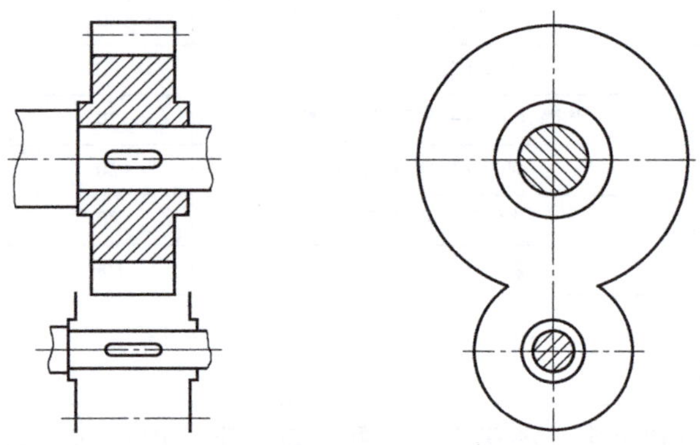

图 6-6 补画两直齿圆柱齿轮啮合图

二、实施准备

1. 学生准备

学生按照教学计划，已经完成了以下学习任务，可进行该学习成果的实施。

1）能分析图样中缺失的部分，并完成学习成果需要的相关知识和方法的学习，得分大于 75 分。

2）自觉遵守国家标准相关规定、规范徒手绘图、严格执行“5S”规定、养成团结协作的好习惯，得分大于 80 分。

3）能运用学习成果需要的相关知识和方法确定补充内容。

4）能选用线型徒手绘制需要补充的内容。

5）保证补充后的图样正确完整。

2. 教师准备

1）在安排学生实施学习成果前，通过课堂问题研讨、作业、实训和考核及其他方式，确认学生已经具备了实施学习成果所需的知识、技能和素质，并确保学生独立进行操作。

2）对学生自评、小组互评、教师评价进行测评的方法培训，明确评价的意义和重要性，确保测评结果的准确性和公平性。

3）准备好测评记录。

三、考核方法与标准

1）评价监管。组长监控小组成员自评结果、教师监控小组互评结果、教师最终评价。

2）详细记录学生在实施学习成果过程中的方法步骤、完成时间以及出现错误等情况，学习成果要求在 10min 内完成，未在 10min 内完成酌情扣分。

3）考核内容及标准见下表。

考核内容及标准

完成任务	考核内容	考核标准	配分	得分
补画两直齿圆柱齿轮啮合图缺失的部分	判断缺失的内容	判断错误-25 分	100	
	补画内容的完整程度	不符合-25 分		
	使用线型的正确程度	不符合-25 分		
	徒手作图的规范程度	不符合国家标准-25 分		

知识拓展——识读齿轮啮合图

1）你知道图 6-7 中 5 幅图哪幅图是正确的啮合图吗？

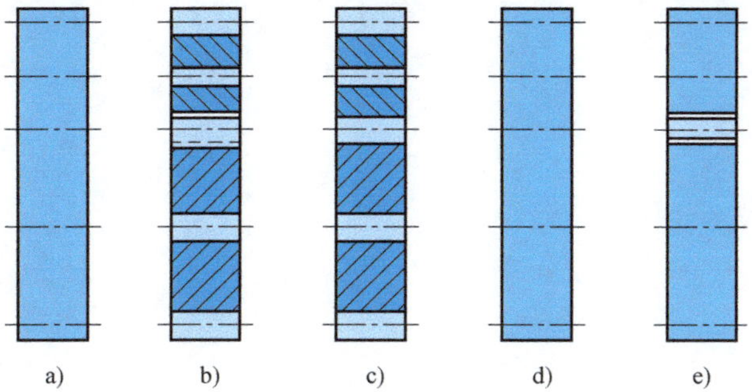

图　6-7

答：__________

2）你能根据图 6-8 中的已知条件计算中心距 *a* 吗？写出计算过程。

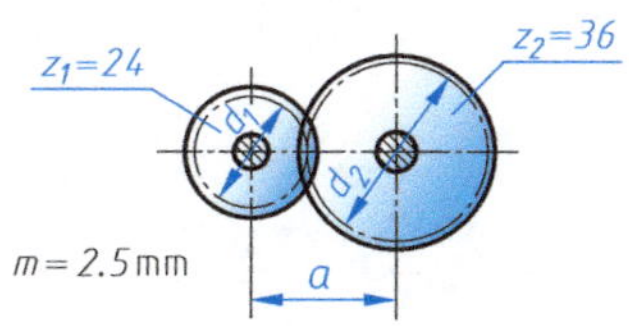

图　6-8

答：__________

直齿锥齿轮的画法

项目	内容
直齿圆锥齿轮的作用	传动轴垂直相交，改变运动方向
单个视图的画法	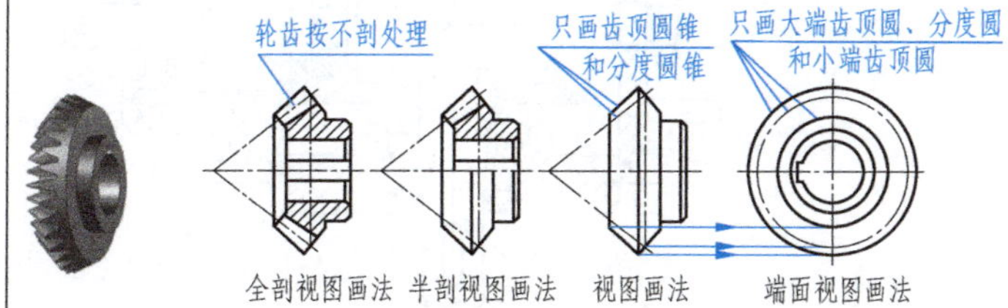
啮合图的画法	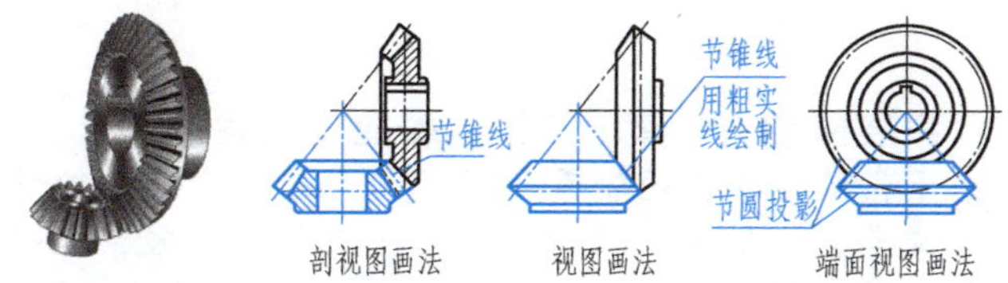

3）说出机构装配图中的直齿锥齿轮的序号。

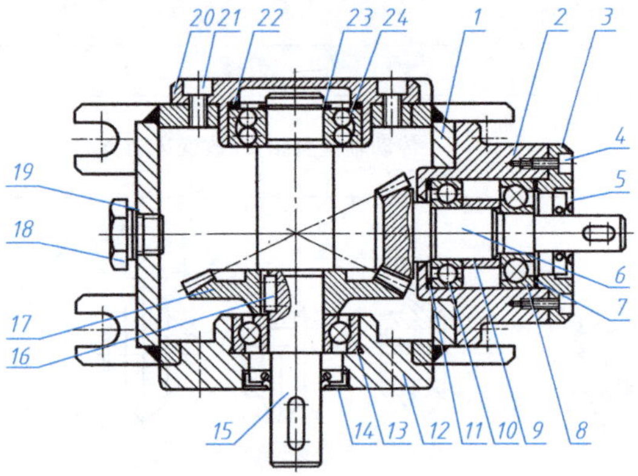

拓展阅读——秦、汉代齿轮轮系的发明：秦、汉时期就已将若干齿轮组成齿轮轮系，用于“记道车”（即里程表），当时叫大章车、记里车。因为大车行一里打一下鼓，也叫记里鼓车。晋朝使用的记里鼓车，车上有木人执槌面向鼓，行一里向鼓打一槌。现在中国历史博物馆里陈列着中国古代卢道隆记里鼓车模型；古代齿轮轮系应用的另一个范例是张衡发明的用水力驱动的天文仪器上的齿轮系。在中国历史博物馆内陈列着的吴德仁指南车模型、唐代的僧一行与梁瓒的水力天文仪、北宋时期的苏颂和韩公廉的水运仪象台复原模型，充分证明了中国古代在齿轮轮系的制作原理上达到了很高的水平。

❖笔记：

项目 7　测绘减速器嵌入式轴承盖

项目描述	学习载体
通过测绘减速器嵌入式轴承盖（图 7-1）进一步学习国家标准的相关知识，掌握盘盖类零件的相关知识、视图表达、尺寸标注、技术要求等。	 图 7-1　减速器嵌入式轴承盖

项目要求

1）分析减速器嵌入式轴承盖的结构，选择合适的表达方案、确定技术要求等。

2）正确使用铅笔，选择合适的图纸幅面，按照目测尺寸，选择恰当的比例绘制嵌入式轴承盖零件草图。

3）正确使用测量工具测量嵌入式轴承盖上的有关尺寸并正确标注。

学习目标

1）学会分析减速器嵌入式轴承盖的结构组成及特点。

2）能完成减速器嵌入式轴承盖的测绘。

① 减速器嵌入式轴承盖表达方案的确定。

② 减速器嵌入式轴承盖技术要求的确定。

③ 减速器嵌入式轴承盖尺寸的确定。

④ 徒手绘制嵌入式轴承盖零件草图。

3）自觉遵守国家标准和要求、规范绘制图样、保持绘图环境“5S”、养成耐心细致的好习惯。

画图是劳动，财富的获得要靠诚实劳动！

任务 测绘减速器轴承透盖

职业行动

步骤 1：徒手绘制 A4 图框

1）准备铅笔。

2）按照国家标准绘制 A4（Y 型）图纸幅面带装订边的图框。$a=25$mm，$c=5$mm，徒手绘制图框。

步骤 2：徒手绘制标题栏

1）减速器的透盖有两个，一个是大透盖，一个是小透盖，根据透盖的尺寸和结构特点，采用 A4（Y 型）图纸幅面，图纸短边水平放置，装订边位于图纸左侧。

2）标题栏绘制见项目 1。

步骤 3：测绘减速器轴承透盖（以大透盖为例）

（1）分析减速器轴承透盖图

1）结构分析。

① 轴承透盖是回转体，最大外径远远大于轴线方向尺寸。

② 中心有个通孔。

2）尺寸分析。

① 径向尺寸：透盖直径方向每一个结构的直径尺寸。

② 轴向尺寸：透盖轴线方向每一个台阶的轴向尺寸。

③ 其他尺寸：容纳密封圈结构的尺寸。

职业知识

知识 1：图纸幅面及图框格式

1. 根据大透盖的结构特点、尺寸大小及工作位置选择 A4(Y 型)幅面
2. 该图纸需要全套装订，图纸需留左侧装订边
3. 对中符号可以省略不画

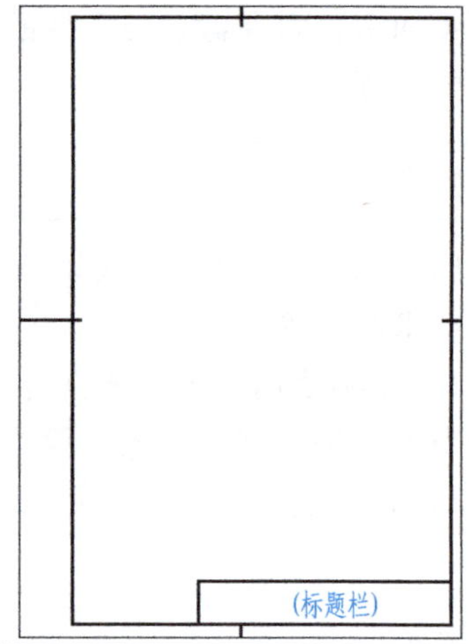

知识 2：盘盖类零件

形状特点	扁平的盘状，主体部分是回转体
类型	各种类型的齿轮、带轮、链轮、端盖等
常见结构	有退刀槽、凸台、凹坑、倒角、圆角、肋板、轮辐等结构
常用毛坯	多为铸件，也有锻件
加工方法	一般需要经过车、铣、钻等多道工序加工
图例	

画图是劳动，财富的获得要靠诚实劳动！

(2) 确定视图表达方案　盘盖类零件一般采用一个轴线水平放置的主视图，再附以其他辅助视图。依据表达方案力求简单的原则，该透盖采用半剖主视图，一半视图用于表达外部结构，另一半剖视图用于表达内部结构。

(3) 绘制轴承透盖零件草图　目测比例，徒手绘制细点画线表达轴承透盖的轴线，由左端起顺次绘制轴向结构，如图 7-2a 所示。

(4) 标注尺寸

1) 选择尺寸基准。在一般情况下，盘盖类零件有两个主要尺寸基准，径向尺寸基准和轴向尺寸基准。径向尺寸基准一般是轴线；轴向尺寸基准一般选择与轴承端面接触一侧端面。轴承透盖的径向尺寸基准是轴线，轴向尺寸基准是左端面。

2) 在需要标注尺寸的结构要素上徒手画尺寸线、尺寸界线、箭头。先画轴线方向的尺寸线、尺寸界线、箭头，再画直径方向的尺寸线、尺寸界线、箭头，如图 7-2b 所示。

3) 测量尺寸并标注尺寸数字，如图 7-2c 所示。

(5) 技术要求　确定技术要求并进行注写，填写标题栏如图 7-2d 所示。

(6) 校核全图，完成草图

知识 3：嵌入式轴承盖

嵌入式轴承盖特点	图例
1)结构简单、紧凑，重量轻，无须固定螺钉，外径小，只能用于沿轴承轴线剖分的箱体中 2)外伸轴尺寸短、装拆端盖和调整轴承间隙困难，密封性能差 3)座孔上开槽，加工费时 4)嵌入式轴承端盖多用于重量轻、结构紧凑的场合	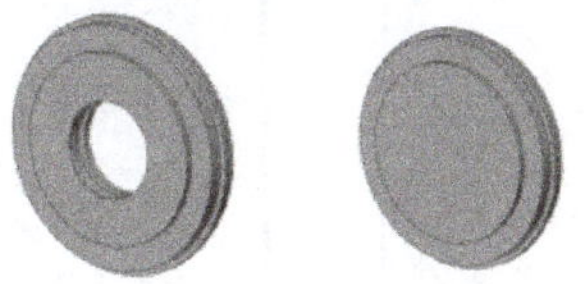 嵌入式透盖　　嵌入式闷盖

知识 4：盘盖类零件图的表达方式

一般有两个视图	1) 主视图一般轴线水平放置，以便与加工位置一致，而且多采用全剖视图，能清楚反映其内部结构
	2) 左视图表达其径向结构，反映端面圆的结构特征等；也可以根据具体情况应用局部视图表达
	3) 另外零件上的一些细小结构，如退刀槽、油毡密封槽等也可以采用局部放大图表达

知识 5：盘盖类零件的尺寸标注

1. 基准确定	盘盖类零件一般有两个方向的尺寸基准，即轴向尺寸基准、径向尺寸基准。轴向尺寸一般是以主要结合面(端面)为基准；由于这类零件的主要表面为回转面，沿径向的结构多数为对称分布，因此径向尺寸以回转轴线为基准
2. 尺寸标注	一般在标注盘盖类零件的尺寸时，要按照尺寸类型，如径向尺寸、轴向尺寸、其他尺寸(倒角、退刀槽、圆角、角度等尺寸)的顺序进行标注，这样会有效避免尺寸的丢失

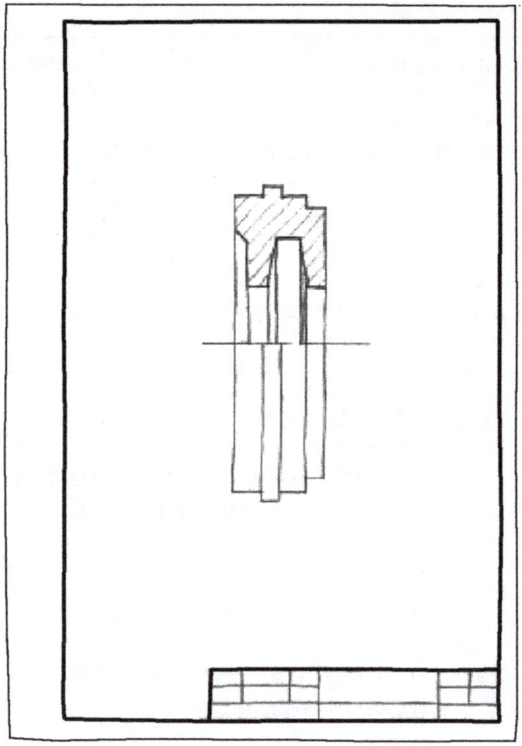

a) 绘制图框、标题栏和半剖主视图

图 7-2　绘制轴承透盖零件草图步骤

知识 6：盘盖类零件的技术要求

项目	内容	
盘盖类零件上的技术要求	盘盖类零件一般是铸件，所以其上与其他零件配合表面、结合的表面需要加工。只要是经过加工的表面，一般都有表面粗糙度、尺寸公差、几何公差的要求	
	尺寸公差	有配合要求的表面，尺寸公差等级一般为 IT7～IT8
	表面粗糙度	有配合要求表面的表面粗糙度值一般为 $Ra1.6\mu m$、结合表面的表面粗糙度值一般为 $Ra3.2\sim6.3\mu m$。未经加工的表面一般为毛坯表面
	几何公差	一般为轴向圆跳动和径向圆跳动

❖笔记：

画图是劳动，财富的获得要靠诚实劳动！

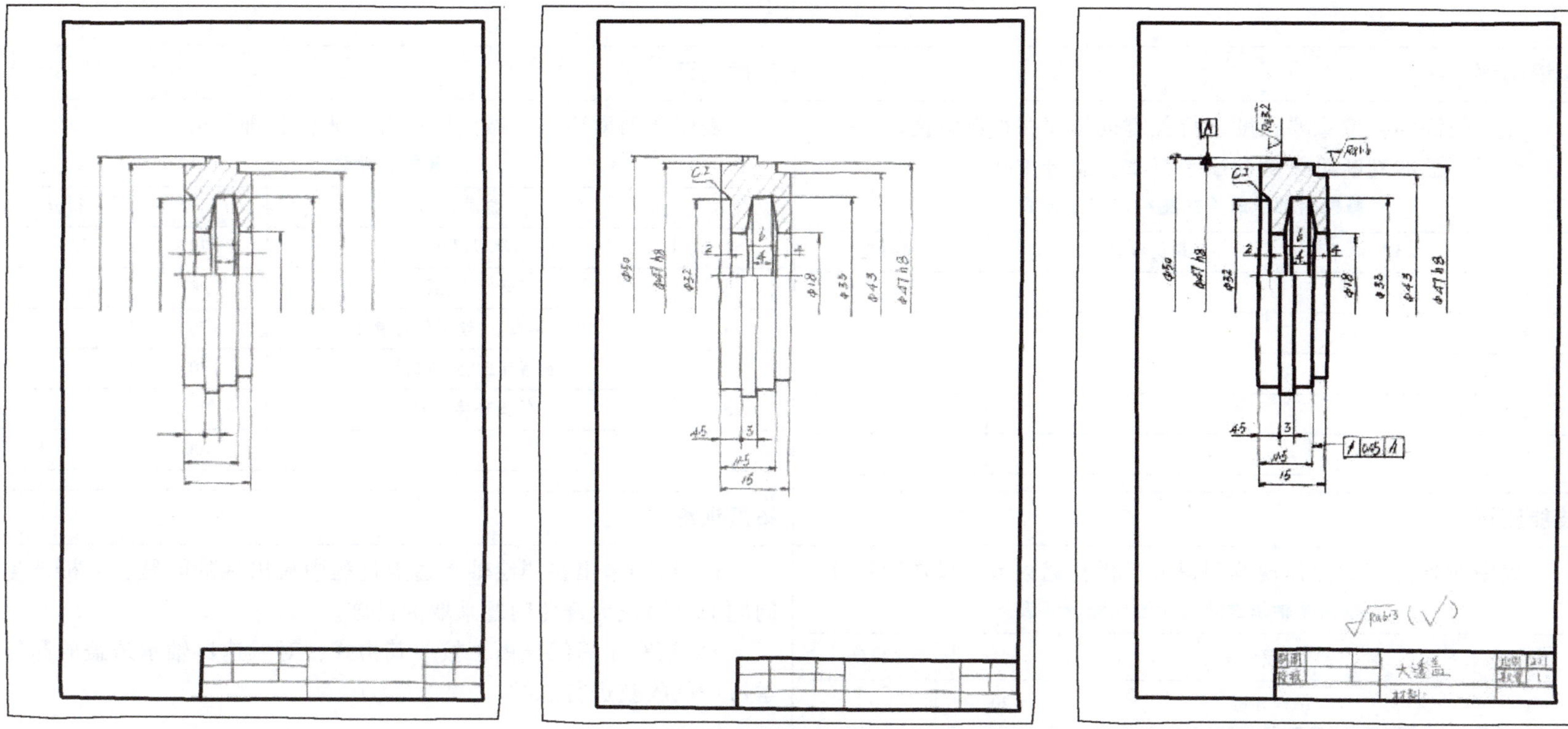

b) 绘制尺寸线、尺寸界线、箭头　　c) 测量并标注尺寸　　d) 注写技术要求，填写标题栏

图 7-2　绘制轴承透盖零件草图步骤（续）

画图是劳动，财富的获得要靠诚实劳动！

测　评

知识测评

确定关键词，按重要程度进行关键词排序并举例解读。

根据自己的判断给关键词赋予权重，满分 100 分。

减速器轴承透盖的测绘知识测评表

序号	关键词	举例解读	评分自定
1			
2			
3			
4			
5			

素质测评

表中所列素质点，做到即得分，未做到即零分。

素质测评表

序号	素质点	配分	得分
1	学习纪律	20	
2	工具使用、摆放	20	
3	严谨认真、一丝不苟的精神	20	
4	互帮互助、团队精神	20	
5	绘图环境“5S”	20	
总分		100	

技能测评

表中所列内容，操作规范即得分，操作错误或未操作即零分。

减速器轴承透盖的测绘技能测评表

序号	技能点	配分	得分
1	结构分析	20	
2	表达方案的选择	30	
3	尺寸测量，标注尺寸、表面粗糙度和几何公差确定及标注	40	
4	图框绘制及填写标题栏	10	
总分		100	

拓展训练

1）请列举出在测绘轴承透盖过程中易出现的问题，分析产生问题的原因及为避免问题采取的措施。

2）请利用思维导图，按照其格式，对减速器轴承透盖的测绘学习中的收获进行总结。

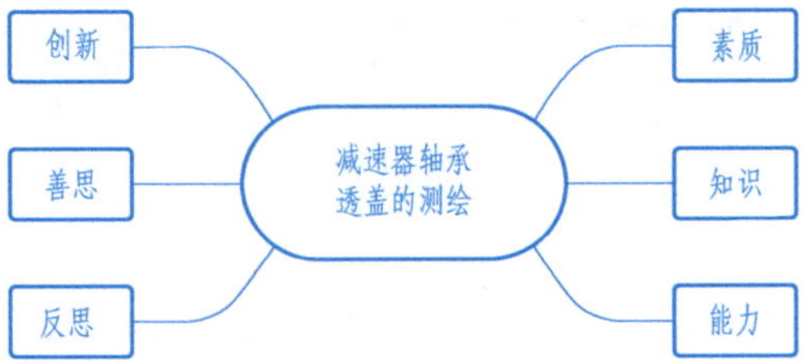

画图是劳动，财富的获得要靠诚实劳动！

学 习 考 评

学习成果

一、考评项目

根据所学测绘知识，目测尺寸，徒手绘制减速器嵌入式轴承闷盖（图 7-3）的零件草图。

二、实施准备

1. 学生准备

学生按照教学计划，已经完成了以下学习任务，可进行该学习成果的实施。

图 7-3　闷盖

1）分析减速器嵌入式轴承闷盖的结构特点，找出其与透盖之间的不同，并完成学习成果需要的相关知识和方法的学习，得分大于 75 分。

2）能运用学习成果需要的相关知识和方法进行轴承闷盖的测绘，得分大于 75 分。

3）能运用学习成果需要的相关知识和方法确定绘制轴承闷盖的方法和步骤，得分大于 80 分。

4）能够合理选择表达方案，视图表达正确。

5）尺寸标注合理、正确、完整。

6）自觉遵守国家标准相关规定、规范徒手绘图、严格执行“5S”规定、养成团结协作的好习惯，得分大于 80 分。

2. 教师准备

1）在安排学生实施学习成果前，通过课堂问题研讨、作业、实训和考核及其他方式，确认学生已经具备了实施学习成果所需的知识、技能和素质，并确保学生独立进行操作。

2）对学生自评、小组互评、教师评价进行测评的方法培训，明确评价的意义和重要性，确保测评结果的准确性和公平性。

3）准备好测评记录。

三、考核方法与标准

1）评价监管。组长监控小组成员自评结果、教师监控小组互评结果、教师最终评价。

2）详细记录学生在实施学习成果过程中的方法步骤、完成时间以及出现错误等情况，学习成果要求在 10min 内完成，未在 10min 内完成酌情扣分。

3）考核内容及标准见下表。

考核内容及标准

序号	完成任务	考核内容	考核标准	配分	得分
1	绘制闷盖零件草图	分析闷盖结构特点、作用	分析不正确-10 分	50	
		徒手画标题栏和图框	不符合国家标准-10 分		
		选择表达方案	不符合国家标准-15 分		
		绘制零件草图	不符合国家标准-15 分		
2	标注尺寸、注写技术要求等	标注尺寸	不符合国家标准-15 分	50	
		标注几何公差	不符合国家标准-15 分		
		标注表面粗糙度	不符合国家标准-15 分		
		填写标题栏	不符合国家标准-5 分		

画图是劳动，财富的获得要靠诚实劳动！

知识拓展——识读透盖零件图

要识读透盖零件图如图 7-4 所示。

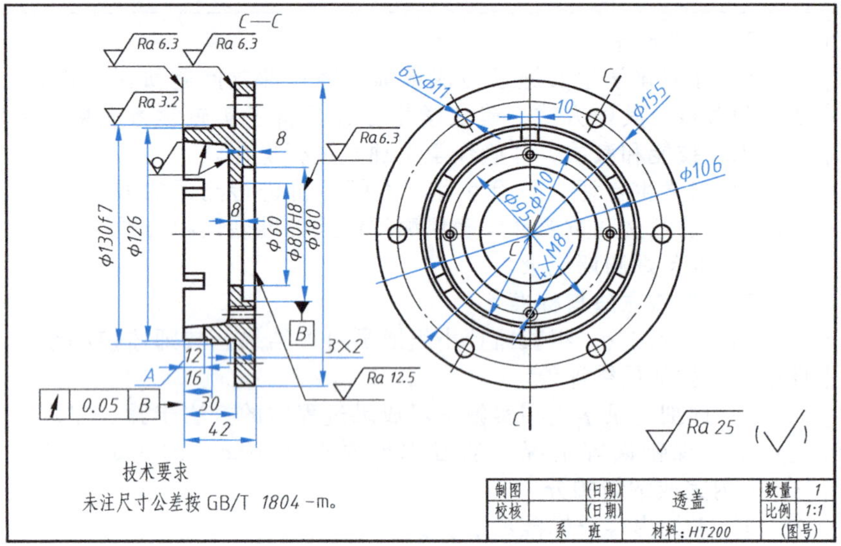

图 7-4 透盖零件图

拓展阅读——古代的发明家： 鲁班是春秋时期鲁国人，他的发明创造很多。鲁班的名字是古代劳动人民智慧的象征。不少古籍记载，木工使用的很多木工器械都是他发明的。木工使用的曲尺，称为鲁班尺。又如墨斗、伞、锯子、刨子、钻子等，传说均是鲁班发明的。这些木工工具的发明，使当时工匠们从原始、繁重的劳动中解放出来，劳动效率成倍提高，土木工艺出现了崭新的面貌。不仅如此，鲁班还是一个很高明的机械发明家。他制造的锁，机关设在里面，外面不露痕迹，必须借助配合好的钥匙才能打开。在兵器制造方面，鲁班曾为楚国制造攻城用的器械，在战争中发挥过巨大作用。他是历史上著名的工匠！

步 骤	内容
读标题栏	零件名称是透盖，加工数量是 1 个，材料是灰铸铁 HT200，采用绘图比例是 1：1
读视图	1）有两个视图。主视图采用全剖视图表示其径向结构，轴线水平放置，以便与加工位置一致。左视图表达其径向结构分布情况：尺寸 6×ϕ11 表示 6 个直径是 11mm 的小孔，尺寸 4×M8 表示有 4 个公称直径是 8mm 的螺纹孔，有 6 个宽为 10mm、深为 12mm 的槽 2）为便于安装、平衡减轻重量，以上结构均匀分布在圆周上 3）ϕ130f7 与 ϕ180 的内端面相交处有一个 3×2 的退刀槽，便于切削加工 4）为便于安装定位、加工拆装等，常加工有不同的台阶，如图 7-4 所示 ϕ126、ϕ130f7 等 5）ϕ130f7 上均匀分布 6 个槽，其宽度为 10mm，深度为 12mm，以流通润滑油
读尺寸	1）盘盖类零件的轴向尺寸是以主要结合面为尺寸基准，图 7-4 中是以左端面 *A* 为主要基准。由于这类零件的主要表面为回转面，沿径向的结构多数为对称分布，因此径向尺寸以回转轴线为基准 2）其中 ϕ80H8 和 ϕ130f7 为重要尺寸，具有配合要求，加工时要保证其尺寸精度 3）其他没有标注公差要求的尺寸按照 GB/T 1804—m 进行加工
读技术要求	1）尺寸公差 ϕ130f7 是与箱体和箱盖上的轴承孔配合的，要求把轴承外圈压紧、压正，公差带为 f7。ϕ80H8 孔是要安装密封装置的，公差带为 H8。此透盖是沿轴向压紧轴承、靠压片调整，所以未规定轴向尺寸公差 2）表面粗糙度。ϕ130f7 的圆柱面是配合表面，表面粗糙度值为 *Ra*3.2μm，端面 *A* 的表面粗糙度值为 *Ra*6.3μm，ϕ180 的左端面、ϕ80H8 孔的内表面的表面粗糙度值为 *Ra*6.3μm，而 ϕ80H8 的端面的表面粗糙度值为 *Ra*12.5μm，ϕ110 的表面和底面为非接触表面，要求为毛坯表面，其余表面的表面粗糙度值为 *Ra*25μm，在标题栏上方统一注出 3）几何公差。为防止透盖装入内孔后产生歪斜，要求端面 *A* 相对 ϕ80H8 孔的轴向圆跳动公差为 0.05mm

画图是劳动，财富的获得要靠诚实劳动！

项目 8　绘制减速器中的标准件

项目描述

通过认识减速器中的标准件（图 8-1），掌握国家标准有关标准件的相关规定，掌握常用标准件的标记、含义及应用场合等。

项目要求

1. 将减速器中标准件进行归类。
2. 了解各类标准件的应用场合。
3. 掌握标准件的标记以及标记的编写规律和含义。

学习目标

1. 能判断螺纹紧固件的类型，举例说明其应用场合，通过测量写出其标记。

① 螺栓联接的应用和标记。

② 螺钉联接的应用和标记。

2. 掌握普通平键的类型，举例说明其应用场合，通过测量写出其标记。

3. 能判断销的类型、应用和标记。

① 圆柱销的应用和标记。

② 圆锥销的应用和标记。

4. 能判断滚动轴承的类型，举例说明其应用场合，通过测量写出其标记。

① 深沟球轴承的应用和标记。

② 推力轴承的应用和标记。

③ 圆锥滚子轴承的应用和标记。

5. 自觉遵守国家标准和要求、规范绘制图样、保持绘图环境“5S”、养成耐心细致的好习惯。

学习载体

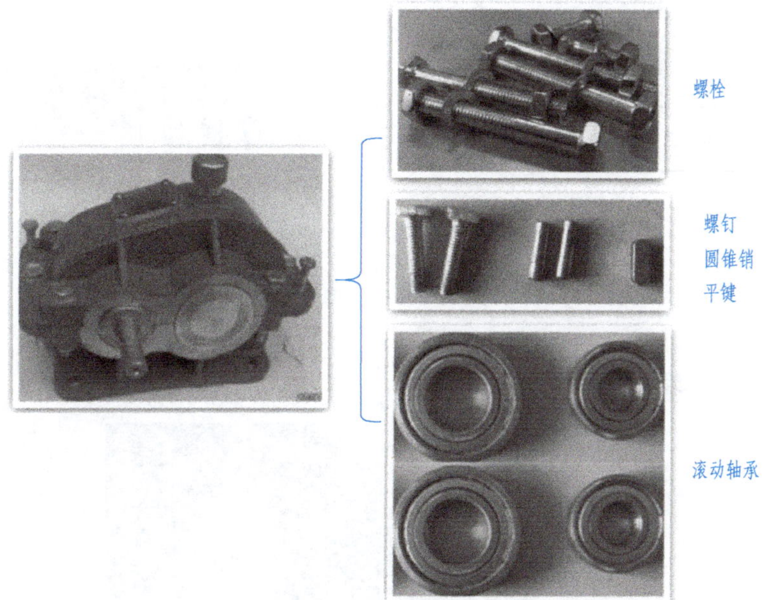

图 8-1　减速器中的标准件

图样上每个结构的变化都蕴含创新，创新创造财富！

任务 1　认识减速器中的螺纹紧固件

职业行动	职业知识

步骤 1：认识减速器中的螺纹紧固件

（1）螺栓组件（图 8-2）

图 8-2　减速器中的螺栓组件

（2）螺钉（图 8-3）

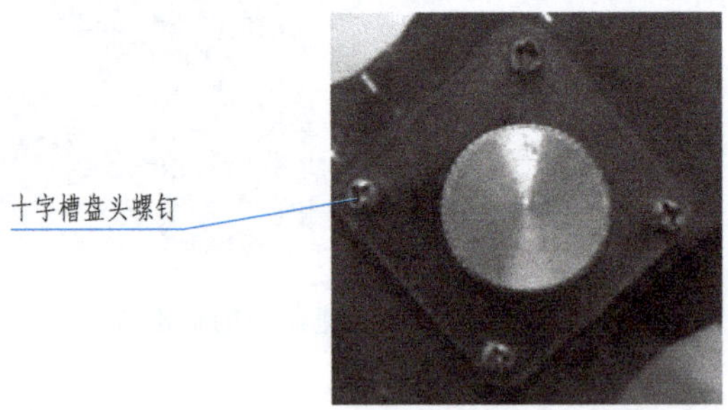

图 8-3　减速器中的十字槽盘头螺钉

知识 1：常用的螺纹紧固件的简化画法

作用	螺栓、螺母、垫圈、螺钉等统称为螺纹紧固件，将两个零件联接在一起，起到联接作用		
螺栓组件图例	螺栓	螺母	垫圈
	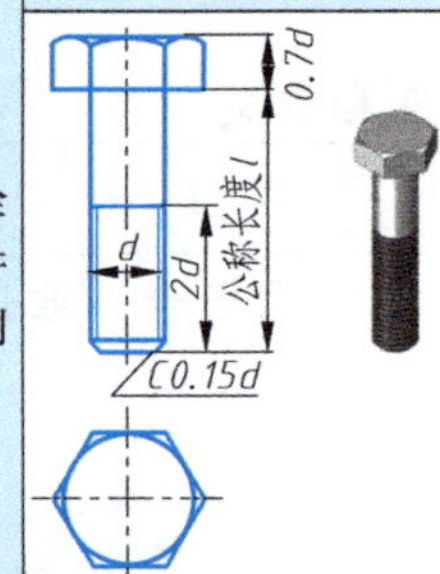	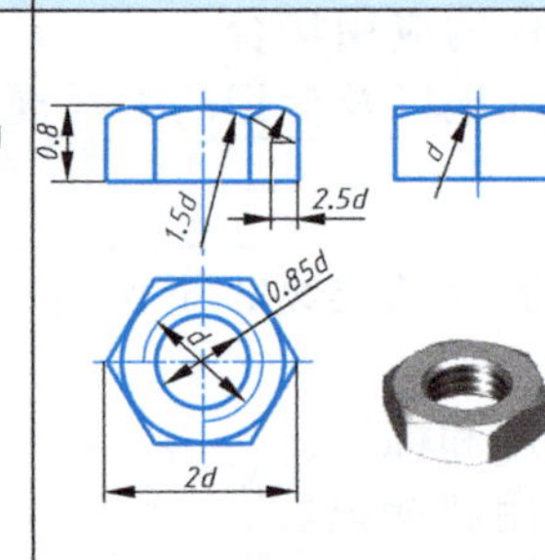	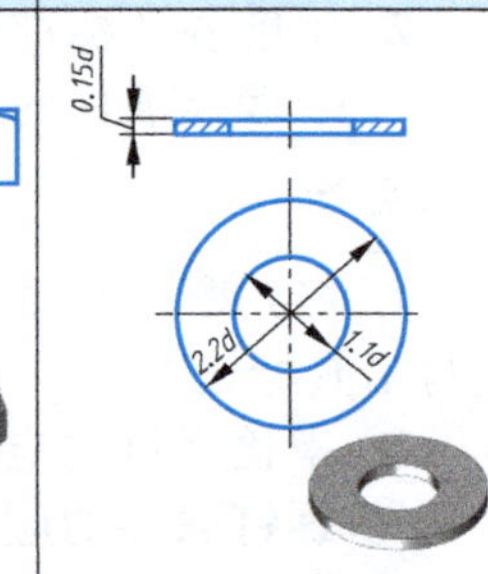
螺钉图例	十字槽盘头螺钉	开槽圆柱头螺钉	开槽沉头螺钉
	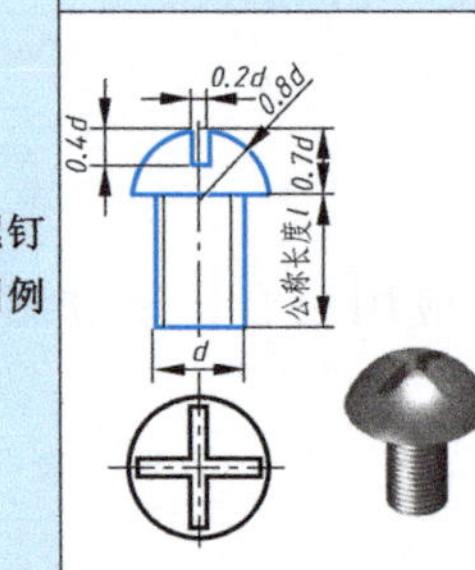	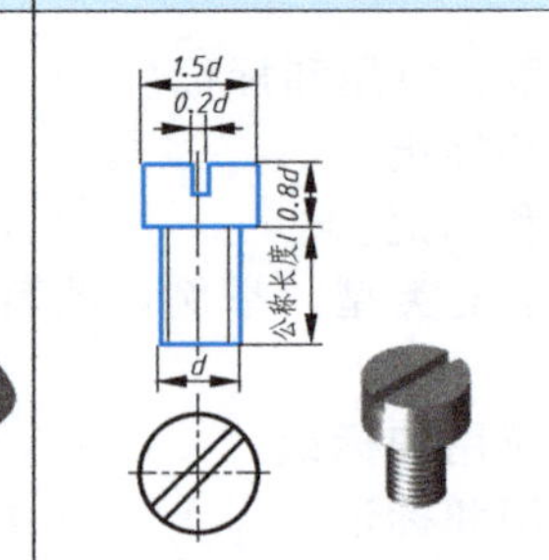	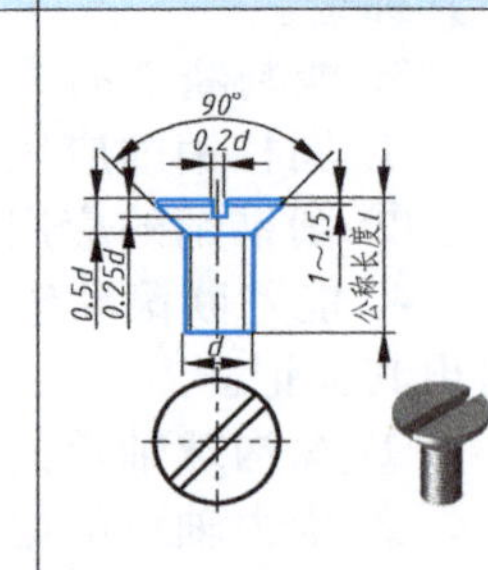

尺寸标注中的 d 是公称直径

图样上每个结构的变化都蕴含创新，创新创造财富！

步骤 2：还原减速器中的螺纹紧固件的标记（本减速器模型中的标准件）

（1）减速器中的螺纹紧固件

序号	名称	数量	在减速器中的作用
1	螺栓（长）	4	联接上下箱体
2	螺母	6	联接上下箱体
3	垫圈	6	联接上下箱体
4	螺栓（短）	2	联接上下箱体
5	螺钉	4	联接窥视盖
6	螺塞	1	堵塞排污口
7	吊丝（螺栓）	2	起吊上箱体

（2）螺纹紧固件的测量尺寸及标记

序号	名称	公称直径/mm	公称长度/mm	标记
1	螺栓（长）	$d=8$	64	螺栓　GB/T 5780　M8×64
2	螺母	$D=8$		螺母　GB/T 41　M8
3	垫圈	$d_1=8.4$ $d_2=16$ $h=1.6$		垫圈 GB/T 97.1　8
4	螺栓（短）	$d=8$	25	螺栓　GB/T 5780　M8×25
5	螺钉	$d=4$	8	螺钉 GB/T 818　M4×8
6	吊丝（螺栓）	$d=6$	25	螺栓　GB/T 5780　M6×25

知识 2：常用的螺纹紧固件的标记

项目	内容	
标记组成	螺纹紧固件名称、国家标准编号、规格尺寸	
螺纹紧固件的标记	螺栓标记 名称　国家标准编号螺纹特征代号 公称直径×长度	举例：螺栓　GB/T 5780　M12×70 解释：粗牙普通螺纹，公称直径为12mm，公称长度为70mm，性能等级为4.8级，表面不经处理，产品等级为C级的六角头螺栓
	螺母标记 名称　国家标准编号螺纹特征代号 公称直径	举例：螺母　GB/T 41　M12 解释：粗牙普通螺纹，公称直径为12mm，性能等级为5级，表面不经处理，产品等级为C级的六角螺母
	垫圈标记 名称　国家标准编号公称规格	举例：垫圈　GB/T 97.1　12 解释：公称规格为12mm，性能等级为200HV，表面不经处理，产品等级为A级的平垫圈
	螺钉标记 名称　国家标准编号 螺纹特征代号 公称直径×公称长度	举例：螺钉 GB/T 65　M5×20 解释：粗牙普通螺纹，公称直径为5mm，公称长度为20mm，性能等级为4.8级，表面不经处理的A级开槽圆柱头螺钉

图样上每个结构的变化都蕴含创新，创新创造财富！

步骤 3：绘制减速器中的螺纹联接图

（1）螺栓联接（图 8-4） 联接上、下箱体。

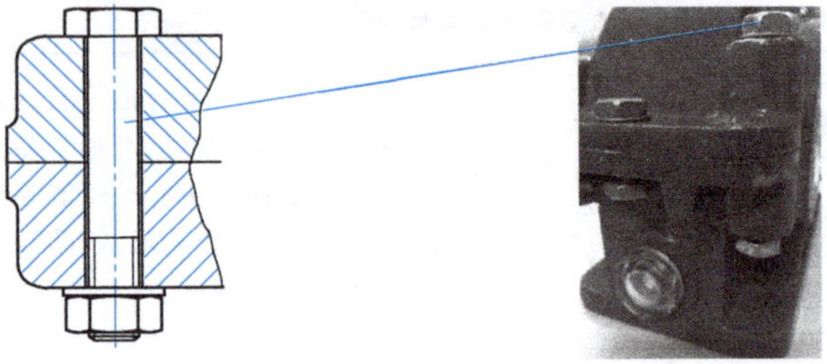

图 8-4 减速器中的螺栓联接

（2）螺钉联接（图 8-5） 联接窥视盖。

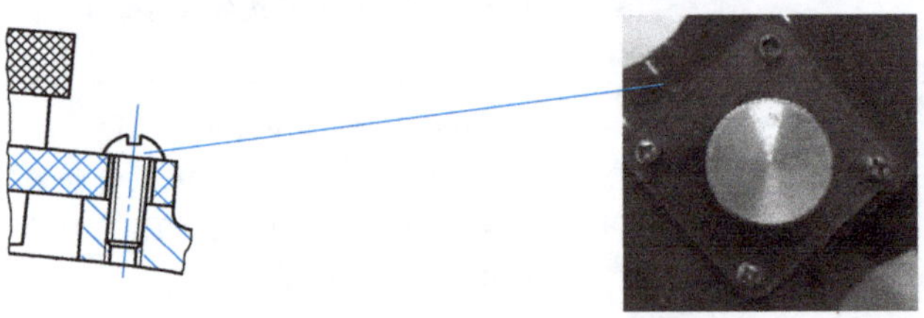

图 8-5 减速器中的螺钉联接

（3）螺塞（图 8-6） 密封作用。

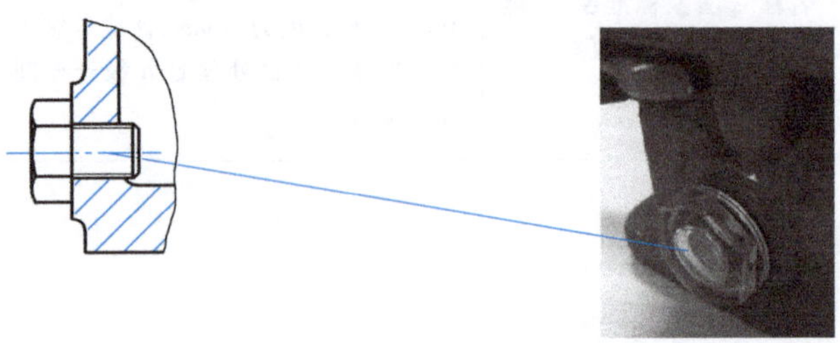

图 8-6 减速器中的螺塞联接简化画法

知识 3：螺纹联接

螺纹联接	最常见的螺纹联接包括螺栓联接、螺钉联接和双头螺柱联接	
螺栓联接	它是将螺栓的杆身穿过两个厚度较薄的零件上的通孔（孔径是公称直径 d 的 1.1 倍）并套上垫圈，再拧紧螺母使两个零件联接在一起的联接方式	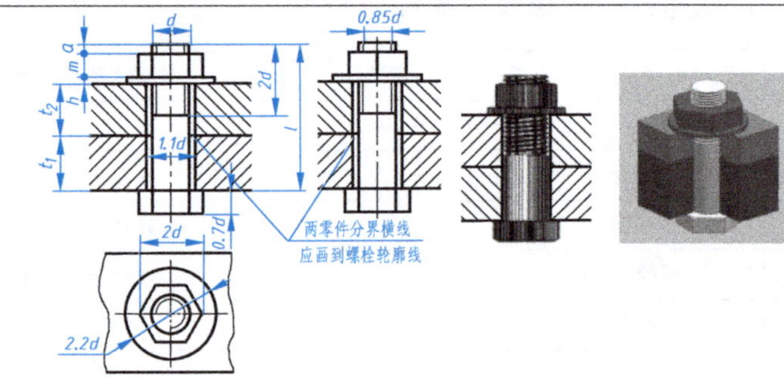
螺钉联接	它用于联接一件厚、一件薄的两个零件，其中薄的零件加工有通孔（孔径是公称直径 d 的 1.1 倍），厚的零件加工有螺纹孔，将螺钉穿过薄的零件上的通孔，旋入厚的零件上的螺纹孔中，依靠螺钉头部压紧被联接件实现联接的联接方式	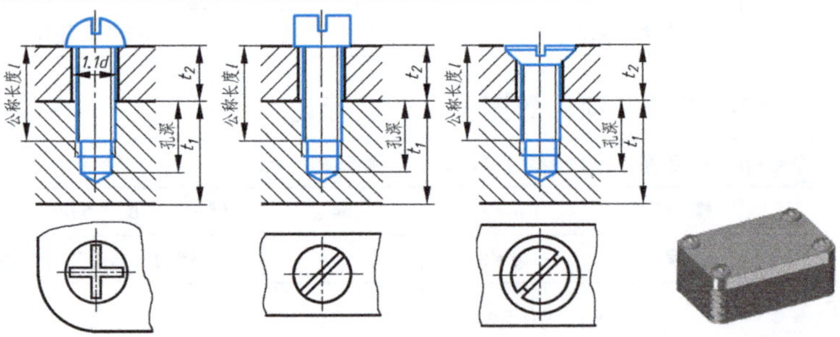
螺塞联接	1）螺塞为细牙螺纹，联接件有螺塞和油圈 2）外六角螺塞（摘自 JB/ZQ 4450—2006）、纸封油圈、皮封油圈 3）螺塞联接材料：纸封油圈，石棉橡胶纸；皮封油圈，工业用皮革；螺塞，Q235	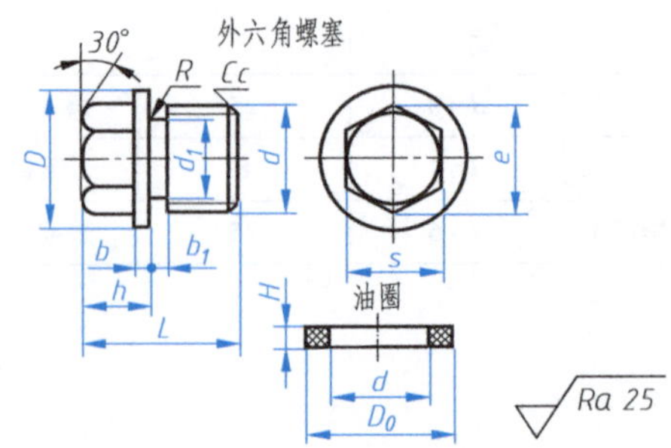

图样上每个结构的变化都蕴含创新，创新创造财富！

任务 2　认识减速器中的普通平键

职业行动	职业知识

步骤 1:认识减速器中的普通平键(图 8-7)

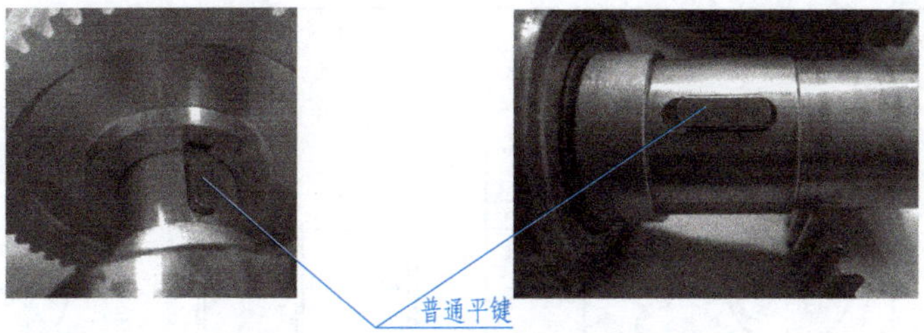

图 8-7　减速器中的普通平键联接

步骤 2:还原减速器中的普通平键的标记

普通平键类型、尺寸测量及标记

类型	参数/mm	数量	作用	标记
A 型	长度 $L=22$	1	联接从动齿轮和从动轴,使其一起转动,传递运动	GB/T 1096　键 10×8×22
	宽度 $b=10$			
	高度 $h=8$			

知识 4:普通平键的应用

应用	键联接是为了使齿轮、带轮等零件和轴一起转动。通常在轮孔和轴上分别加工出键槽,将键嵌入,用键将轮和轴联接起来一起转动	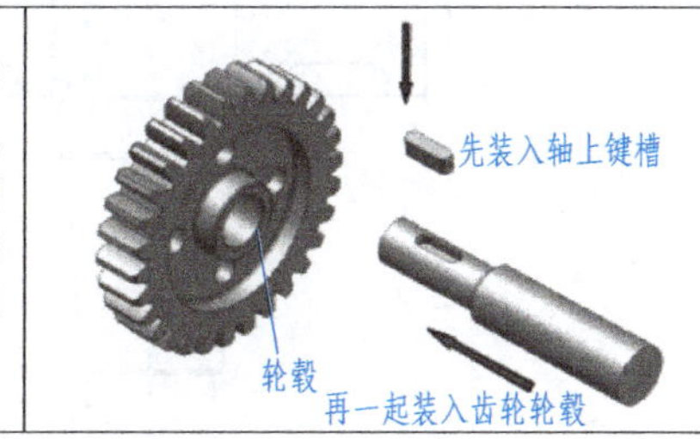

知识 5:普通平键的种类

键	键是在传动轴和传动件(齿轮、带轮)之间起到联接作用的最常用的标准件
普通平键图例	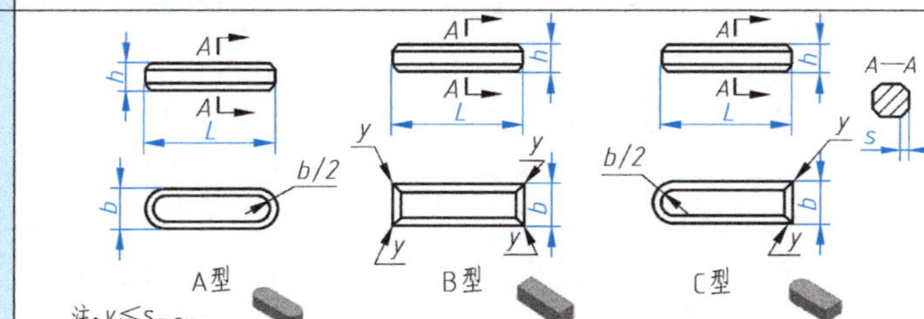

知识 6:普通平键的标记

标记组成	标准编号　名称　类型　键宽×键高×键长	
普通平键的标记	宽 b、高 h、长 L 的 A 型键	GB/T 1096　键 $b\times h\times L$
	宽 b、高 h、长 L 的 B 型键	GB/T 1096　键 B $b\times h\times L$
	宽 b、高 h、长 L 的 C 型键	GB/T 1096　键 C $b\times h\times L$
举例	GB/T 1096　键 16×10×100 解释:宽度 $b=16$mm、高度 $h=10$mm、长度 $L=100$mm 的普通 A 型平键	
* 说明	键的尺寸可以根据所在轴的直径通过国家标准查找	

图样上每个结构的变化都蕴含创新,创新创造财富!

步骤 3：绘制减速器中的普通平键联接图（图 8-8）

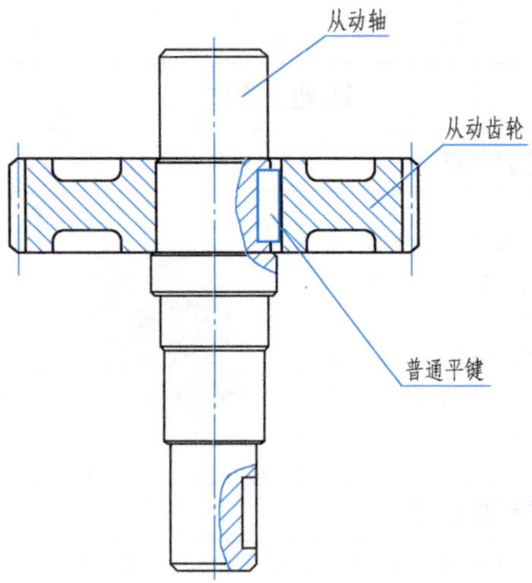

图 8-8　减速器中的普通平键联接图

知识 7：普通平键联接的画法

规定画法	1）普通平键侧面是工作面，键和槽的侧面紧密接触，只画一条线 2）键顶面是非工作面，与轮毂上键槽顶面应有间隙，画图时应画两条线 3）键上倒角省略不画 4）沿键纵向剖切，键按不剖处理 5）横向剖切时，断面上要画剖面线
画法图例	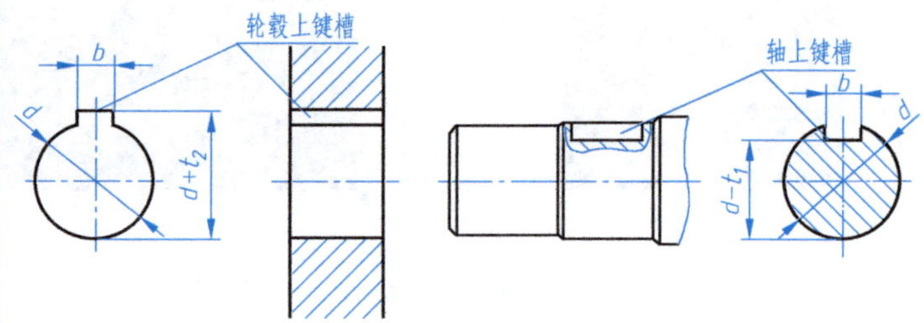 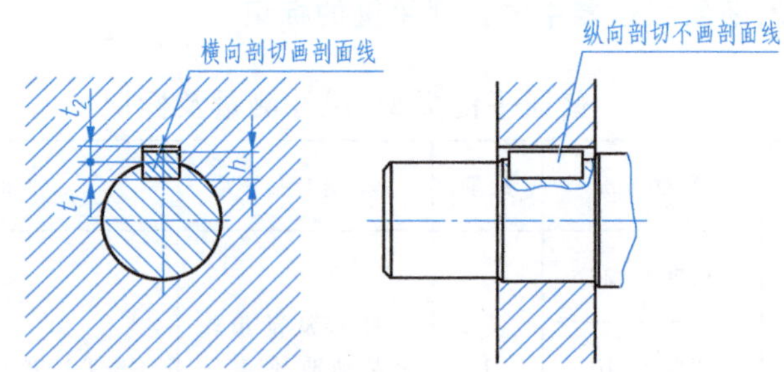

❖ 笔记：

图样上每个结构的变化都蕴含创新，创新创造财富！

任务 3　认识减速器中的销

职业行动	职业知识

步骤 1：认识减速器中的销（图 8-9）

1）减速器中的销一般是成对出现的，销孔通过在箱体的对角线位置配作加工得到。

2）销的作用是确定上下箱体的位置，保证在用螺栓联接过程中孔的正确位置。

图 8-9　减速器中的销

步骤 2：还原减速器中的销的标记

销类型、尺寸测量及标记

类型	参数	数量	作用	标记
圆锥销	长度 l=20mm	2	在安装减速器上下箱体时，先用圆锥销定位，再用螺栓联接，主要起定位作用	销　GB/T 117　5×20
	小端直径 d=5mm			
	锥度=1∶50			

知识 8：销的应用

应用	1)用于联接两个零件或零件准确定位 2)轴向、周向都可以固定，常用作安全装置，过载时可被剪断，防止损坏其他零件。不能承受较大载荷，对轴强度有削弱	
图例	圆锥销定位 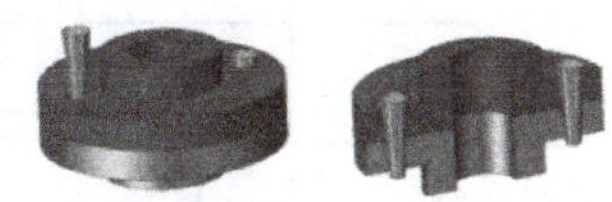	圆柱销联接 

知识 9：标准件——销

销	销是用于联接或定位的标准件，常见的有圆柱销和圆锥销
图例	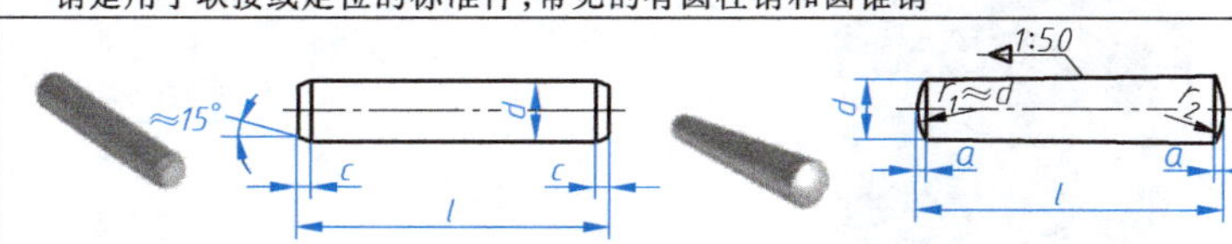 销的结构形式、尺寸、规定标记可以在国家标准中查出

知识 10：销的标记

标记组成	名称　标准编号　公称直径×公称长度/公称直径　公差带代号×公称长度	
销的标记	圆锥销	销 GB/T 117　d×l
	圆柱销	销 GB/T 119　d×L；销 GB/T 119.1　d m6 或 h8×l
举例	销 GB/T 117　6×30 解释：公称直径 d=6mm，公称长度 l=30mm，材料为 35 钢，热处理硬度为 28～38HRC，表面氧化处理的 A 型圆锥销	
	销 GB/T 119.1　10 m6×90 解释：公称直径 d=10mm，公称长度 l=90mm，公差带代号为 m6，材料为钢，不经淬火、表面不经处理的圆柱销	

图样上每个结构的变化都蕴含创新，创新创造财富！

步骤 3：减速器中的销联接图（8-10）

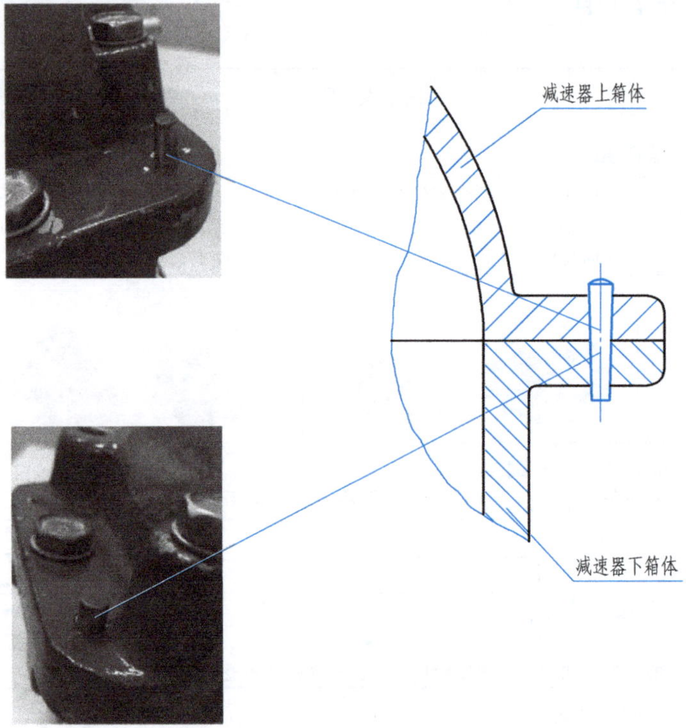

图 8-10　减速器中的销联接图

知识 11：销联接画法

规定画法	1）销回转表面与销孔的内表面是工作面，紧密接触，画图时应画一条线 2）圆锥销公称直径是指小端直径；在销联接画法中，销的倒角可省略不画 3）当剖切平面沿销的轴线剖切时，销按不剖处理；垂直轴线剖切时，断面上要画剖面线
标注	圆柱销和圆锥销在联接和定位时有较高的位置精度要求，因此两个零件上销孔是在装配时一起加工的，在零件图上应注明“与××配作”的字样
画法图例	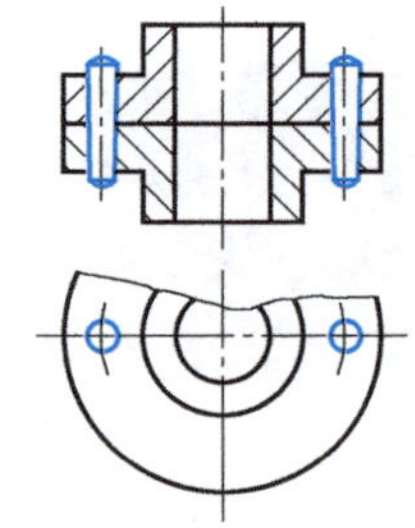 圆锥销联接　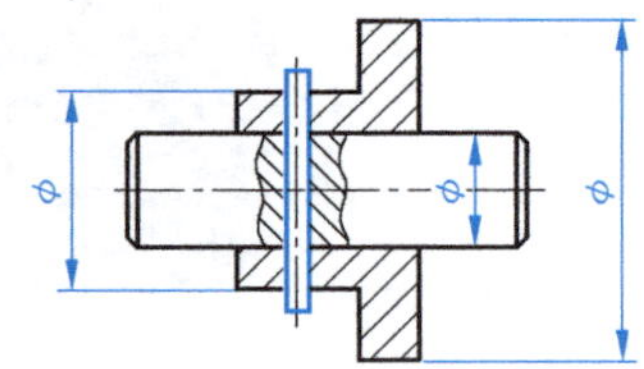 圆柱销联接

❖笔记：

任务 4　认识减速器中的滚动轴承

职业行动	职业知识

步骤 1：认识减速器中的滚动轴承（图 8-11）

图 8-11　减速器中的滚动轴承

知识 12：滚动轴承应用

作用	滚动轴承是机械设备中常用的支承轴类零件的标准件。它具有结构紧凑、摩擦力小的特点，在生产实践中得到广泛应用
种类	1）向心轴承：主要承受径向载荷，如深沟球轴承 2）推力轴承：只承受轴向载荷，如推力球轴承 3）向心推力轴承：同时承受轴向和径向载荷，如圆锥滚子轴承

知识 13：滚动轴承结构

<table>
<tr><td rowspan="2">结构组成</td><td colspan="3">由外（上）圈、内（下）圈、滚动体和保持架组成</td></tr>
<tr><td colspan="3">外圈：与机座孔配合，一般不动
内圈：与轴表面紧密配合，并与轴一起转动
滚动体：装在内圈、外圈之间的滚道中，有滚珠、滚柱、滚锥等形式
保持架：用来固定和隔离滚动体，减少相互之间的摩擦</td></tr>
<tr><td rowspan="2">结构图例</td><td>深沟球轴承</td><td>圆锥滚子轴承</td><td>推力球轴承</td></tr>
<tr><td></td><td></td><td></td></tr>
</table>

❖笔记：

步骤 2：标记减速器中滚动轴承的代号

（1）标记滚动轴承的代号

轴承类型	数量	端部标记	端部标记参数	参数含义	作用
深沟球轴承（大）	2	6206ZZ	62	6—深沟球轴承 2—直径系列	支承从动轴
			06	内径代号：轴承内孔直径 $d=6\times5\text{mm}=30\text{mm}$	
			ZZ	双侧加铁盖密封	
深沟球轴承（小）	2	6204ZZ	62	6—深沟球轴承 2—直径系列	支承主动齿轮轴
			04	内径代号：轴承内孔直径 $d=4\times5\text{mm}=20\text{mm}$	
			ZZ	双侧加铁盖密封	

（2）测量与滚动轴承配合轴段直径

名称	测量轴段直径/mm
主动齿轮轴	$d=20$
从动轴	$d=30$

知识 14：滚动轴承的代号

代号组成	轴承类型代号 + 尺寸系列代号 + 内径代号	
滚动轴承标记举例	深沟球轴承 6204	6 2 04 04表示内径代号：$d=4\times5\text{mm}=20\text{mm}$ 2表示尺寸系列代号：宽度系列代号0省略，直径系列代号为2 6表示轴承类型代号：深沟球轴承
	圆锥滚子轴承 31312	3 13 12 12表示内径代号：$d=12\times5\text{mm}=60\text{mm}$ 13表示尺寸系列代号：宽度系列代号为1，直径系列代号为3 3表示轴承类型代号：圆锥滚子轴承
	推力球轴承 51310	5 13 10 10表示内径代号：$d=10\times5\text{mm}=50\text{mm}$ 13表示尺寸系列代号：高度系列代号为1，直径系列代号为3 5表示轴承类型代号：推力球轴承

❖笔记：

图样上每个结构的变化都蕴含创新，创新创造财富！

步骤 3：绘制减速器中的轴承装配图（图 8-12）

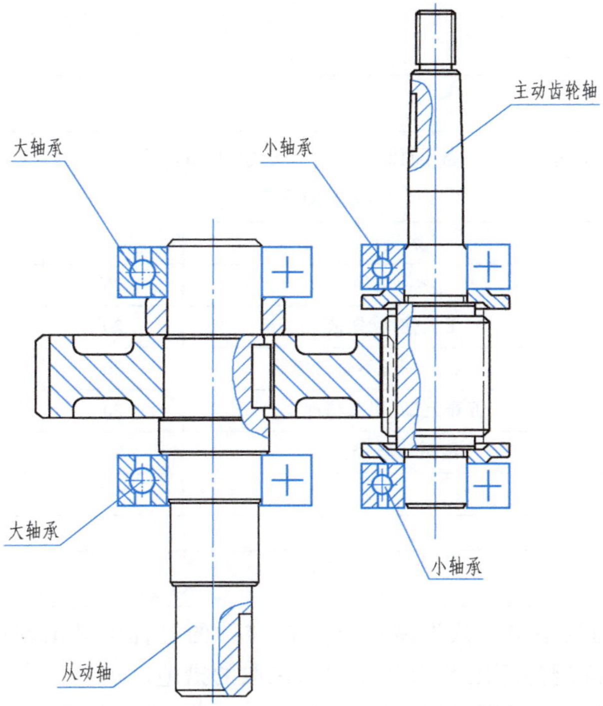

图 8-12　减速器中的轴承装配图

知识 15：滚动轴承的画法

	深沟球轴承	圆锥滚子轴承	推力球轴承
滚动轴承零件的规定画法举例	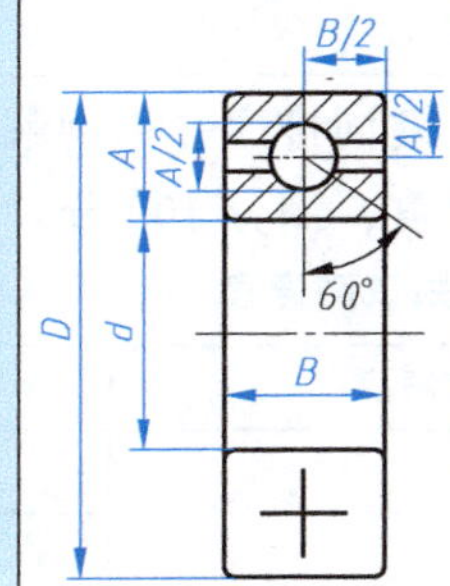	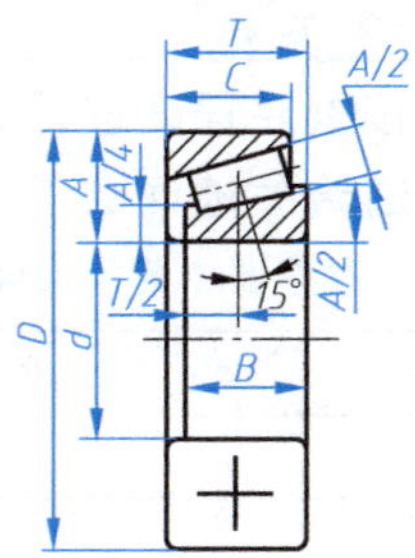	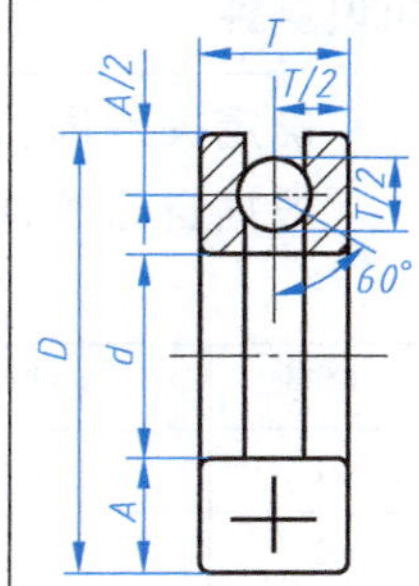
	深沟球轴承	圆锥滚子轴承	推力球轴承
滚动轴承装配的规定画法举例	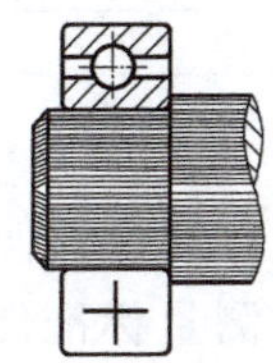	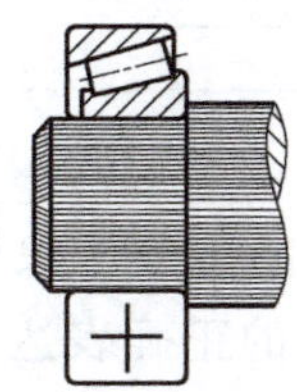	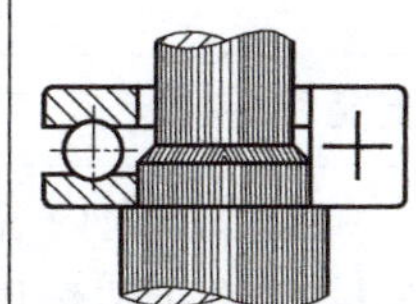

❖笔记：

图样上每个结构的变化都蕴含创新，创新创造财富！

测　评

知识测评

确定关键词，按重要程度进行关键词排序并举例解读。

根据自己的判断给关键词赋予权重，满分 100 分。

减速器中的标准件知识测评表

序号	关键词	举例解读	评分自定
1			
2			
3			
4			
5			

技能测评

表中所列内容，能正确认识标准件、判断其使用场合，能识读标准件在装配图中的正确表达及通过测量标准件尺寸反推其标记，正确即得分，错误即零分。

减速器中的标准件技能测评表

序号	技能点	配分	得分
1	认识标准件	20	
2	标准件的使用场合	30	
3	标准件及装配表达	40	
4	标准件的标记	10	
总分		100	

素质测评

表中所列素质点，做到即得分，未做到即零分。

素质测评表

序号	素质点	配分	得分
1	学习纪律	20	
2	工具使用、摆放	20	
3	严谨认真、一丝不苟的精神	20	
4	互帮互助、团队精神	20	
5	绘图环境“5S”	20	
总分		100	

拓展训练

1）请列举出在认识减速器中标准件的过程中易出现的问题，分析产生问题的原因及为避免问题采取的措施。

2）请利用思维导图，按照其格式，对减速器标准件学习中的收获进行总结。

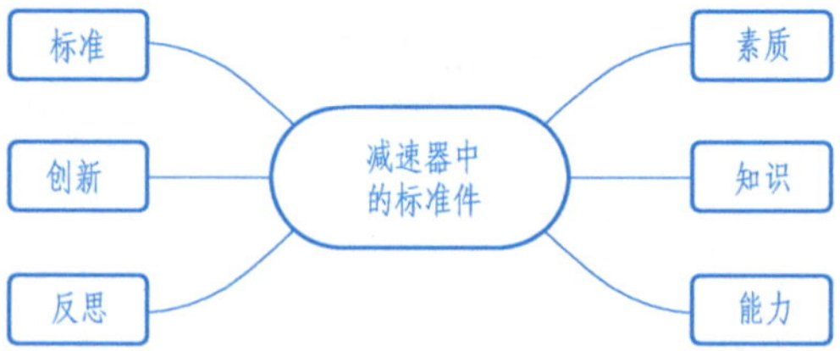

图样上每个结构的变化都蕴含创新，创新创造财富！

学习考评

学习成果

一、考评项目

根据所学知识，确定滚动轴承的标记，如图 8-13 所示。

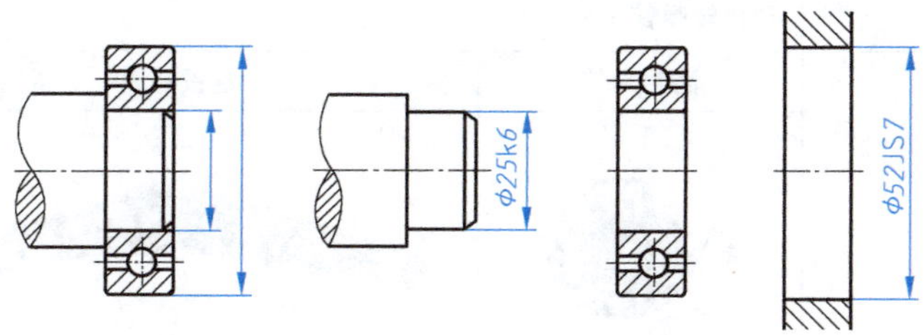

图 8-13　确定滚动轴承的标记

二、实施准备

1. 学生准备

学生按照教学计划，已经完成了以下学习任务，可进行该学习成果的实施。

1）能分析图样中零件的相互位置与装配关系，并完成学习成果需要的相关知识和方法的学习，得分大于 75 分。

2）能运用学习成果需要的相关知识和方法进行轴承类型的准确判断和国家标准编号的推断，得分大于 75 分。

3）能运用学习成果需要的相关知识和方法准确确定轴承的内孔尺寸，得分大于 80 分。

4）能够运用学习成果需要的相关知识和方法进行轴承尺寸系列、直径代号的推导，得分大于 80 分。

5）能准确推导轴承的基本代号，得分大于 90 分。

6）自觉遵守国家标准相关规定、规范徒手绘图、严格执行“5S”规定、养成团结协作的好习惯，得分大于 80 分。

2. 教师准备

1）在安排学生实施学习成果前，通过课堂问题研讨、作业、实训和考核及其他方式，确认学生已经具备了实施学习成果所需的知识、技能和素质，并确保学生独立进行操作。

2）对学生自评、小组互评、教师评价进行测评的方法培训，明确评价的意义和重要性，确保测评结果的准确性和公平性。

3）准备好测评记录。

三、考核方法与标准

1）评价监管。组长监控小组成员自评结果、教师监控小组互评结果、教师最终评价。

2）详细记录学生在实施学习成果过程中的方法步骤、完成时间以及出现错误等情况，学习成果要求在 10min 内完成，未在 10min 内完成酌情扣分。

3）考核内容及标准见下表。

考核内容及标准

序号	完成任务	考核内容	考核标准	配分	得分
1	读懂所给一组图形的相互关系，写出滚动轴承的标记	准确定义各零件名称	定义错误-25 分	100	
		准确说出零件的关系	不能准确说出-25 分		
		判断关键尺寸类型	不能判断-25 分		
		推导轴承标记	不符合国家标准-25 分		

图样上每个结构的变化都蕴含创新，创新创造财富！

知识拓展——识读装配图中的弹簧

装配图中标准件——弹簧如图 8-14 所示。

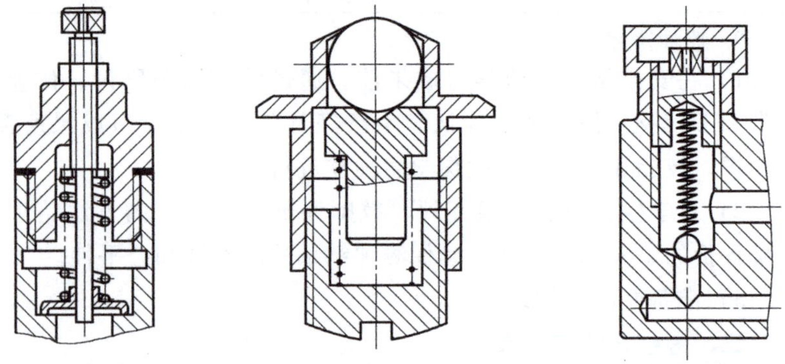

a) 弹簧剖视图断面　　b) 涂黑表示弹簧断面　　c) 弹簧的示意画法

图 8-14　螺旋压缩弹簧在装配图中的画法

拓展阅读——我国标准和标准化的起源：工程师在设计产品时遵循的原则是尽量用已有的零件，并且尽可能选用标准件。这样成本低，物料管理简单。标准件是标准化的具体体现。我国是世界上的标准和标准化发展较早国家之一。据考证，在远古时代，人们在制作石器、发明弓箭骨针、贝壳项链过程中，就已形成和遵循了一定的标准。但当时古人对于标准还是无意识的。随着生产规模的扩大和人与人之间社会交往的加深，古人开始创造符号、记号象形文字和语言，这就是一种有意识的标准化行为了。在经历了农业和畜牧业、手工业和农业两次大规模的社会分工之后，自主的、有意识的标准和标准化行为开始产生。如计量器具、文字、青铜器、钱币和活字印刷。秦始皇统一中国后，规定“车同轨，书同文”，这是史书上的重要记载，也是对当时标准化的重要写照。执行标准是遵守规则、规矩的修养体现。

弹簧知识：

<table>
<tr><th>项目</th><th colspan="3">内容</th></tr>
<tr><td>弹簧用途</td><td colspan="3">减振、夹紧、测力和存储能量等</td></tr>
<tr><td>弹簧种类</td><td colspan="3">1）常见的有螺旋弹簧、涡卷弹簧和钢板弹簧
2）根据受力不同，螺旋弹簧又分为压缩弹簧（Y）、拉伸弹簧（L）和扭转弹簧（N）</td></tr>
<tr><td rowspan="4">弹簧图例</td><td>涡卷弹簧</td><td colspan="2">钢板弹簧</td></tr>
<tr><td></td><td colspan="2"></td></tr>
<tr><td>压缩弹簧</td><td>扭转弹簧</td><td>拉伸弹簧</td></tr>
<tr><td></td><td></td><td>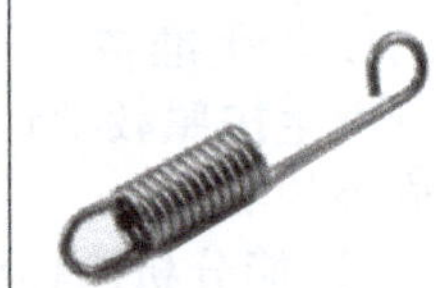</td></tr>
<tr><td rowspan="2">压缩弹簧表达</td><td>视图</td><td>剖视图</td><td>示意图</td></tr>
<tr><td>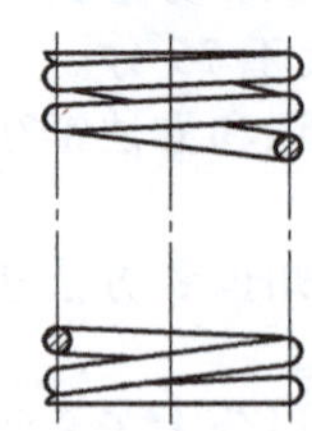</td><td>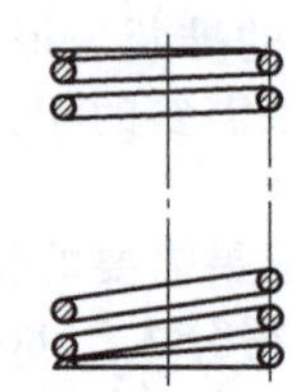</td><td>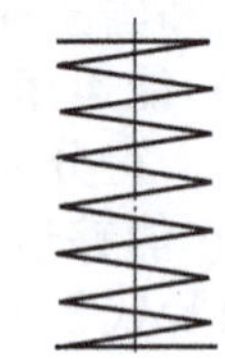</td></tr>
</table>

图样上每个结构的变化都蕴含创新，创新创造财富！

项目 9　减速器上箱体的测绘

项目描述

通过测绘减速器上箱体（图 9-1）进一步学习国家标准的相关知识，掌握箱体类零件的相关知识、视图表达、尺寸标注、技术要求等。

项目要求

1. 分析减速器上箱体的结构，选择合适的表达方案、确定技术要求等。

2. 正确使用铅笔，选择合适的图纸幅面，按照目测尺寸，选择恰当的比例绘制上箱体零件草图。

3. 正确使用测量工具测量上箱体的有关尺寸并正确标注。

学习目标

1. 会分析减速器上箱体零件的结构组成及特点。

2. 能完成减速器上箱体的测绘。

① 减速器上箱体表达方案的确定。

② 减速器上箱体技术要求的确定。

③ 减速器上箱体尺寸的确定。

④ 徒手绘制上箱体零件草图。

3. 自觉遵守国家标准和要求、规范绘制图样、保持绘图环境“5S”、养成耐心细致的好习惯。

学习载体

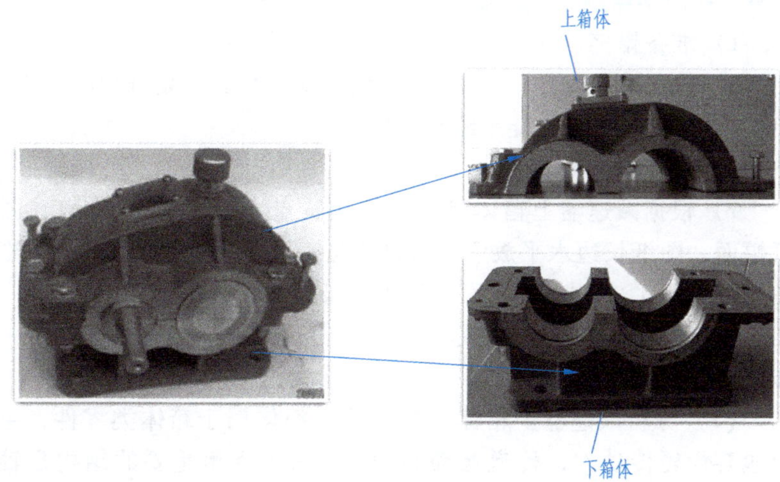

图 9-1　减速器的上下箱体

39—减速器装配过程

40—半剖视图

41—半剖视图的应用

树生尚知静立水边，人学须遵默而识之！

任务 测绘减速器上箱体

职业行动	职业知识

步骤 1：徒手绘制 A3 图框

1）准备铅笔。

2）按照国家标准绘制 A3（X 型）图纸幅面带装订边的图框。$a=25\text{mm}$，$e=10\text{mm}$，徒手绘制图框。

步骤 2：徒手绘制标题栏

1）根据减速器上箱体尺寸和结构特点，采用 A3（X 型）图纸幅面，图纸长边水平放置，装订边位于图纸左侧，见知识 1。绘图比例采用 1∶2 或 A2 幅面采用 1∶1 比例绘制。

2）根据项目 1 绘制标题栏。

步骤 3：测绘减速器上箱体

（1）分析减速器上箱体　减速器上箱体属于箱体类零件，主要包容齿轮传动件，传递运动和动力，其上面最重要的结构是轴承孔，它与轴承配合，支承轴承，保证传递运动的准确性。

上箱体结构如图 9-2 所示。

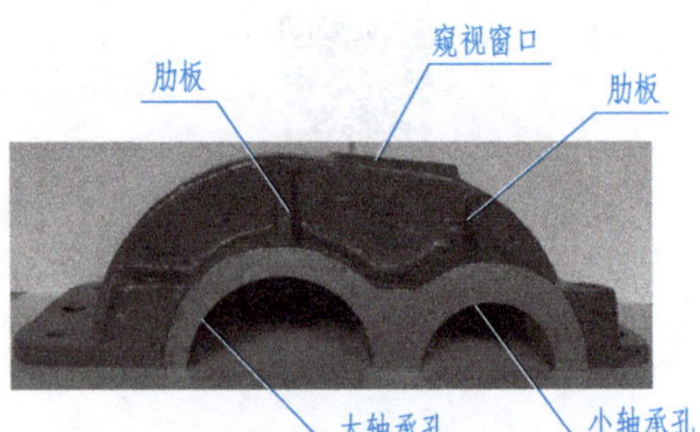

图 9-2　上箱体结构

知识 1：图纸幅面及图框格式

大小及格式	420mm×297mm，A3 带装订边横放幅面
图例	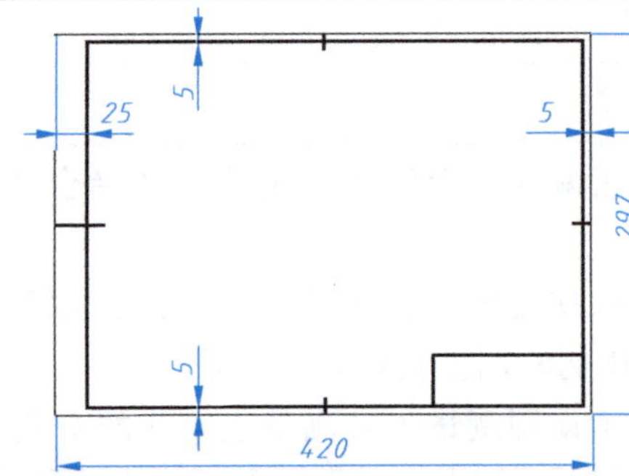

知识 2：箱体类零件的种类

种类	组合机床主轴箱、车床进给箱、分离式减速箱、泵壳等
图例	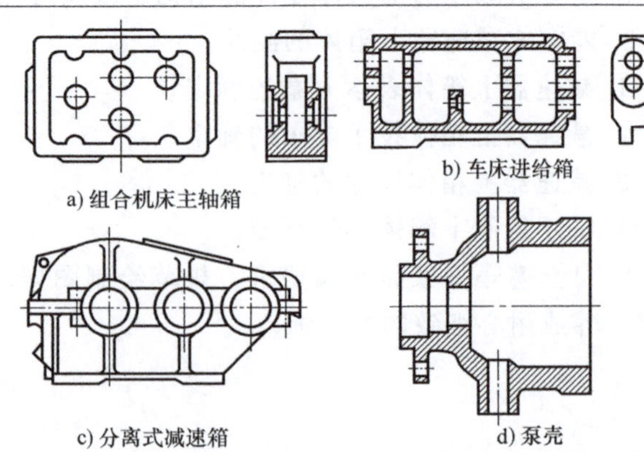

树生尚知静立水边，人学须遵默而识之！

（2）确定视图表达方案（图 9-3）

1）主视图：重点表达轴承孔的结构及位置；采用两处局部剖视图，表达螺柱孔、窥视窗口的结构及螺纹孔情况。

2）俯视图：用于表达上箱体从上往下看时箱体外部结构及各部分结构的形状特点及分布情况。

3）左视图：采用相互平行的两个剖切平面剖切绘制的全剖视图，重点表达箱体的内部结构。

4）斜视图：辅助表达窥视窗口的真实结构及其上面分布的联接用螺纹孔。

5）放大图：表达密封槽结构。

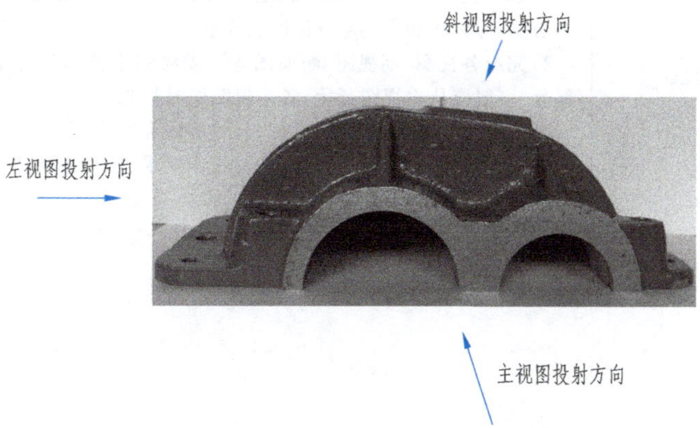

图 9-3　减速器上箱体视图的投射方向

知识 3：箱体类零件的作用与结构特点

作用	1）支承、包容、密封作用 2）容纳和支承其他各种零件，便于存储液体
结构特点	1）外部简单、内部结构复杂，内部有较大的空腔 2）壁厚较薄且不均匀，壁上有通孔（如轴承孔）、台阶或凹坑等 3）有加强肋、油沟、螺纹孔和螺栓孔等结构
加工方法	1）因箱体类零件壁上既有若干个精度较高的轴承孔和平面需要加工，也有许多精度要求不高的孔需要加工。因此，箱体类零件的结构特点决定了它是一种加工部位多、加工难度大的零件 2）因毛坯多为铸件，加工位置多变，以铣、刨、钻、镗为主

知识 4：箱体类零件图的表达方式

视图数量	一般用 3 个以上基本视图来表达
主视图	主视图一般按工作位置来绘制，并采用剖视图
俯、左视图	俯、左视图一般根据箱体的结构特点采用视图、全剖视图、半剖视图、局部剖视图等
其他视图	必要情况下可以采用局部视图、斜视图等表达方法

❖笔记：

42—全剖视图　43—剖视图的标记　44—全剖视图的应用　45—局部剖视图　46—局部剖视图的应用　47—局部视图　48—斜视图　49—斜视图和局部视图应用　50—减速器装配图识读　51—相同结构的简化画法

树生尚知静立水边，人学须遵默而识之！

（3）绘制上箱体零件草图

1）目测比例，徒手绘制细点画线，表达上箱体轴承支承孔的轴线和中心所在位置，如图 9-4 所示。

2）徒手绘制主视图、俯视图和左视图的外部轮廓。

3）徒手绘制轴承支承孔的主视图、俯视图和左视图。

4）徒手绘制窥视窗口的斜视图。

5）徒手绘制主、俯视图中的局部剖、油窗孔、肋板、联接孔、销孔等结构和用放大图表达密封槽结构，如图 9-5 所示。

（4）标注尺寸

1）选择尺寸基准。有长、宽、高 3 个方向的主要尺寸基准：轴承支承孔的轴线作为图样长度方向标注的尺寸基准；箱体的前后对称面作为图样宽度方向标注的尺寸基准；箱体的结合面作为高度方向标注的尺寸基准。

2）先标注定位尺寸，再标注定形尺寸。在需要标注尺寸的结构要素上徒手画尺寸线、尺寸界线、箭头。先画轴线方向的尺寸线、尺寸界线、箭头；再画直径方向的尺寸线、尺寸界线、箭头；测量尺寸并标注，如图 9-6 所示。

（5）技术要求。

（6）校核全图，完成草图（图 9-6）。

知识 5：作草图的步骤

零件分析	1)了解被测绘箱体类零件的名称、用途、材料 2)仔细分析零件上各部分的结构形状 3)根据零件在部件中的作用,分析各个表面的作用和要求 4)明确零件的加工方法 5)分析尺寸基准、尺寸公差、表面粗糙度、几何公差、热处理等技术要求
选择表达方案	在零件分析的基础上,选择主视图,确定视图数量及剖视图、断面图、其他视图等表达方法
绘制草图	1)确定比例,选择图纸幅面,绘制图框和标题栏,布置视图,画出中心线、对称线和主要基准面的轮廓线 2)完成各视图、剖视图、断面图等。先绘制主要部分后绘制次要部分,一般应从主视图开始,各个视图同时绘制 3)选择尺寸基准,绘制尺寸线、尺寸界线和箭头 4)测量尺寸,填写尺寸数字,注写技术要求,填写标题栏

❖笔记：

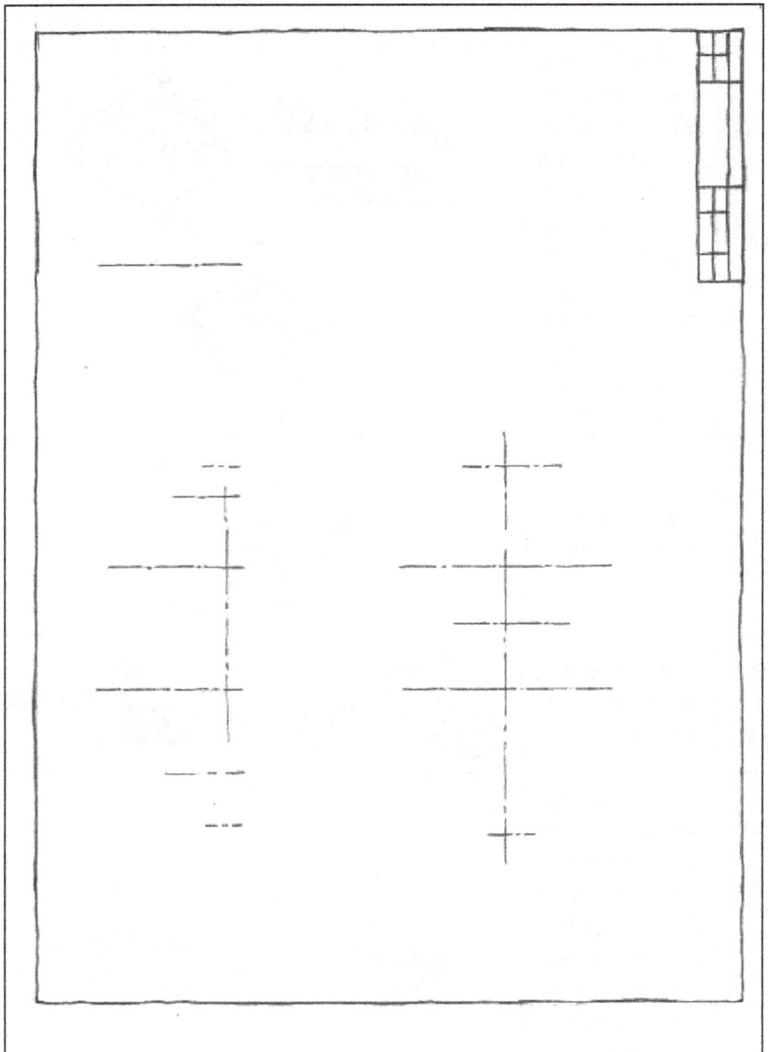

图 9-4　绘制要素位置线

知识 6：箱体类零件的尺寸标注

尺寸基准	1）图样上标注尺寸的起点称为尺寸基准，可以是点、线或面 2）箱体类零件有长度、宽度和高度 3 个方向的主要尺寸基准
箱体类零件尺寸基准要素	1）长度方向尺寸基准一般选择重要的左右端部表面、对称面、轴孔的轴线等 2）宽度方向尺寸基准一般选择重要的前后端部表面、对称面、轴孔的轴线等 3）高度方向尺寸基准一般选择重要的上下底面、对称面、轴孔的轴线等
标注尺寸步骤	1）按形体分析法标注尺寸 2）先标注定位尺寸，再标注定形尺寸

知识 7：箱体类零件尺寸的测量

壁厚的测量	测量壁厚，卡钳不易被取出时可以分两步进行，经计算得 $x=a-b$，$y=c-d$	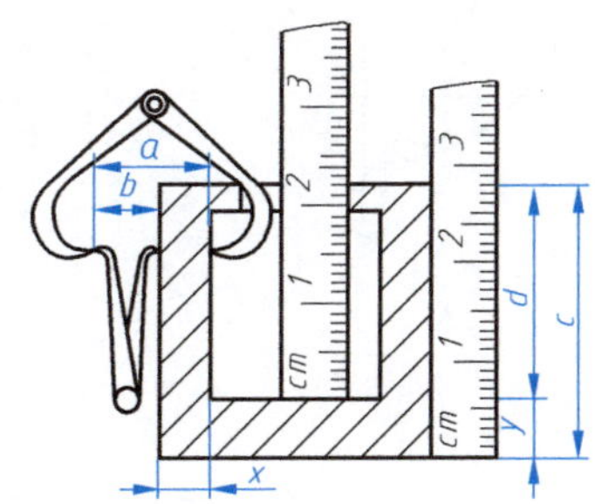

树生尚知静立水边，人学须遵默而识之！

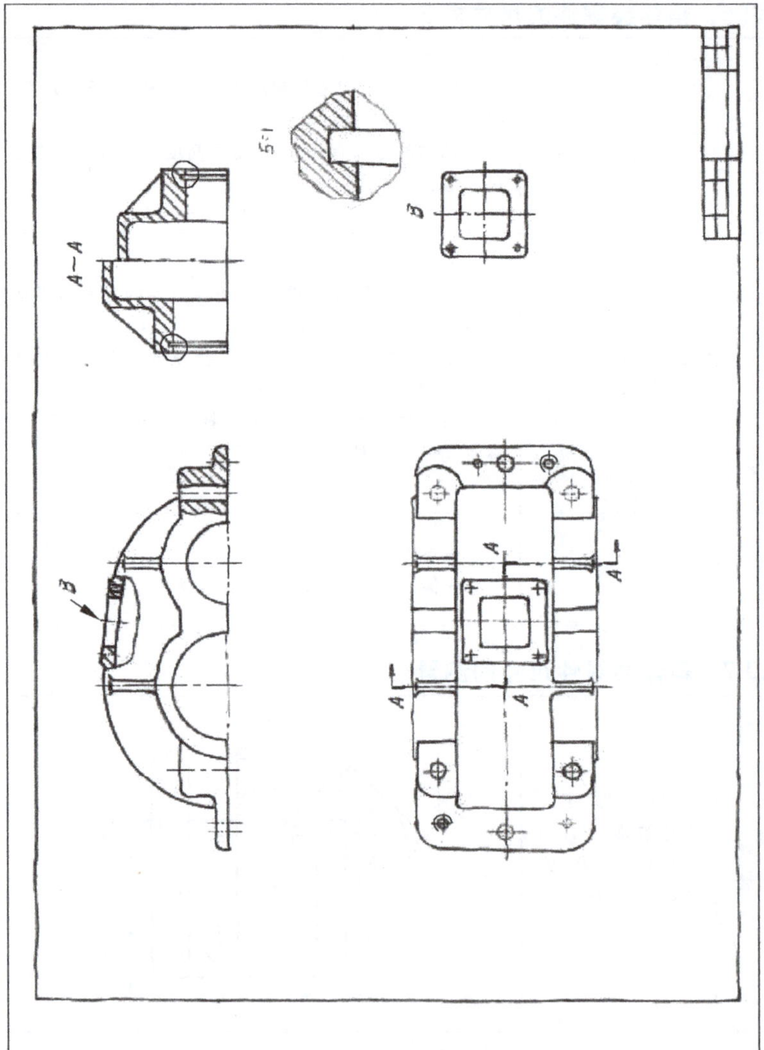

图 9-5 选择表达方案

（续）

孔中心距的测量	当两个孔径相等时，用钢直尺测量两孔中心距的方法，即 $L_1=L_2$；当两孔径相等时，用外卡钳测量两孔中心距的方法，即 $a=k+d$，当两孔径不相等时，用内卡钳测量两孔中心距的方法，即 $a=k-(d_1+d_2)/2$	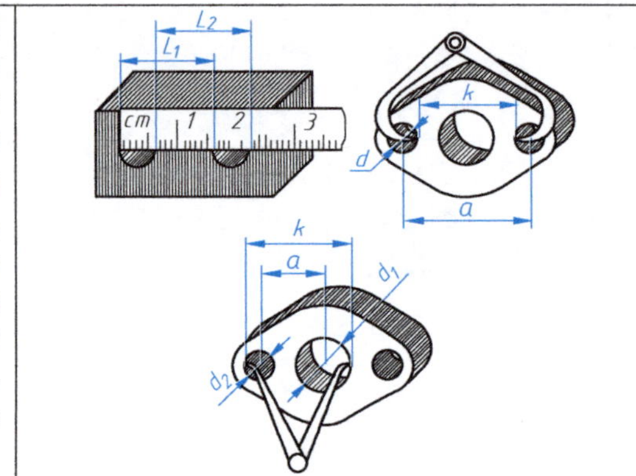
轴孔中心高度的测量	测量出 A 值和 D 值，则 $H=A+D/2$	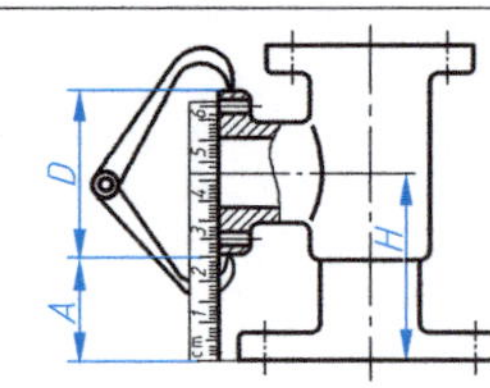
圆角及螺距的测量	采用半径量规和螺纹量规直接测量得到	
曲线与曲面半径的测量	采用纸拓印其轮廓，再在该曲线轮廓上任取三点1、2、3，连接12、23得到两条弦，利用弦的垂直平分线交点 O 为曲线圆心的方法近似测量曲线半径	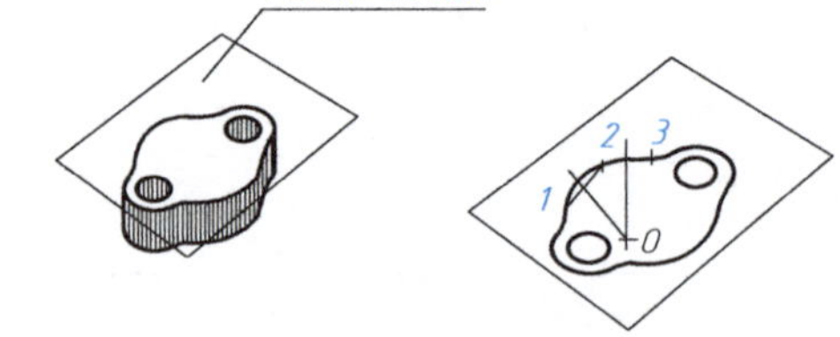

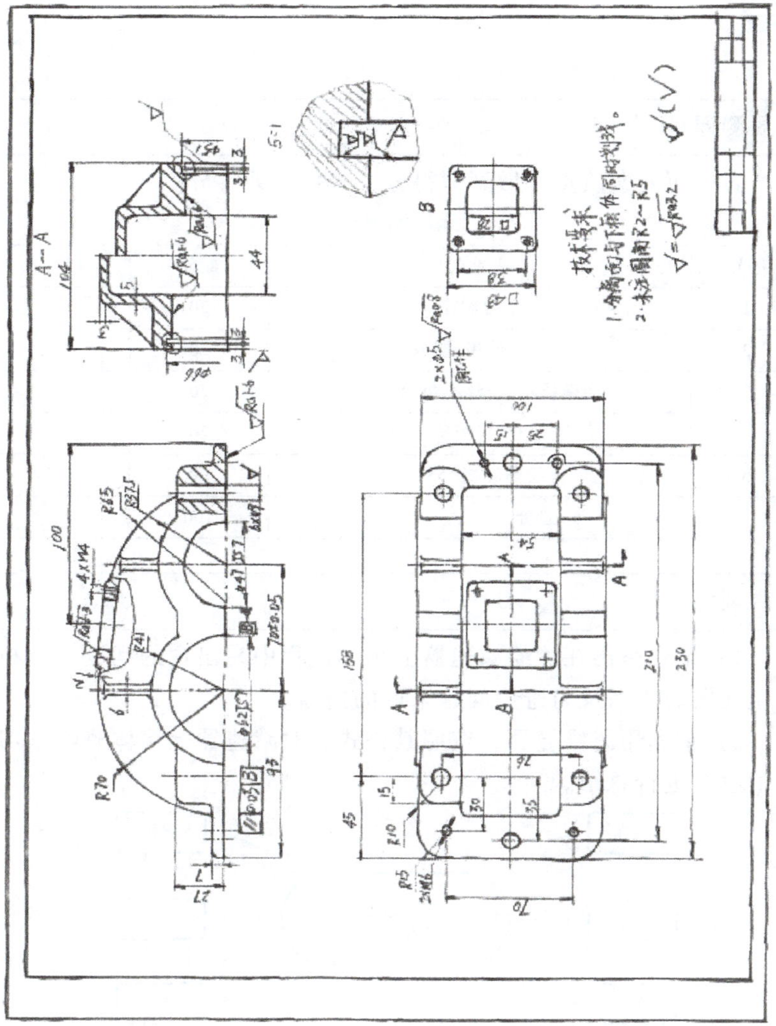

图 9-6　标注尺寸，注写技术要求，完成草图绘制

知识 8：箱体类零件的技术要求

项目	内容
轴承孔尺寸公差、几何公差	轴承孔是箱体类零件上的重要结构，孔径的尺寸误差和几何误差会造成轴承与孔配合不良。因此，箱体类零件对孔的精度要求较高，一般主轴孔的尺寸公差等级为 IT6，其他各支承孔的尺寸公差等级为 IT7～IT8，几何形状精度控制在尺寸公差的 1/2 范围内
孔与孔位置精度	孔系之间的平行度误差影响齿轮的啮合质量；同一轴线上孔的同轴度误差和孔端面对轴线的垂直度误差，会使轴和轴承装入箱体后出现歪斜，造成主轴径向圆跳动和轴向窜动，加剧轴承的磨损。孔与孔的位置精度要求一般为：同轴线上支承孔的同轴度公差为 ϕ0.01～ϕ0.03mm，各支承孔间的平行度公差为 0.03～0.06mm，孔距公差为±0.06～±0.25mm
主要平面精度	箱体上主要平面的平面度影响装配后的接触刚度。在加工中选用平面作为定位基准时，其平面度会影响主要孔的加工精度。因此，箱体主要平面的平面度公差一般为 0.02～0.1mm，表面粗糙度值为 *Ra*0.8～3.2μm，主要平面间的平行度、垂直度公差为 300mm：（0.02～0.1mm）
轴承孔轴线与主要平面位置精度	一般轴承孔轴线与安装基面的平行度公差要求为 0.03～0.1mm
表面粗糙度	一般主轴孔的表面粗糙度值为 *Ra*0.4μm，其他各纵向孔的表面粗糙度值为 *Ra*1.6μm，孔的内端面的表面粗糙度值为 *Ra*3.2μm，装配基准面和定位基准面的表面粗糙度值为 *Ra*0.63～2.5μm，其他平面的表面粗糙度值为 *Ra*2.5～10μm

树生尚知静立水边，人学须遵默而识之！

测评

知识测评

确定关键词，按重要程度进行关键词排序并举例解读。

根据自己的判断给关键词赋予权重，满分 100 分。

减速器上箱体的测绘知识测评表

序号	关键词	举例解读	评分自定
1			
2			
3			
4			
5			

素质测评

表中所列素质点，做到即得分，未做到即零分。

素质测评表

序号	素质点	配分	得分
1	学习纪律	20	
2	工具使用、摆放	20	
3	严谨认真、一丝不苟的精神	20	
4	互帮互助、团队精神	20	
5	绘图环境“5S”	20	
总分		100	

技能测评

表中所列内容，正确即得分，错误即零分。

减速器上箱体的测绘技能测评表

序号	技能点	配分	得分
1	减速器上箱体零件结构特点分析	20	
2	减速器上箱体零件表达方案的选择	30	
3	减速器上箱体零件尺寸测量，标注尺寸、表面粗糙度和几何公差	45	
4	图框绘制及填写标题栏	5	
总分		100	

拓展训练

1）请列举出在测绘减速器上箱体过程中易出现的问题，分析产生问题的原因及为避免问题采取的措施。

2）请利用思维导图，按照其格式，对减速器上箱体测绘学习中的收获进行总结。

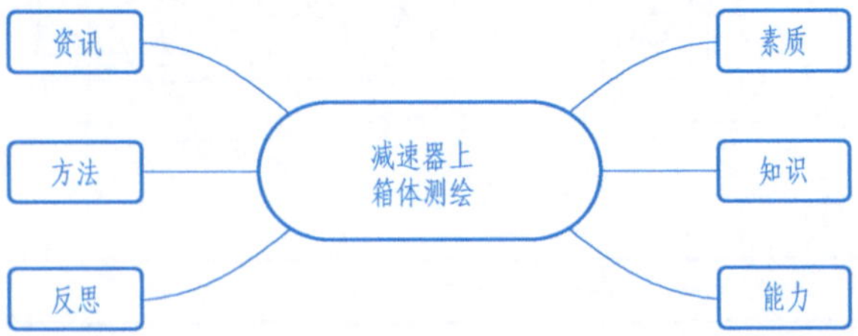

树生尚知静立水边，人学须遵默而识之！

学 习 考 评

学习成果

一、考评项目

根据所学测绘知识，目测尺寸，徒手绘制减速器下箱体（图 9-7）零件草图。

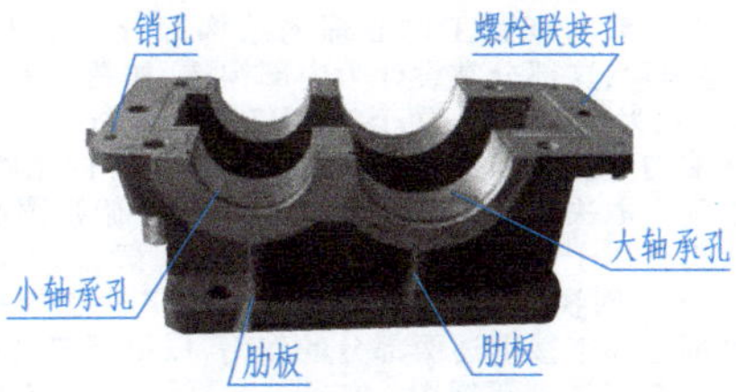

图 9-7　减速器下箱体

二、实施准备

1. 学生准备

学生按照教学计划，已经完成了以下学习任务，可进行该学习成果的实施。

1）能分析减速器下箱体的结构特点，找出它与上箱体之间的不同与关系，并完成学习成果需要的相关知识和方法的学习，得分大于 75 分。

2）能运用学习成果需要的相关知识和方法进行减速器下箱体的测绘。

3）能运用学习成果需要的相关知识和方法确定绘制减速器下箱体的步骤。

4）能够合理选择表达方案，视图表达正确。

5）保证尺寸标注合理、正确、完整。

6）自觉遵守国家标准相关规定、规范徒手绘图、严格执行“5S”规定、养成团结协作的好习惯，得分大于 80 分。

2. 教师准备

1）在安排学生实施学习成果前，通过课堂问题研讨、作业、实训和考核及其他方式，确认学生已经具备了实施学习成果所需的知识、技能和素质，并确保学生独立进行操作。

2）对学生自评、小组互评、教师评价进行测评的方法培训，明确评价的意义和重要性，确保测评结果的准确性和公平性。

3）准备好测评记录。

三、考核方法与标准

1）评价监管。组长监控小组成员自评结果、教师监控小组互评结果、教师最终评价。

2）详细记录学生在实施学习成果过程中的方法步骤、完成时间以及出现错误等情况，学习成果要求在 10min 内完成，未在 10min 内完成酌情扣分。

3）考核内容及标准见下表。

考核内容及标准

序号	完成任务	考核内容	考核标准	配分	得分
1	减速器下箱体零件草图绘制	零件结构分析正确	主要结构分析不全面-25 分	100	
		表达方案确定	主要视图选择不合理-25 分		
		尺寸标注	主要尺寸标注不符合要求-25 分		
		技术要求	技术要求不合理-25 分		

树生尚知静立水边，人学须遵默而识之！

知识拓展——识读蜗杆减速箱体零件图

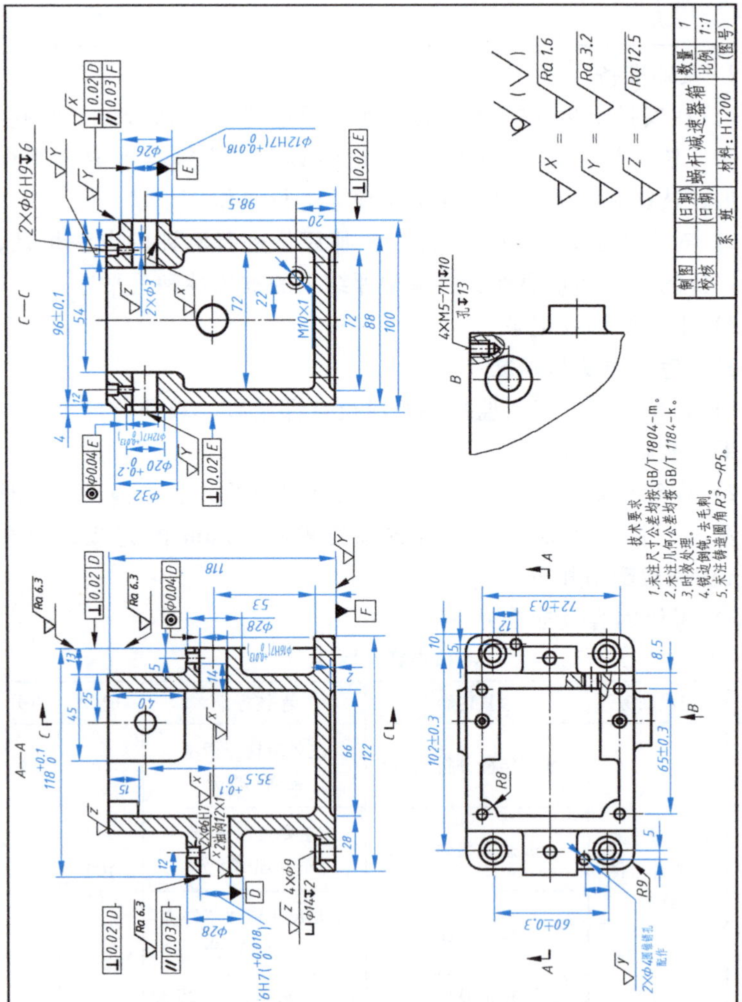

图 9-8 蜗杆减速器箱零件图

识读步骤：

步 骤	内容
读标题栏	零件名称是蜗杆减速器箱体，加工数量是 1 个，材料是灰铸铁 HT200，采用绘图比例是 1 : 1
读视图	1）分析蜗杆减速器箱体结构。它是一空腔的箱体类零件，空腔用于容纳蜗轮、蜗杆和轴等，其结构大致分为以下几部分 ①工作部分即实现其工作原理的结构部分。由于考虑防尘、润滑、密封、安全等因素，这部分常设计为内部构造，如图 9-8 中主、左视图所示，两个 ϕ16 H7 孔为蜗轮轴孔，两个 ϕ12H7 孔为蜗杆孔。为了运动件的润滑，一般还有油沟、油池、加油孔及安装油标等零件的结构。箱体类零件的外形很大程度上取决于其内部结构，如图 9-8 中俯视图所示 ②安装部分用于固定在机体或机座上，一般设计成底板并加工出安装孔，如图 9-8 中俯视图所示的长方形底板和 4 个螺栓孔 ③连接部分起连接上述两部分的作用，以提高零件的刚性 2）分析蜗杆减速器箱视图。如图 9-8 所示，画了 3 个基本视图。主视图是沿着箱体前后对称面剖切，以表达支承蜗轮轴的结构部分形状。左视图为 *C—C* 全剖视图，以表达支承蜗杆的结构部分的形状。俯视图为箱体的外形图。另外还画了一个 *B* 向局部视图
读尺寸标注	1）长度方向 以右边 ϕ16H7 轴孔凸台端面为基准标注定位尺寸 5，确定油沟在长度方向的位置。 2）宽度方向 如以支承蜗杆的凸台端面和箱体宽度方向的对称平面为基准，标注出定位尺寸 16、4、22 3）高度方向 如以箱体底面和蜗轮轴线为基准，标注出定位尺寸 98.5、$35.5^{+0.1}_{0}$

❖ 笔记：

树生尚知静立水边，人学须遵默而识之！

蜗杆减速器箱如图 9-9 所示。

图 9-9　蜗杆减速器箱

（续）

步 骤	内容
读技术要求	1）尺寸公差和表面粗糙度 重要尺寸一般要规定公差，表面粗糙度相应也比较高，如图 9-10 所示的箱体前后壁上的 ϕ12H7 和左右壁上的 ϕ16H7 孔的公差带选为 H7，表面粗糙度值为 *Ra*1. 6μm。箱体底板是镗孔和安装的基准面，表面粗糙度值为 *Ra*3. 2μm。各孔的端面与孔的轴线垂直度要求较高，这些表面的表面粗糙度 *Ra*6. 3μm 或 3. 2μm。油沟表面的表面粗糙度值为 *Ra*1. 6μm。圆锥销孔表面粗糙度值为 *Ra*3. 2μm。其他次要加工面的表面粗糙度值为 *Ra*12. 5μm。其余表面为毛坯面，符号如图 9-8 所示，标注在标题栏的上方 2）几何公差和其他要求 轴孔和重要表面有几何要素相互位置的要求 ①ϕ16 H7 和 ϕ12 H7 孔的轴线对底面的平行度公差为 0. 03mm ②两个 ϕ16 H7 孔的同轴度公差为 ϕ0. 04mm；两个 ϕ12H7 孔的同轴度公差为 ϕ0. 04 ③ϕ16H7 和 ϕ12H7 孔外端面对轴线的垂直度公差为 0. 02mm ④ϕ12H7 孔轴线对 ϕ16H7 孔轴线的垂直度公差为 0. 02mm ⑤铸造圆角等技术要求标注在图样右下角标题栏附近

拓展阅读——工程师交流的语言：工程图样是工程师技术交流的语言，是表达设计意图、创新产品的有效手段。绘图是工程设计乃至整个工程建设中的一个重要环节。图样的绘制是一项极其烦琐的工作，不但要求清晰、准确，而且随着外部条件的变化，设计方案也会随之变化。一项工程图的绘制通常是在历经数遍修改完善后才完成的。图样设计不合理不符合规范，导致产品或工程造成巨大损失或出现重大事故，不但需要承担后果，甚至负有法律责任。传统的绘图工具已被计算机取代。工程技术人员必须具备两种绘图能力：计算机绘图和徒手绘制草图的能力。徒手绘制草图是机械设计人员必备的基本技能，是产品创新的重要途径。

附　　录

附录 A　机械制图常用资料（标准件、公差配合）

表 A-1　普通螺纹　　（单位：mm）

直径与螺距系列（摘自 GB/T 193—2003）　　基本尺寸（摘自 GB/T 196—2003）

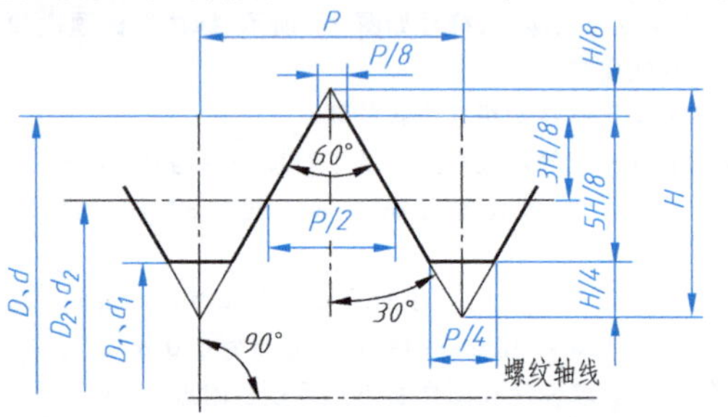

D—内螺纹大径
d—外螺纹大径
D_2—内螺纹中径
d_2—外螺纹中径
D_1—内螺纹小径
d_1—外螺纹小径
P—螺距
H—原始三角形高度

标记示例：

1. M10-6g（粗牙普通外螺纹、公称直径 d=M10、右旋、中径及大径公差带代号均为 6g、中等旋合长度）
2. M10×1-6H-LH（细牙普通内螺纹、公称直径 D=M10、螺距 P=1mm、中径及小径公差带代号均为 6H、中等旋合长度、左旋）

公称直径（D、d）			螺距（P）		粗牙螺纹小径（D_1、d_1）
第 1 系列	第 2 系列	第 3 系列	粗牙	细牙	
4	—	—	0.7	0.5	3.242
5	—	—	0.8		4.134
6	—	—	1	0.75	4.917
—	7	—			5.917
8	—	—	1.25	1、0.75	6.647
10	—	—	1.5	1.25、1、0.75	8.376

（续）

公称直径（D、d）			螺距（P）		粗牙螺纹小径（D_1、d_1）
第 1 系列	第 2 系列	第 3 系列	粗牙	细牙	
12	—	—	1.75	1.25、1	10.106
—	14	—	2	1.5、1.25、1	11.835
—	—	15	—	1.5、1	13.376①
16	—	—	2	1.5、1	13.835
—	18	—	2.5	2、1.5、1	15.294
20	—	—			17.294
—	22	—			19.294
24	—	—	3	2、1.5、1	20.752
—	—	25	—	2、1.5、1	22.835①
—	27	—	3	2、1.5、1	23.752
30	—	—	3.5	(3)、2、1.5、1	26.211
—	33	—		(3)、2、1.5	29.211
—	—	35	—	1.5	33.376①
36	—	—	4	3、2、1.5	31.670
—	39	—			34.670

注：1. 优先选用第 1 系列，其次是第 2 系列，第 3 系列尽可能不用。
　2. 括号内尺寸尽可能不用。
　3. M14×1.25 仅用于发动机的火花塞；M35×1.5 仅用于轴承的锁紧螺母。
① 细牙参数，是对应于第一种细牙螺距的小径尺寸。

表 A-2 管螺纹

55°密封管螺纹（摘自 GB/T 7306—2000）

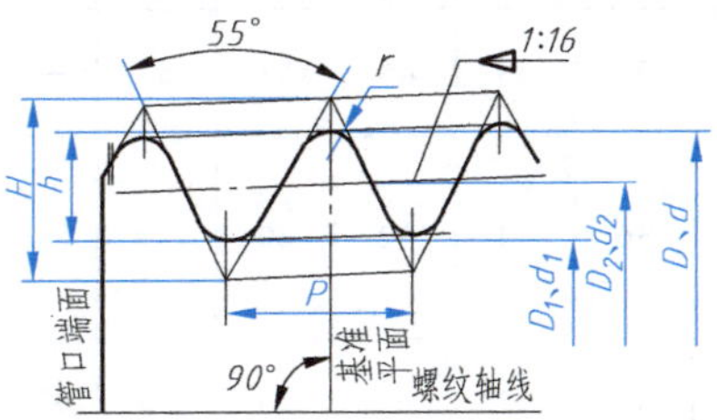

55°非密封管螺纹（摘自 GB/T 7307—2001）

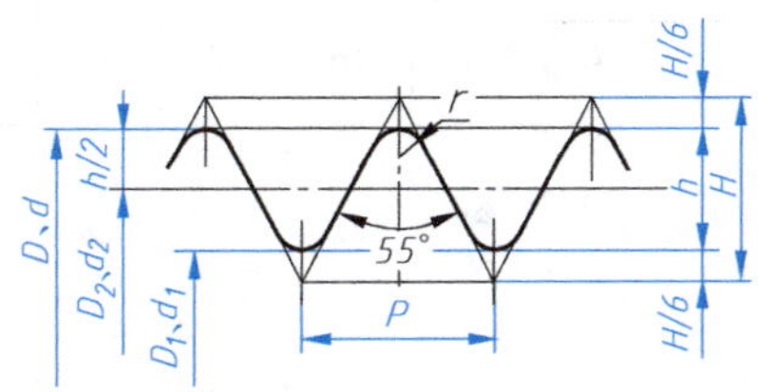

标记示例：
R1/2（尺寸代号 1/2，右旋圆锥外螺纹）
Rc1/2 LH（尺寸代号 1/2，左旋圆锥内螺纹）
Rp1/2（尺寸代号 1/2，右旋圆柱内螺纹）

标记示例：
G1/2-LH（尺寸代号 1/2，左旋内螺纹）
G1/2A （尺寸代号 1/2，A 级右旋外螺纹）
G1/2B-LH （尺寸代号 1/2，B 级左旋外螺纹）

尺寸代号	基准平面上的基本直径（GB/T 7306）基本直径（GB/T 7307） 大径 $d=D$ /mm	中径 $d_2=D_2$ /mm	小径 $d_1=D_1$ /mm	螺距 P /mm	牙高 h /mm	圆弧半径 r /mm	每 25.4mm 内的牙数 n	有效螺纹长度（GB/T 7306）/mm	基准距离（GB/T 7306）
1/16	7.723	7.142	6.561	0.907	0.581	0.125	28	6.5	4.0
1/8	9.728	9.147	8.566					6.5	4.0
1/4	13.157	12.301	11.445	1.337	0.856	0.184	19	9.7	6.0
3/8	16.662	15.806	14.950					10.1	6.4
1/2	20.955	19.793	18.631	1.814	1.162	0.249	14	13.2	8.2
3/4	26.441	25.279	24.117					14.5	9.5
1	33.249	31.770	30.291	2.309	1.479	0.317	11	16.8	10.4
$1^1/4$	41.910	40.431	28.952					19.1	12.7
$1^1/2$	47.803	46.324	44.845					19.1	12.7
2	59.614	58.135	56.656					23.4	15.9

（续）

尺寸代号	基准平面上的基本直径（GB/T 7306）基本直径（GB/T 7307） 大径 $d=D$ /mm	中径 $d_2=D_2$ /mm	小径 $d_1=D_1$ /mm	螺距 P /mm	牙高 h /mm	圆弧半径 r /mm	每 25.4mm 内的牙数 n	有效螺纹长度（GB/T 7306）/mm	基准距离（GB/T 7306）
$2^1/2$	75.184	73.705	72.226	2.309	1.479	0.317	11	26.7	17.5
3	87.884	86.405	84.926					29.8	20.6
4	113.030	111.551	110.072					35.8	25.4
5	138.430	136.951	135.472					40.1	28.6
6	163.830	162.351	160.872					40.1	28.6

表 A-3 常用的螺纹公差带

螺纹种类	精度	外螺纹 S	外螺纹 N	外螺纹 L	内螺纹 S	内螺纹 N	内螺纹 L
普通螺纹（GB/T 197—2003）	中等	(5g6g)、(5h6h)	[*6g]、*6e、*6h、*6f	(7g6g)、(7h6h)	*5H、(5G)	[*6H]、*6G	*7H、(7G)
	粗糙	—	8g、(8e)	(9g8g)、(9e8e)	—	7H、(7G)	8H、(8G)
梯形螺纹（GB/T 5796.4—1986）	中等	—	7h	8e	—	7H	8H
	粗糙	—	8c	9c	—	8H	9H

注：1. 大量生产的紧固件螺纹，推荐采用带方框的公差带。
2. 带 * 的公差带优先选用，括号内的公差带尽可能不用。
3. 两种精度选用原则：中等用于一般用途；粗糙用于制造螺纹有困难的场合。

表 A-4 六角头螺栓 （单位：mm）

六角头螺栓 C 级（摘自 GB/T 5780—2016）

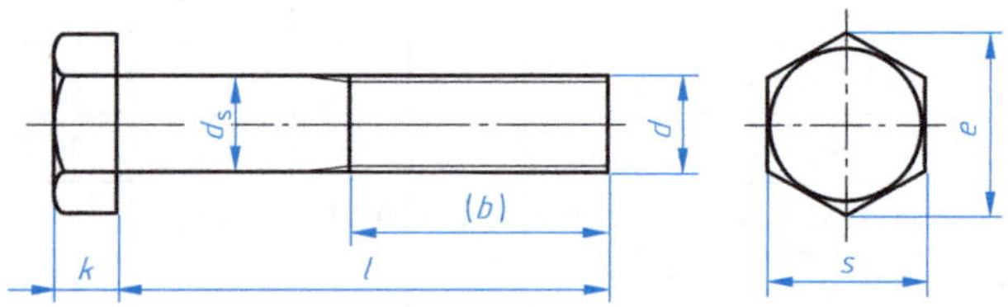

标记示例：

螺栓 GB/T 5780 M20×100 （螺纹规格 d=M20、公称长度 l=100mm、性能等级为 4.8 级、表面不经处理、产品等级为 C 级的六角头螺栓）

六角头螺栓 全螺纹 C 级（摘自 GB/T 5781—2016）

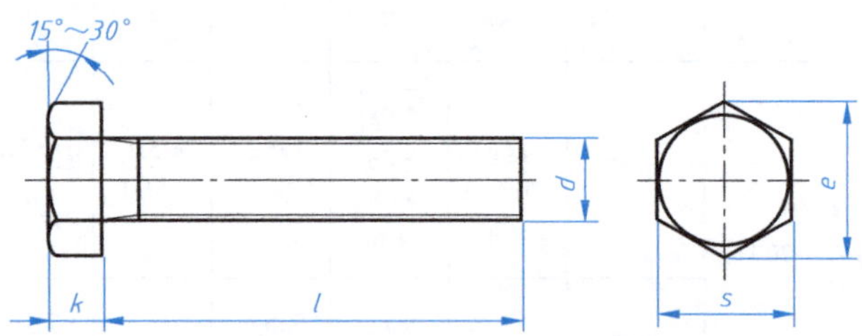

标记示例：

螺栓 GB/T 5781 M12×80 （螺纹规格 d=M12、公称长度 l=80mm、性能等级为 4.8 级、表面不经处理、产品等级为 C 级的六角头螺栓）

（续）

螺纹规格/d		M5	M6	M8	M10	M12	M16	M20	M24	M30	M36
$b_{参考}$	$l_{公称}\leqslant 125$	16	18	22	26	30	38	46	54	66	—
	$125<l_{公称}\leqslant 200$	22	24	28	32	36	44	52	60	72	84
	$l_{公称}>200$	35	37	41	45	49	57	65	73	85	97
$k_{公称}$		3.5	4.0	5.3	6.4	7.5	10	12.5	15	18.7	22.5
s_{max}		8	10	13	16	18	24	30	36	46	55
e_{min}		8.63	10.89	14.2	17.59	19.85	26.17	32.95	39.55	50.85	60.79
d_{smax}		5.48	6.48	8.58	10.58	12.7	16.7	20.84	24.84	30.84	37.0
$l_{范围}$	GB/T 5780	25~50	30~60	40~80	45~100	55~120	65~160	80~200	100~240	120~300	140~360
	GB/T 5781	10~50	12~60	16~80	20~100	25~120	35~160	40~200	50~240	60~300	70~360
$l_{公称}$		10、12、16、20~50(5 进位)、55、60、65、70~160(10 进位)、180~500(20 进位)									

注：螺纹公差：8g（GB/T 5780—2000）；6g（GB/T 5781—2000）；机械性能等级：4.6 级、4.8 级；产品等级：C。

表 A-5 双头螺柱（摘自 GB 897—1988、GB 898—1988、GB 899—1988、GB 900—1988）（单位：mm）

$b_m=1d$(GB 897—1988) $b_m=1.25d$(GB 898—1988)
$b_m=1.5d$(GB 899—1988) $b_m=2d$(GB 900—1988)

A 型

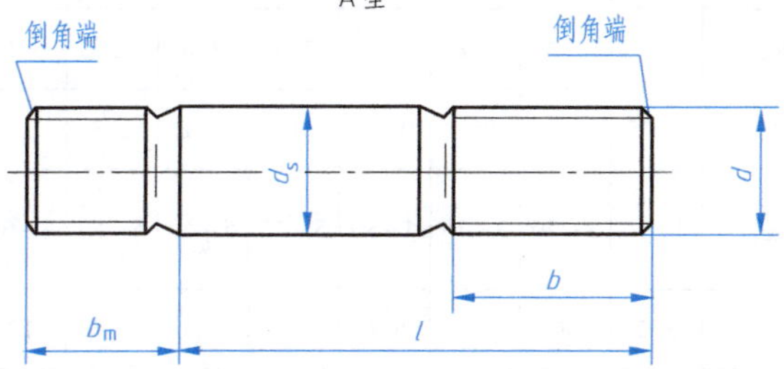

B 型

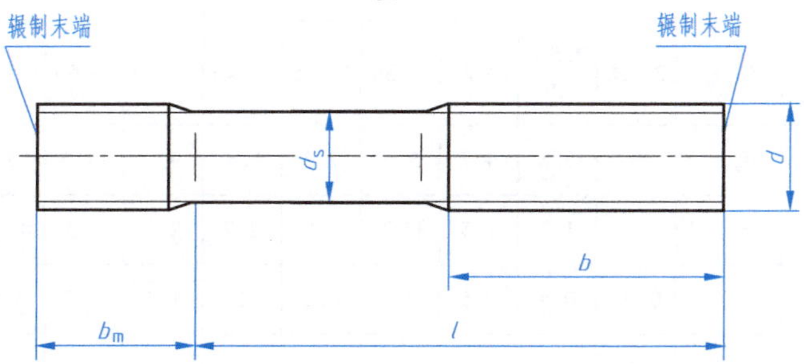

标记示例：

螺柱 GB 900 M10×50(两端均为粗牙普通螺纹、d=M10、l=50mm、性能等级为 4.8 级、表面不经处理、B 型、$b_m=2d$ 的双头螺柱)

螺柱 GB 900 AM10-M10×1×50(旋入机体一端为粗牙普通螺纹、旋螺母一端为螺距 P=1mm 的细牙普通螺纹、d=M10、l=50mm、性能等级为 4.8 级、表面不经处理、A 型、$b_m=2d$ 的双头螺柱)

（续）

螺纹规格 d	b_m(旋入机体一端长度)				$\frac{l(\text{螺柱长度})}{b(\text{旋螺母一端长度})}$
	GB 897	GB 898	GB 899	GB 900	
M4	—	—	6	8	$\frac{16\sim22}{8}$、$\frac{25\sim40}{14}$
M5	5	6	8	10	$\frac{16\sim22}{10}$、$\frac{25\sim50}{16}$
M6	6	8	10	12	$\frac{20\sim22}{10}$、$\frac{25\sim30}{14}$、$\frac{32\sim75}{18}$
M8	8	10	12	16	$\frac{20\sim22}{12}$、$\frac{25\sim30}{16}$、$\frac{32\sim90}{22}$
M10	10	12	15	20	$\frac{25\sim28}{14}$、$\frac{30\sim38}{16}$、$\frac{40\sim120}{26}$、$\frac{130}{32}$
M12	12	15	18	24	$\frac{25\sim30}{16}$、$\frac{32\sim40}{20}$、$\frac{45\sim120}{30}$、$\frac{130\sim180}{36}$
M16	16	20	24	32	$\frac{30\sim38}{20}$、$\frac{40\sim55}{30}$、$\frac{60\sim120}{38}$、$\frac{130\sim200}{44}$
M20	20	25	30	40	$\frac{35\sim40}{25}$、$\frac{45\sim65}{35}$、$\frac{70\sim120}{46}$、$\frac{130\sim200}{52}$
$l_{公称}$	12、(14)、16、(18)、20、(22)、25、(28)、30、(32)、35、(38)、40、45、50、55、60、(65)、70、(75)、80、(85)、90、(95)、100~260(10 进位)、280、300				

注：1. 尽可能不采用括号内的规格。末端按 GB/T 2—2016 规定。

2. $b_m=1d$，一般用于钢对钢；$b_m=1.25d$ 或 $1.5d$，一般用于钢对铸铁；$b_m=2d$，一般用于钢对铝合金。

表 A-6 螺钉 （单位：mm）

开槽圆柱头螺钉
（GB/T 65—2016）

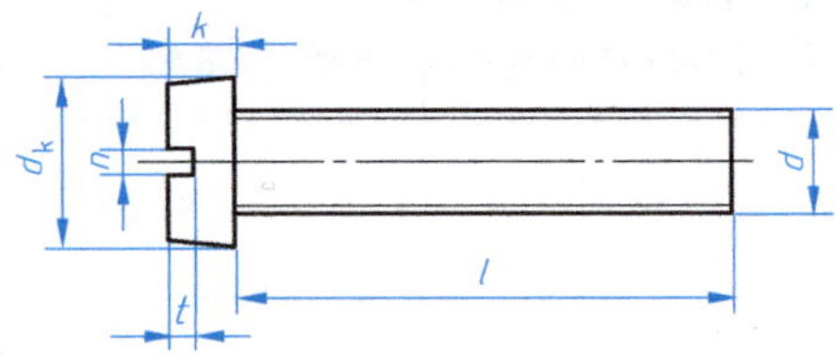

开槽盘头螺钉
（GB/T 67—2016）

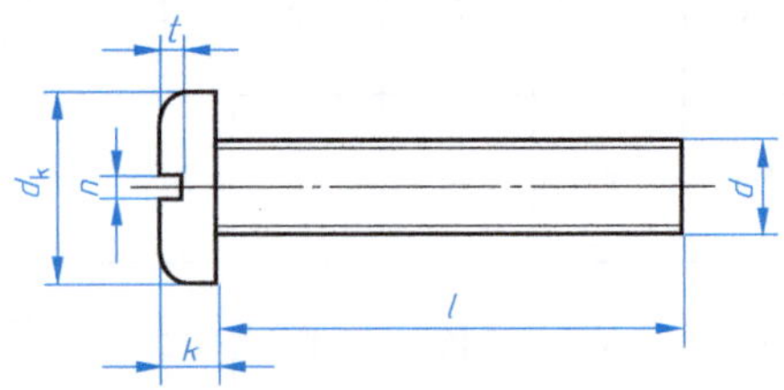

开槽沉头螺钉
（GB/T 68—2016）

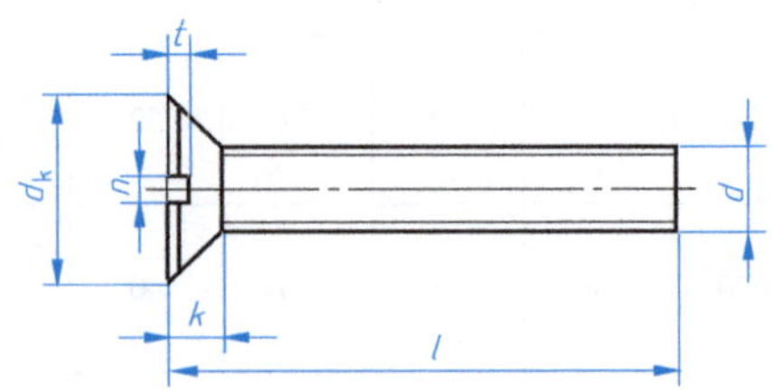

标记示例：

螺钉 GB/T 65 M5×20（螺纹规格 d=M5、l=20mm、性能等级为 4.8 级、表面不经处理的开槽圆柱头螺钉）

（续）

螺纹规格 d		M1.6	M2	M2.5	M3	(M3.5)	M4	M5	M6	M8	M10
$n_{公称}$		0.4	0.5	0.6	0.8	1	1.2	1.2	1.6	2	2.5
GB/T 65	d_{kmax}	3	3.8	4.5	5.5	6	7	8.5	10	13	16
	k_{max}	1.1	1.4	1.8	2	2.4	2.6	3.3	3.9	5	6
	t_{min}	0.45	0.6	0.7	0.85	1	1.1	1.3	1.6	2	2.4
	$l_{范围}$	2~16	3~20	3~25	4~30	5~35	5~40	6~50	8~60	10~80	12~80
GB/T 67	d_{kmax}	3.2	4	5	5.6	7	8	9.5	12	16	20
	k_{max}	1	1.3	1.5	1.8	2.1	2.4	3	3.6	4.8	6
	t_{min}	0.35	0.5	0.6	0.7	0.8	1	1.2	1.4	1.9	2.4
	$l_{范围}$	2~16	2.5~20	3~25	4~30	5~35	5~40	6~50	8~60	10~80	12~80
GB/T 68	d_{kmax}	3	3.8	4.7	5.5	7.3	8.4	9.3	11.3	15.8	18.3
	k_{max}	1	1.2	1.5	1.65	2.35	2.7	2.7	3.3	4.65	5
	t_{min}	0.32	0.4	0.5	0.6	0.9	1	1.1	1.2	1.8	2
	$l_{范围}$	2.5~16	3~20	4~25	5~30	6~35	6~40	8~50	8~60	10~80	12~80
$l_{公称}$		2、2.5、3、4、5、6、8、10、12、(14)、16、20、25、30、35、40、45、50、(55)、60、(65)、70、(75)、80									

注：1. 尽可能不采用括号内的规格。

2. 商品规格 M1.6~M10。

表 A-7 Ⅰ型六角螺母 C 级（摘自 GB/T 41—2000）

（单位：mm）

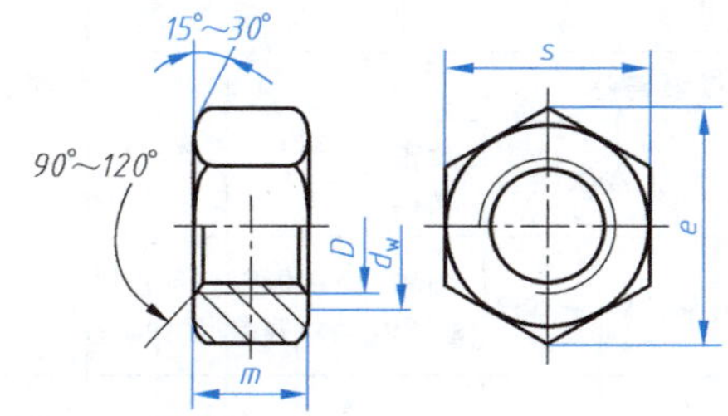

标记示例：

螺母 GB/T 41 M12

（螺纹规格 D = M12、性能等级为 5 级、表面不经处理、产品等级为 C 级的Ⅰ型六角螺母）

螺纹规格 D	M5	M6	M8	M10	M12	M16	M20	M24	M30	M36	M42
s_{max}	8	10	13	16	18	24	30	36	46	55	65
e_{min}	8.63	10.89	14.2	17.59	19.85	26.17	32.95	39.55	50.85	60.79	71.3
m_{max}	5.6	6.4	7.9	9.5	12.2	15.9	19	22.3	26.4	31.9	34.9
d_{wmin}	6.7	8.7	11.5	14.5	16.5	22.0	27.7	33.3	42.8	51.1	60

表 A-8 垫圈

（单位：mm）

平垫圈 A 级（摘自 GB/T 97.1—2002） 平垫圈 C 级（摘自 GB/T 95—2002）

平垫圈 倒角型 A 级（摘自 GB/T 97.2—2002） 标准型弹簧垫圈（摘自 GB 93—1987）

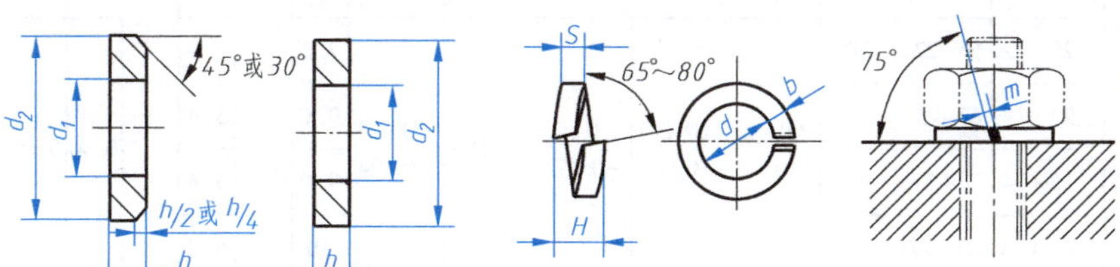

标记示例：

垫圈 GB/T 95 8（标准系列、公称规定 8mm、硬度等级为 100HV 级、表面不经处理，产品等级为 C 级的平垫圈）

垫圈 GB 93 10（规格 10mm、材料为 65Mn、表面氧化的标准型弹簧垫圈）

（续）

公称规格（螺纹大径 d）		4	5	6	8	10	12	14	16	20	24	30	36	42	48
GB/T 97.1（A 级）	d_1	4.3	5.3	6.4	8.4	10.5	13	15	17	21	25	31	37	45	52
	d_2	9	10	12	16	20	24	28	30	37	44	56	66	78	92
	h	0.8	1	1.6	1.6	2	2.5	2.5	3	3	4	4	5	8	8
GB/T 97.2（A 级）	d_1	—	5.3	6.4	8.4	10.5	13	15	17	21	25	31	37	45	52
	d_2	—	10	12	16	20	24	28	30	37	44	56	66	78	92
	h	—	1	1.6	1.6	2	2.5	2.5	3	3	4	4	5	8	8
GB/T 95（C 级）	d_1	4.5	5.5	6.6	9	11	13.5	15.5	17.5	22	26	33	39	45	52
	d_2	9	10	12	16	20	24	28	30	37	44	56	66	78	92
	h	0.8	1	1.6	1.6	2	2.5	2.5	3	3	4	4	5	8	8
GB 93	d_{min}	4.1	5.1	6.1	8.1	10.2	12.2	14.2	16.2	20.2	24.5	30.5	36.5	42.5	48.5
	$S=b$	1.1	1.3	1.6	2.1	2.6	3.1	3.6	4.1	5	6	7.5	9	10.5	12
	H_{max}	2.75	3.25	4	5.25	6.5	7.75	9	10.25	12.5	15	18.75	22.5	26.25	30
	$m \leqslant$	0.55	0.65	0.8	1.05	1.3	1.55	1.8	2.05	2.5	3	3.75	4.5	5.25	6

注：1. A 级适用于精装配系列，C 级适用于中等装配系列。

2. C 级垫圈没有表面粗糙度的要求。

表 A-9　平键及键槽各部尺寸（摘自 GB/T 1095—2003、GB/T 1096—2003）　（单位：mm）

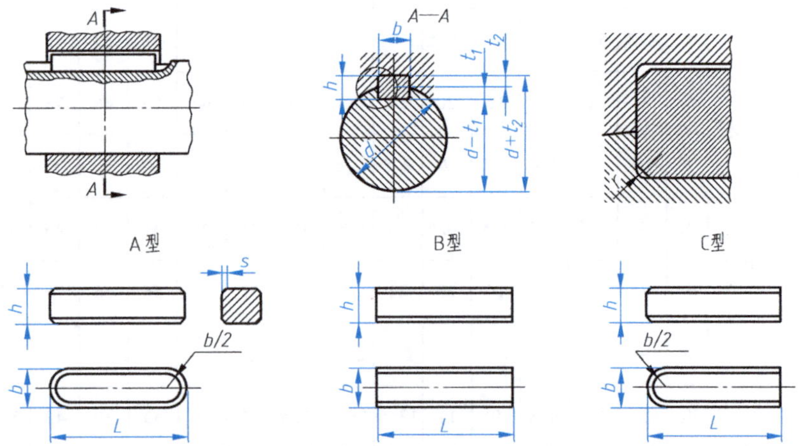

标记示例：

GB/T 1096 键　16×10×100（普通 A 型平键、$b=16$mm、$h=10$mm、$L=100$mm）

GB/T 1096 键　B16×10×100（普通 B 型平键、$b=16$mm、$h=10$mm、$L=100$mm）

GB/T 1096 键　C16×10×100（普通 C 型平键、$b=16$mm、$h=10$mm、$L=10$mm）

（续）

键		键槽											
公称尺寸 $b\times h$	长度 L	宽度 b						深度				半径 r	
		公称尺寸 b	极限偏差					轴 t_1		毂 t_2			
			松联接		正常联接		紧密联接						
			轴 H9	毂 D10	轴 N9	毂 JS9	轴和毂 P9	公称尺寸	极限偏差	公称尺寸	极限偏差	min	max
4×4	8~45	4	+0.030 0	+0.078 +0.030	0 -0.030	±0.015	-0.012 -0.042	2.5	+0.1 0	1.8	+0.1 0	0.08	0.16
5×5	10~56	5						3.0		2.3		0.16	0.25
6×6	14~70	6						3.5		2.8			
8×7	18~90	8	+0.036 0	+0.098 +0.040	0 -0.036	±0.018	-0.015 -0.051	4.0	+0.2 0	3.3	+0.2 0		
10×8	22~110	10						5.0		3.3		0.25	0.40
12×8	28~140	12	+0.043 0	+0.120 +0.050	0 -0.043	±0.0215	-0.018 -0.061	5.0		3.3			
14×9	36~160	14						5.5		3.8			
16×10	45~180	16						6.0		4.3			
18×11	50~200	18						7.0		4.4			
20×12	56~220	20	+0.052 0	+0.149 +0.065	0 -0.052	±0.026	-0.022 -0.074	7.5		4.9		0.40	0.60
22×14	63~250	22						9.0		5.4			
25×14	70~280	25						9.0		5.4			
28×16	80~320	28						10		6.4			
$l_{公称}$	6~22（2 进位）、25、28、32、36、40、45、50、56、63、70、80、90、100、110、125、140、160、180、200、220、250、280、320、360、400、450、500												

注：1.（$d-t_1$）和（$d+t_2$）两组合尺寸的极限偏差按相应的 t_1 和 t_2 的极限偏差选取，但（$d-t_1$）极限偏差应取负号（-）。

2. b 的极限偏差为 h9，h 的极限偏差为 h11 或 h8，L 的极限偏差为 h14。

表 A-10 圆柱销 不淬硬钢和奥氏体不锈钢（摘自 GB/T 119.1—2000）

（单位：mm）

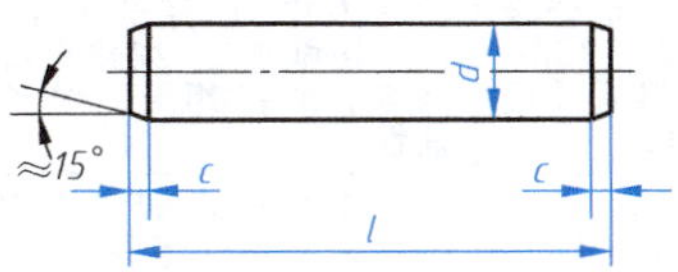

标记示例：

销 GB/T 119.1 10 m6×90（公称直径 d=10mm、公差为 m6、公称长度 l=90mm、材料为钢、不经淬火、表面不经处理的圆柱销）

销 GB/T 119.1 10 m6×90-A1（公称直径 d=10mm、公差为 m6、公称长度 l=90mm、材料为 A1 组奥氏体不锈钢、表面简单处理的圆柱销）

$d_{公称}$	2	2.5	3	4	5	6	8	10	12	16	20	25
$c\approx$	0.35	0.4	0.5	0.63	0.8	1.2	1.6	2.0	2.5	3.0	3.5	4.0
$l_{范围}$	6~20	6~24	8~30	8~40	10~50	12~60	14~80	18~95	22~140	26~180	35~200	50~200
$l_{公称}$	2、3、4、5、6~32（2 进位）、35~100（5 进位）、120~200（20 进位）（公称长度大于 200，按 20 递增）											

表 A-11 圆柱销（摘自 GB/T 117—2000）（单位：mm）

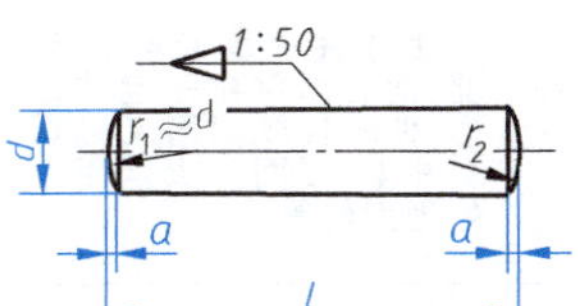

A 型（磨削）：锥面表面粗糙度 Ra=0.8μm

B 型（切削或冷镦）：锥面表面粗糙度 Ra=3.2μm

$$r_2 \approx \frac{a}{2}+d+\frac{(0.021)^2}{8a}$$

标记示例：销 GB/T 117 6×30（公称直径 d=6mm、公称长度 l=30mm、材料为 35 钢、热处理硬度 28~38HRC、表面氧化处理的 A 型圆锥销）

$d_{公称}$	2	2.5	3	4	5	6	8	10	12	16	20	25
$a\approx$	0.25	0.3	0.4	0.5	0.63	0.8	1.0	1.2	1.6	2.0	2.5	3.0
$l_{范围}$	10~35	10~35	12~45	14~55	18~60	22~90	22~120	26~160	32~180	40~200	45~200	50~200
$l_{公称}$	2、3、4、5、6~32（2 进位）、35~100（5 进位）、120~200（20 进位）（公称长度大于 200，按 20 递增）											

表 A-12 滚动轴承

深沟球轴承（摘自 GB/T 276—2013）

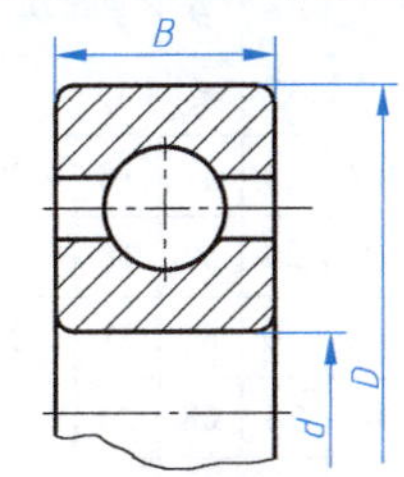

标记示例：滚动轴承 6310 GB/T 276—2013

圆锥滚子轴承（摘自 GB/T 297—2015）

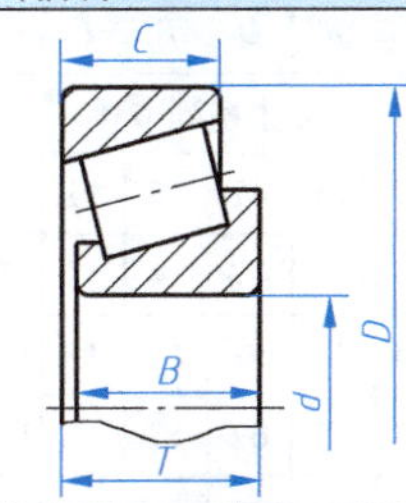

标记示例：滚动轴承 30205 GB/T 297—2015

推力球轴承（摘自 GB/T 301—2015）

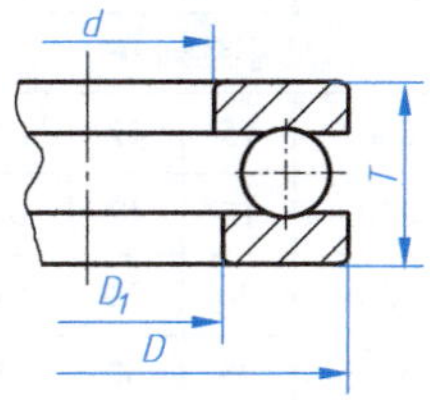

标记示例：滚动轴承 51305 GB/T 301—2015

轴承型号	尺寸/mm			轴承型号	尺寸/mm					轴承型号	尺寸/mm			
	d	D	B		d	D	B	C	T		d	D	T	D_{1smin}
尺寸系列 02				尺寸系列 02						尺寸系列 12				
6202	15	35	11	30203	17	40	12	11	13.25	51202	15	32	12	17
6203	17	40	12	30204	20	47	14	12	15.25	51203	17	35	12	19
6204	20	47	14	30205	25	52	15	13	16.25	51204	20	40	14	22
6205	25	52	15	30206	30	62	16	14	17.25	51205	25	47	15	27
6206	30	62	16	30207	35	72	17	15	18.25	51206	30	52	16	32
6207	35	72	17	30208	40	80	18	16	19.75	51207	35	62	18	37
6208	40	80	18	30209	45	85	19	16	20.75	51208	40	68	19	42
6209	45	85	19	30210	50	90	20	17	21.75	51209	45	73	20	47
6210	50	90	20	30211	55	100	21	18	22.75	51210	50	78	22	52
6211	55	100	21	30212	60	110	22	19	23.75	51211	55	90	25	57
6212	60	110	22	30213	65	120	23	20	24.75	51212	60	95	26	62

（续）

轴承型号	尺寸/mm			轴承型号	尺寸/mm					轴承型号	尺寸/mm			
	d	*D*	*B*		*d*	*D*	*B*	*C*	*T*		*d*	*D*	*T*	D_{1smin}
尺寸系列 03				尺寸系列 03						尺寸系列 13				
6302	15	42	13	30302	15	42	13	11	14.25	51304	20	47	18	22
6303	17	47	14	30303	17	47	14	12	15.25	51305	25	52	18	27
6304	20	52	15	30304	20	52	15	13	16.25	51306	30	60	21	32
6305	25	62	17	30305	25	62	17	15	18.25	51307	35	68	24	37
6306	30	72	19	30306	30	72	19	16	20.75	51308	40	78	26	42
6307	35	80	21	30307	35	80	21	18	22.75	51309	45	85	28	47
6308	40	90	23	30308	40	90	23	20	25.25	51310	50	95	31	52
6309	45	100	25	30309	45	100	25	22	27.25	51311	55	105	35	57
6310	50	110	27	30310	50	110	27	23	29.25	51312	60	110	35	62
6311	55	120	29	30311	55	120	29	25	31.50	51313	65	115	36	67
6312	60	130	31	30312	60	130	31	26	33.50	51314	70	125	40	72
尺寸系列 04				尺寸系列 13						尺寸系列 14				
6403	17	62	17	31305	25	62	17	13	18.25	51405	25	60	24	27
6404	20	72	19	31306	30	72	19	14	20.75	51406	30	70	28	32
6405	25	80	21	31307	35	80	21	15	22.75	51407	35	80	32	37
6406	30	90	23	31308	40	90	23	17	25.25	51408	40	90	36	42
6407	35	100	25	31309	45	100	25	18	27.25	51409	45	100	39	47
6408	40	110	27	31310	50	110	27	19	29.25	51410	50	110	43	52
6409	45	120	29	31311	55	120	29	21	31.50	51411	55	120	48	57
6410	50	130	31	31312	60	130	31	22	33.50	51412	60	130	51	62
6411	55	140	33	31313	65	140	33	23	36.00	51413	65	140	56	68
6412	60	150	35	31314	70	150	35	25	38.00	51414	70	150	60	73
6413	65	160	37	31315	75	160	37	26	40.00	51415	75	160	65	78

表 A-13　常用的热处理及表面处理名词解释

名词		代号及标注示例	说明	应用
退火		Th	将钢件加热到临界温度是（一般是 710～715℃，个别合金钢是 800～900℃）以上 30～50℃，保温一段时间，然后缓慢冷却（一般在炉中冷却）	用来消除铸、锻、焊零件的内应力、降低硬度，便于切削加工，细化金属晶粒，改善组织、增加韧性
正火		Z	将钢件加热到临界温度以上，保温一段时间，然后用空气冷却，冷却速度比退火快	用来处理低碳和中碳结构钢及渗碳零件，使其组织细化，增加强度与韧性，减少内应力，改善切削性能
淬火		C C48：淬火回火至 45～50HRC	将钢件加热到临界温度以上，保温一段时间，然后在水、盐水或油中（个别材料在空气中）急速冷却，使其得到高硬度	用来提高钢的硬度和强度极限，但淬火会引起内应力使钢变脆，所以淬火后必须回火
回火		回火	回火是将淬硬的钢件加热到临界温度以下的温度，保温一段时间，然后在空气中或油中冷却下来	用来消除淬火后的脆性和内应力，提高钢的塑性和冲击韧度
调质		T T235：调质处理至 220～250HBW	淬火后在 450～650℃ 进行高温回火，称为调质	用来使钢获得高的韧性和足够的强度，重要的齿轮、轴及丝杠等零件要调质处理的
表面淬火	火焰淬火	H54：火焰淬火后，回火到 50～55HRC	用火焰或高频电流，将零件表面迅速加热至临界温度以上，急速冷却	使零件表面获得高硬度，而心部保持一定的韧性，使零件既耐磨又能承受冲击，表面淬火常用来处理齿轮等
	高频淬火	G52：高频淬火后，回火到 50～55HRC		
时效		时效处理	低温回火后、精加工之前，加热到 100～160℃，保持 10～40h，对铸件也可用天然时效（放在露天中一年以上）	使零件消除内应力和稳定形状，用于量具、精密丝杠、床身导轨、床身等
发蓝或发黑		—	将金属零件放在很浓的碱和氧化剂溶液中加热氧化，使金属表面形成一层氧化铁所组成的保护性薄膜	耐蚀、美观，用于一般连接的标准件和其他电子类零件
渗碳淬火		S0.5—C59：渗碳层深 0.5mm，淬火硬度 56～62HRC	在渗碳剂中将钢件加热到 900～950℃，停留一定时间，将碳渗入钢表面，深度约为 0.5～2mm，再淬火后回火	增加钢件的耐磨性、表面硬度、抗拉强度和疲劳极限，适用于低碳、中碳（质量分数<0.40%）结构钢的中小型零件

表 A-14　标准公差数值（摘自 GB/T 1800.1—2020）

公称尺寸/mm		标准公差等级																			
		IT0	IT01	IT1	IT2	IT3	IT4	IT5	IT6	IT7	IT8	IT9	IT10	IT11	IT12	IT13	IT14	IT15	IT16	IT17	IT18
大于	至	μm													mm						
—	3	0.3	0.5	0.8	1.2	2	3	4	6	10	14	25	40	60	0.1	0.14	0.25	0.4	0.6	1	1.4
3	6	0.4	0.6	1	1.5	2.5	4	5	8	12	18	30	48	75	0.12	0.18	0.3	0.45	0.75	1.2	1.8
6	10	0.4	0.6	1	1.5	2.5	4	6	9	15	22	36	58	90	0.15	0.22	0.36	0.58	0.9	1.5	2.2
10	18	0.5	0.8	1.2	2	3	5	8	11	18	27	43	70	110	0.18	0.27	0.43	0.7	1.1	1.8	2.7
18	30	0.6	1	1.5	2.5	4	6	9	13	21	33	52	84	130	0.21	0.33	0.52	0.84	1.3	2.1	3.3
30	50	0.6	1	1.5	2.5	4	7	11	16	25	39	62	100	160	0.25	0.39	0.62	1	1.6	2.5	3.9
50	80	0.8	1.2	2	3	5	8	13	19	30	46	74	120	190	0.3	0.46	0.74	1.2	1.9	3	4.6
80	120	1	1.5	2.5	4	6	10	15	22	35	54	87	140	220	0.35	0.54	0.87	1.4	2.2	3.5	5.4
120	180	1.2	2	3.5	5	8	12	18	25	40	63	100	160	250	0.4	0.63	1	1.6	2.5	4	6.3
180	250	2	3	4.5	7	10	14	20	29	46	72	115	185	290	0.46	0.72	1.15	1.85	2.6	4.6	7.2
250	315	2.5	4	6	8	12	16	23	32	52	81	130	210	320	0.52	0.81	1.3	2.1	3.2	5.2	8.1
315	400	3	5	7	9	13	18	25	36	57	89	140	230	360	0.57	0.89	1.4	2.3	3.6	5.7	8.9
400	500	4	6	8	10	15	20	27	40	63	97	155	250	400	0.63	0.97	1.55	2.5	4	6.3	9.7
500	630			9	11	16	22	32	44	70	110	175	280	440	0.7	1.1	1.75	2.8	4.4	7	11
630	800			10	13	18	25	36	50	80	125	200	320	500	0.8	1.25	2	3.2	5	8	12.5
800	1000			11	15	21	28	40	56	90	140	230	360	560	0.9	1.4	2.3	3.6	5.6	9	14
1000	1250			13	18	24	33	47	66	105	165	260	420	660	1.05	1.65	2.6	4.2	6.6	10.5	16.5
1250	1600			15	21	29	39	55	78	125	195	310	500	780	1.25	1.95	3.1	5	7.8	12.5	19.5
1600	2000			18	25	35	46	65	92	150	230	370	600	920	1.5	2.3	3.7	6	9.2	15	23
2000	2500			22	30	41	55	78	110	175	280	440	700	1100	1.75	2.8	4.4	7	11	17.5	28
2500	3150			26	36	50	68	96	135	210	330	540	860	1350	2.1	3.3	5.4	8.6	13.5	21	33

注：1. 公称尺寸大于 500mm 的 IT1～IT5 的标准公差数值为试行的。

2. 公称尺寸小于或等于 1mm 时，无 IT14～IT18。

表 A-15　轴的基本偏差

公称尺寸/mm		基本偏															
		上极限偏差 *es*															
		所有标准公差等级											IT5 和 IT6	IT7	IT8	IT4～IT7
大于	至	a	b	c	cd	d	e	ef	f	fg	g	h	js	j			
—	3	-270	-140	-60	-34	-20	-14	-10	-6	-4	-2	0	偏差=±IT*n*/2，式中 *n* 是标准公差等级数	-2	-4	-6	0
3	6	-270	-140	-70	-46	-30	-20	-14	-8	-6	-4	0		-2	-4	—	+1
6	10	-280	-150	-80	-56	-40	-25	-18	-13	-8	-5	0		-2	-5	—	+1
10	14	-290	-150	-95	-70	-50	-32	-23	-16	-10	-6	0		-3	-6	—	+1
14	18																
18	24	-300	-160	-110	-85	-65	-40	-25	-20	-12	-7	0		-4	-8	—	+2
24	30																
30	40	-310	-170	-120	-100	-80	-50	-35	-25	-15	-9	0		-5	-10	—	+2
40	50	-320	-180	-130													
50	65	-340	-190	-140	—	-100	-60	—	-30	—	-10	0		-7	-12	—	+2
65	80	-360	-200	-150													
80	100	-380	-220	-170	—	-120	-72	—	-36	—	-12	0		-9	-15	—	+3
100	120	-410	-240	-180													
120	140	-460	-260	-200	—	-145	-85	—	-43	—	-14	0		-11	-18	—	+3
140	160	-520	-280	-210													
160	180	-580	-310	-230													
180	200	-660	-340	-240	—	-170	-100	—	-50	—	-15	0		-13	-21	—	+4
200	225	-740	-380	-260													
225	250	-820	-420	-280													
250	280	-920	-480	-300	—	-190	-110	—	-56	—	-17	0		-16	-26	—	+4
280	315	-1050	-540	-330													
315	355	-1200	-600	-360	—	-210	-125	—	-62	—	-18	0		-18	-28	—	+4
355	400	-1350	-680	-400													
400	450	-1500	-760	-440	—	-230	-135	—	-68	—	-20	0		-20	-32	—	+5
450	500	-1650	-840	-480													

注：公称尺寸小于或等于 1mm 时，基本偏差 a 和 b 均不采用。

数值（摘自 GB/T 1800. 1—2020）

差数值														
下极限偏差 *ei*														
≤IT3 >IT7	所有标准公差等级													
k	m	n	p	r	s	t	u	v	x	y	z	za	zb	zc
0	+2	+4	+6	+10	+14	—	+18	—	+20	—	+26	+32	+40	+60
0	+4	+8	+12	+15	+19	—	+23	—	+28	—	+35	+42	+50	+80
0	+6	+10	+15	+19	+23	—	+28	—	+34	—	+42	+52	+67	+97
0	+7	+12	+18	+23	+28	—	+33	—	+40	—	+50	+64	+90	+130
								+39	+45	—	+60	+77	+108	+150
0	+8	+15	+22	+28	+35	—	+41	+47	+54	+63	+73	+98	+136	+188
						+41	+48	+55	+64	+75	+88	+118	+160	+218
0	+9	+17	+26	+34	+43	+48	+60	+68	+80	+94	+112	+148	+200	+274
						+54	+70	+81	+97	+114	+136	+180	+242	+325
0	+11	+20	+32	+41	+53	+66	+87	+102	+122	+144	+172	+226	+300	+405
				+43	+59	+75	+102	+120	+146	+174	+210	+274	+360	+480
0	+13	+23	+37	+51	+71	+91	+124	+146	+178	+214	+258	+335	+445	+585
				+54	+79	+104	+144	+172	+210	+254	+310	+400	+525	+690
0	+15	+27	+43	+63	+92	+122	+170	+202	+248	+300	+365	+470	+620	+800
				+65	+100	+134	+190	+228	+280	+340	+415	+535	+700	+900
				+68	+108	+146	+210	+252	+310	+380	+465	+600	+780	+1000
0	+17	+31	+50	+77	+122	+166	+236	+284	+350	+425	+520	+670	+880	+1150
				+80	+130	+180	+258	+310	+385	+470	+575	+740	+960	+1250
				+84	+140	+196	+284	+340	+425	+520	+640	+820	+1050	+1350
0	+20	+34	+56	+94	+158	+218	+315	+385	+475	+580	+710	+920	+1200	+1550
				+98	+170	+240	+350	+425	+525	+650	+790	+1000	+1300	+1700
0	+21	+37	+62	+108	+190	+268	+390	+475	+590	+730	+900	+1150	+1500	+1900
				+114	+208	+294	+435	+532	+660	+820	+1000	+1300	+1650	+2100
0	+23	+40	+68	+126	+232	+330	+490	+595	+740	+920	+1100	+1450	+1850	+2400
				+132	+252	+360	+540	+660	+820	+1000	+1250	+1600	+2100	+2600

表 A-16 孔的基本偏差

公称尺寸/mm		基本偏																				
		下极限偏差 *EI*																				
		所有标准公差等级											IT6	IT7	IT8	≤IT8	>IT8	≤IT8	>IT8	≤IT8	>IT8
大于	至	A	B	C	CD	D	E	EF	F	FG	G	H	JS	J			K		M		N	
—	3	+270	+140	+60	+34	+20	+14	+10	+6	+4	+2	0		+2	+4	+6	0	0	−2	−2	−4	−4
3	6	+270	+140	+70	+46	+30	+20	+14	+10	+6	+4	0		+5	+6	+10	−1+Δ	—	−4+Δ	−4	−8+Δ	0
6	10	+280	+150	+80	+56	+40	+25	+18	+13	+8	+5	0		+5	+8	+12	−1+Δ	—	−6+Δ	−6	−10+Δ	0
10	14	+290	+150	+95	—	+50	+32	—	+16	—	+6	0		+6	+10	+15	−1+Δ	—	−7+Δ	−7	−12+Δ	0
14	18																					
18	24	+300	+160	+110	—	+65	+40	—	+20	—	+7	0		+8	+12	+20	−2+Δ	—	−8+Δ	−8	−15+Δ	0
24	30																					
30	40	+310	+170	+120	+100	+80	+50	+35	+25	+15	+9	0		+10	+14	+24	−2+Δ	—	−9+Δ	−9	−17+Δ	0
40	50	+320	+180	+130																		
50	65	+340	+190	+140	—	+100	+60	—	+30	—	+10	0		+13	+18	+28	−2+Δ	—	−11+Δ	−11	−20+Δ	0
65	80	+360	+200	+150																		
80	100	+380	+220	+170	—	+120	+72	—	+36	—	+12	0	偏差=±IT*n*/2，式中 *n* 是标准公差等级数	+16	+22	+34	−3+Δ	—	−13+Δ	−13	−23+Δ	0
100	120	+410	+240	+180																		
120	140	+460	+260	+200	—	+145	+85	—	+43	—	+14	0		+18	+26	+41	−3+Δ	—	−15+Δ	−15	−27+Δ	0
140	160	+520	+280	+210																		
160	180	+580	+310	+230																		
180	200	+660	+340	+240	—	+170	+100	—	+50	—	+15	0		+22	+30	+47	−4+Δ	—	−17+Δ	−17	−31+Δ	0
200	225	+740	+380	+260																		
225	250	+820	+420	+280																		
250	280	+920	+480	+300	—	+190	+110	—	+56	—	+17	0		+25	+36	+55	−4+Δ	—	−20+Δ	−20	−34+Δ	0
280	315	+1050	+540	+330																		
315	355	+1200	+600	+360	—	+210	+125	—	+62	—	+18	0		+29	+39	+60	−4+Δ	—	−21+Δ	−21	−37+Δ	0
355	400	+1350	+680	+400																		
400	450	+1500	+760	+440	—	+230	+135	—	+68	—	+20	0		+33	+43	+66	−5+Δ	—	−23+Δ	−23	−40+Δ	0
450	500	+1650	+840	+480																		

注：1. 公称尺寸小于或等于 1mm 时，基本偏差 A 和 B 及大于 IT8 的 N 均不采用。
2. 对小于或等于 IT8 的 K、M、N 和小于或等于 IT7 的 P~ZC，所需 Δ 值从表内右侧选取，如 18~30mm 段的 K7，Δ=8μm，所以 ES=−2μm+8μm=+6μm；18~
3. 特殊情况：250~315mm 段的 M6，*ES*=−9μm 计算结果不是−11μm

数值（摘自 GB/T 1800.1—2020）　　　　（单位：μm）

差数值 上极限偏差 ES													Δ 值					
≤IT7	标准公差等级大于 IT7												标准公差等级					
P～ZC	P	R	S	T	U	V	X	Y	Z	ZA	ZB	ZC	IT3	IT4	IT5	IT6	IT7	IT8
在大于 IT7 的标准公差等级的基本偏差数值上增加一个 Δ 值	-6	-10	-14	—	-18	—	-20	—	-26	-32	-40	-60	0	0	0	0	0	0
	-12	-15	-19	—	-23	—	-28	—	-35	-42	-50	-80	1	1.5	2	3	6	7
	-15	-19	-23	—	-28	—	-34	—	-42	-52	-67	-97	1	1.5	2	3	6	7
	-18	-23	-28	—	-33	—	-40	—	-50	-64	-90	-130	1	2	3	3	7	9
						—	-45	—	-60	-77	-108	-150						
	-22	-28	-35	—	-41	—	-54	—	-73	-98	-136	-188	1.5	2	3	4	8	12
				-41	-48	-55	-64	-75	-88	-118	-160	-218						
	-26	-35	-43	-48	-60	-68	-80	-94	-112	-148	-200	-247	1.5	3	4	5	9	14
				-54	-70	-81	-97	-114	-136	-180	-242	-325						
	-32	-43	-53	-66	-87	-102	-122	-144	-172	-226	-300	-405	2	3	5	6	11	16
		-53	-59	-75	-102	-120	-146	-174	-210	-274	-360	-480						
	-37	-59	-71	-91	-124	-146	-178	-214	-258	-335	-445	-585	2	4	5	7	13	19
		-71	-79	-104	-144	-172	-210	-254	-310	-400	-525	-690						
	-43	-79	-92	-122	-170	-202	-248	-300	-365	-470	-620	-800	3	4	6	7	15	23
		-92	-100	-134	-190	-228	-280	-340	-415	-535	-700	-900						
		-100	-108	-146	-210	-252	-310	-380	-465	-600	-780	-1000						
	-50	-122	-122	-166	-236	-284	-350	-425	-620	-670	-880	-1150	3	4	6	9	17	26
		-130	-130	-180	-258	-310	-385	-470	-575	-740	-960	-1250						
		-140	-140	-196	-284	-340	-425	-520	-640	-820	-1050	-1350						
	-56	-158	-158	-218	-315	-385	-475	-580	-710	-920	-1200	-1550	4	4	7	9	20	29
		-170	-170	-240	-350	-425	-525	-650	-790	-1000	-1300	-1700						
	-62	-190	-190	-268	-390	-475	-590	-730	-900	-1150	-1500	-1900	4	5	7	11	21	32
		-208	-208	-294	-435	-530	-660	-820	-1000	-1300	-1650	-2100						
	-68	-232	-232	-330	-490	-595	-740	-920	-1100	-1450	-1850	-2400	5	5	7	13	23	34
		-252	-252	-360	-540	-660	-820	-1000	-1250	-1600	-2100	-2600						

30mm 段的 S6：Δ=4μm，所以 ES=-35μm+4μm=-31μm。

附录 B　机械工程制图职业技能等级考试试题

机械工程制图职业技能等级考试试题（初级）满分：100 分

※※※※※※※※※※※※※※※※※※※※※※※

考试须知：

1. 考核分为理论、实操两部分，连续考核共 120min。
2. 请依据提供的图纸进行作答，共分为三个任务。
3. 请仔细阅读任务要求，按照指定的文件格式保存并提交作品。

任务一：机械识图知识考核（单选题，共 50 题，每题 1 分，共 50 分）

1. A3 图幅的尺寸是（　　）。

A. 420mm×594mm　　B. 297mm×210mm

C. 420mm×297mm　　D. 210mm×297mm

2. 三视图投影采用的是（　　）。

A. 中心投影法　　B. 正投影法

C. 斜投影法　　D. 垂直投影法

3. 图 1 所示，与三视图对应的立体图，正确的是（　　）。

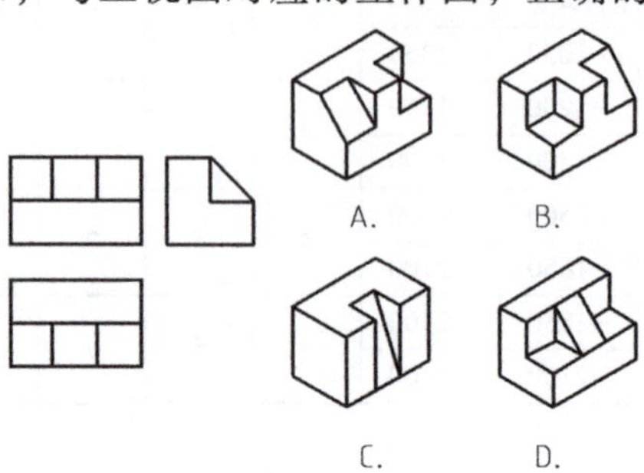

图　1

4. 图 2 所示，已知物体的三个视图方向，则正确的主视图为（　　）。

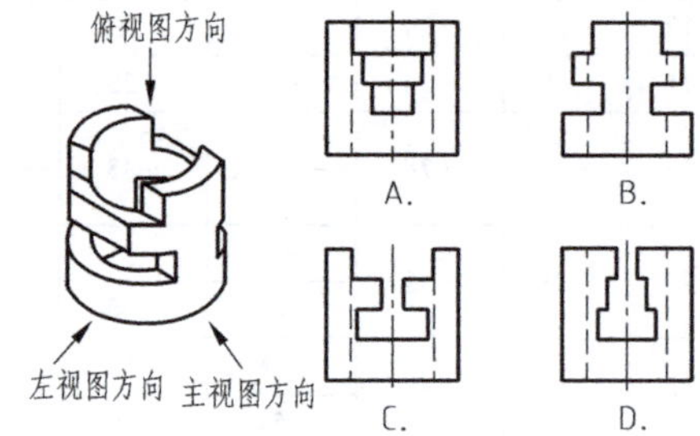

图　2

5. 图 3 中螺纹孔表示正确的是（　　）。

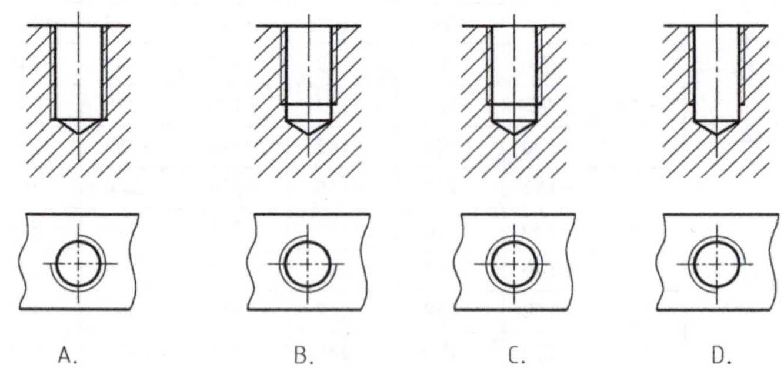

图　3

6. 如图 4 所示，该轴上键槽的表达形式是（　　）。

A. 局部剖视图　　B. 全剖视图

C. 移出断面图　　D. 重合断面图

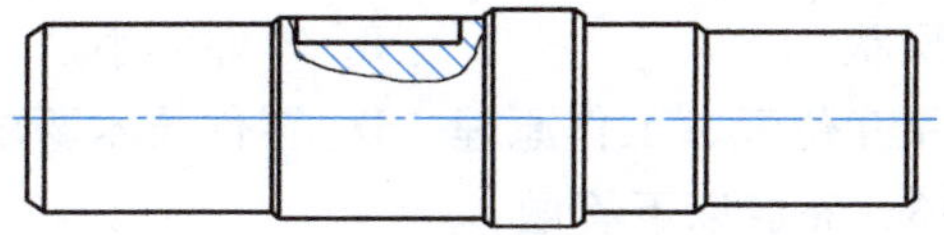

图 4

7. 图 5 中剖视图采用的剖切面是（　　）。

A. 单一剖切平面　　B. 单一斜剖切平面

C. 几个相交的剖切平面　　D. 几个平行的剖切平面

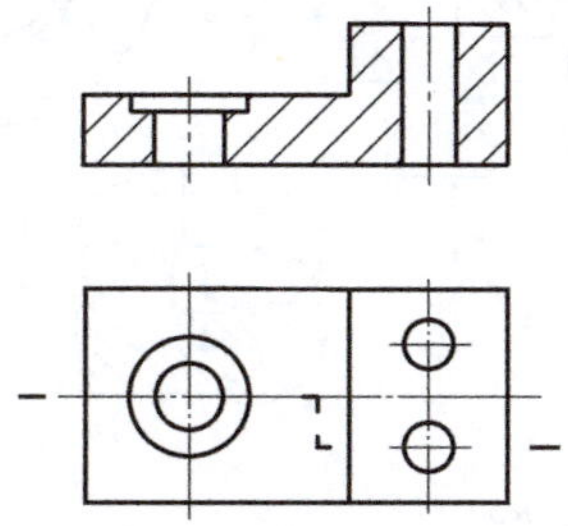

图 5

8. 根据图 6 给定的主、左视图，正确的俯视图为（　　）。

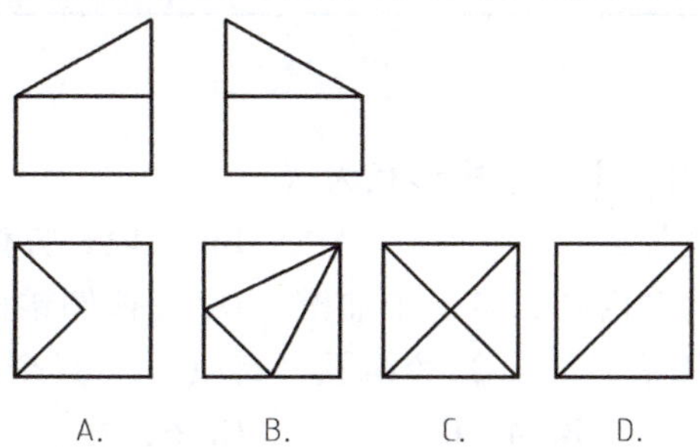

图 6

9. 已知物体的主视图方向（图 7），则正确的俯视图为（　　）。

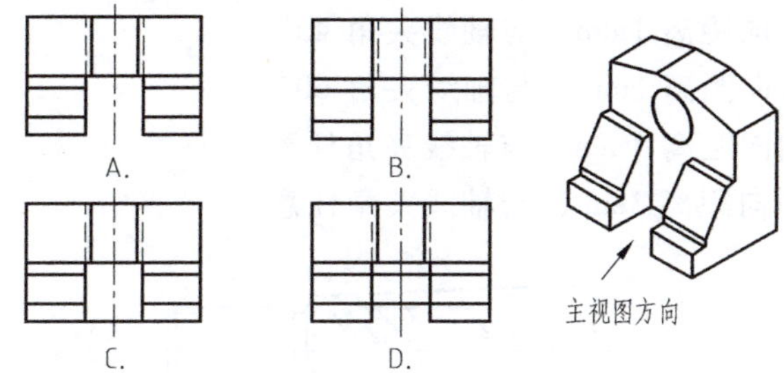

图 7

10. 根据图 8 给定的主视图和俯视图，对应的 *E* 向局部视图是（　　）。

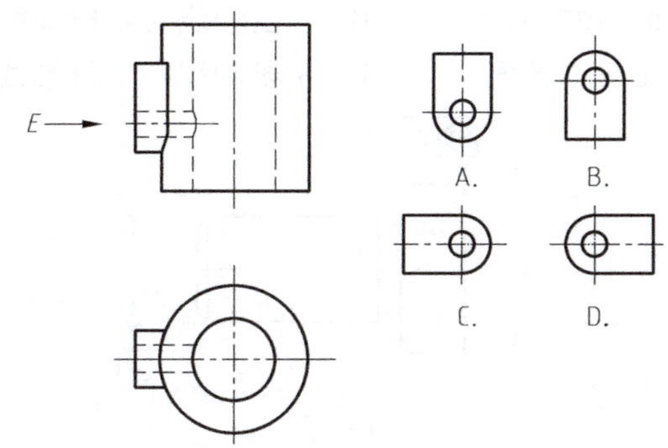

图 8

11. 如图 9 所示，定形尺寸是（　　）。

A. 60、65、45　　B. 45、65、85

C. 45、65、35　　D. 85、35、60

12. 如图 10 所示，在零件图中，*C*1 的含义是（　　）。

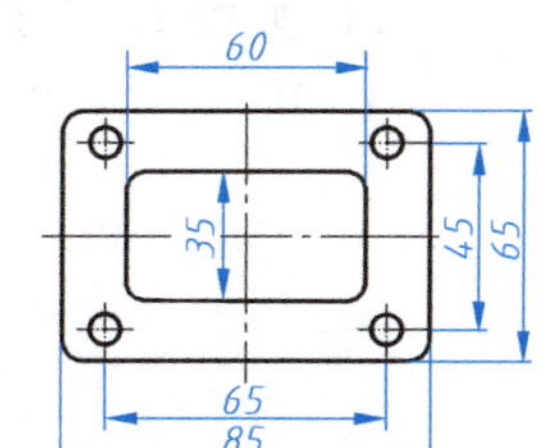

图 9

A. 轴向距离 1mm，与轴线夹角 45°
B. 轴向距离 1mm，与轴线夹角 60°
C. 轴向距离 1mm，与轴线夹角任意
D. 轴向距离 2mm，与轴线夹角任意

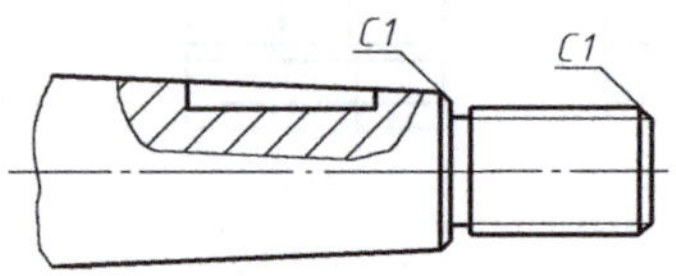

图 10

13. 如图 11 所示，小轴（　　）有同轴度的要求。

A. 右端面与左端面　　B. 右段轴线与左段轴线
C. 左端面与右端面　　D. 左段轴线与右段轴线

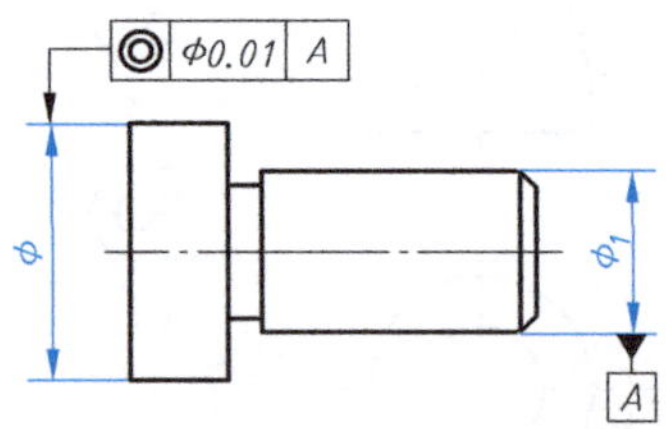

图 11

14. 如图 12 所示，该零件上有（　　）处退刀槽。

A. 1　　B. 2　　C. 3　　D. 4

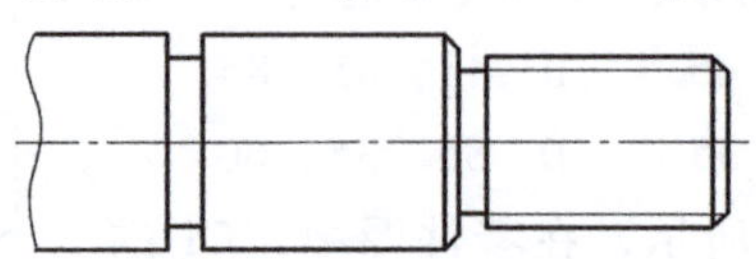

图 12

15. 装配图是用来表达机器或部件中（　　）的图样。

A. 零件形状　　B. 零件大小
C. 零件相互位置、工作原理　　D. 零件技术要求

观察图 13，完成以下答题：

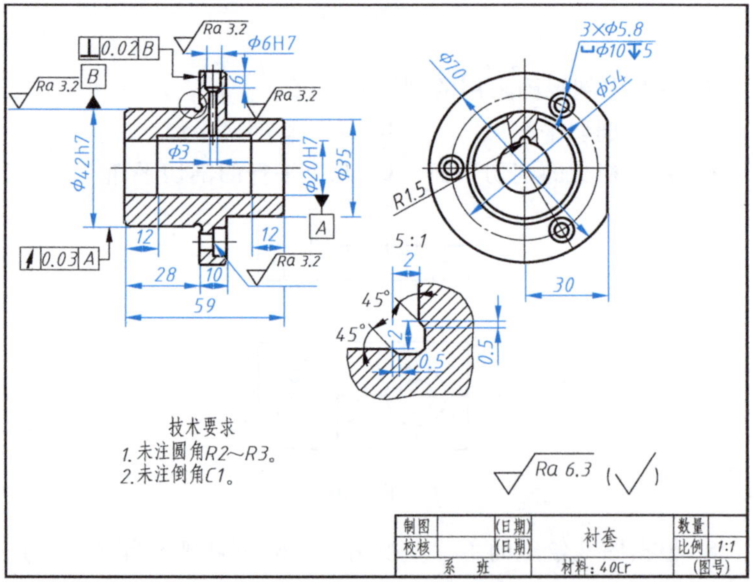

图 13

16. 衬套内部主要结构形状为（　　）。

A. 三段圆柱面　　B. 三段长方体孔
C. 三段同轴内孔，有一个油槽　　D. 三段圆锥面

17. 衬套上有（　　）个沉孔，有（　　）个螺纹孔。

A. 3、0　　B. 4、0　　C. 6、2　　D. 2、2

18. 衬套上的退刀槽尺寸及结构采用了（　　）。

A. 全剖视图　　B. 局部放大图
C. 局部视图　　D. 移出断面图

19. 视图中标注的 $R1.5$ 是（　　）。

A. 油槽的尺寸　　B. 过渡圆角

C. 键槽尺寸　　D. 配合间隙尺寸

20. 视图中 ϕ42h7 圆柱面的圆跳动的基准是（　　）。

A. ϕ20H7 的内表面　　B. ϕ20H7 的轴线

C. ϕ35mm 的轴线　　D. ϕ35mm 的内表面

21. 衬套上的表面粗糙度有（　　）种。

A. 2　　B. 3　　C. 4　　D. 5

22. 衬套上采用的表达方法，说法正确的是（　　）。

A. 全剖视图、局部剖视图、局部放大图

B. 全剖视图、半剖视图、基本视图、向视图、局部放大图

C. 全剖视图、半剖视图、局部剖视图、向视图、局部放大图

D. 全剖视图、局部剖视图、基本视图、局部放大图、向视图

23. 衬套上沉孔的尺寸为（　　）。

A. 大孔 ϕ10mm，小孔 ϕ5.8mm，大孔深度 5mm

B. 大孔 ϕ10mm，小孔 ϕ5.8mm，大孔深度 10mm

C. 大孔 ϕ5.8mm，小孔 ϕ10mm，大孔深度 5mm

D. 大孔 ϕ5.8mm，小孔 ϕ10mm，大孔深度 10mm

24. 衬套采用的材料是（　　）。

A. 45　　B. 40Cr　　C. 40　　D. HT150

25. 衬套主要尺寸基准为（　　）。

A. 回转轴线　　B. 左端面

C. 右端面　　D. 回转轴线和左端面

26. 衬套上的未注圆角是（　　）。

A. $R2$　　B. $R3$　　C. $C1$　　D. $R2 \sim R3$

27. 衬套的最大尺寸是（　　）。

A. ϕ70mm　　B. 54mm　　C. 59mm　　D. ϕ70mm 和 59mm

28. 衬套上的定位尺寸是（　　）。

A. ϕ54mm　　B. 12mm　　C. 6mm　　D. 28mm

观察图 14，完成以下答题：

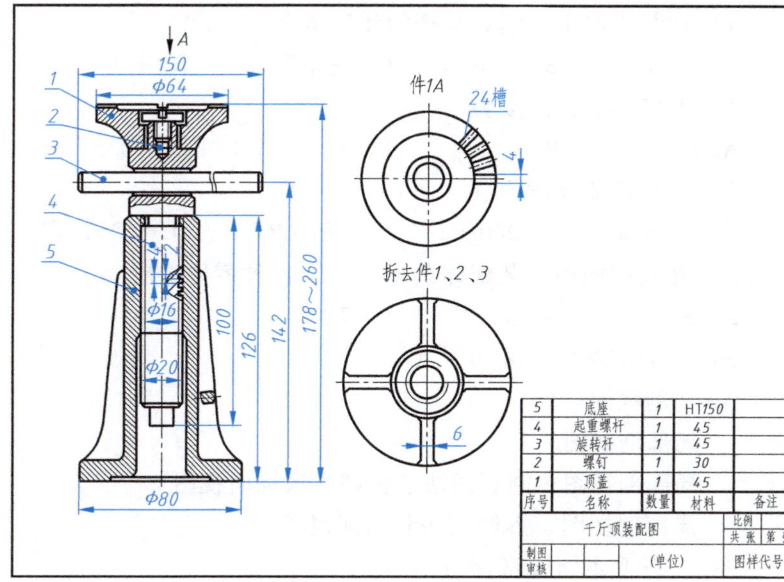

图　14

29. 根据装配图，下列说法正确的是（　　）。

A. 件 1 上有 4 个槽

B. 件 1 上有 24 个槽

C. 件 1 上有 24 个均匀分布的槽

D. 件 1 上有 24 个均匀分布的槽，槽距为 4

30. 装配图中件 4 的作用是（　　）。

A. 传动作用　　B. 支承作用

C. 运动作用　　D. 压紧作用

31. 在装配图中，拆去 1、2、3 后的视图是（　　）。

A. 底座的俯视图　　B. 底座的仰视图

C. 底座的主视图　　D. 底座的左视图

32. 在装配图中，起重螺杆的牙型是（　　）。

A. 方形　　B. 矩形　　C. 三角形　　D. 梯形

33. 底座的肋板厚度为（　　）。

A. 6　　B. 4　　C. 8　　D. 10

34. 千斤顶的高度为（　　）。

A. 178mm　　B. 260mm　　C. 178~260mm　　D. 无法确定

35. 在装配图中，装配体共有（　　）种零件组成。

A. 5　　B. 6　　C. 7　　D. 8

36. 在装配图中，采用了（　　）。

A. 全剖视图

B. 局部剖视图

C. 局部剖视图、断裂画法、拆卸画法和向视图

D. 局部剖视图、拆卸画法和局部视图

37. 千斤顶的拆卸顺序（　　）。

A. 随意拆卸　　B. 按顺序拆卸

C. 件 2→件 1→件 3→件 4　　D. 件 1→件 2→件 3→件 4

38. 以下说法正确的是（　　）。

A. 为了清楚表达基本体的结构形状，必须绘制三视图

B. 为了清楚表达组合体的结构形状，必须绘制六个基本视图

C. 球体的视图可以只绘制一个圆，然后再注 $S\phi$ 即可

D. 零件图对称，一定采用半剖视图表达

39. 下面的尺寸表示粗牙普通螺纹的是（　　）。

A. M10　　B. $S10$　　C. $\phi10$　　D. $R10$

40. 如果采用 1∶2 比例绘制一张零件图，其中图样上一线性要素测量后长度尺寸为 20mm。那么它的实际尺寸是（　　）mm，该长度尺寸标注为（　　）mm。

A. 20，20　　B. 40，40　　C. 20，40　　D. 40，20

41. 尺寸标注要素是（　　）。

A. 尺寸数字、尺寸界线和箭头

B. 尺寸界线和箭头

C. 尺寸数字、尺寸界线

D. 尺寸数字、尺寸线、尺寸界线和箭头

42. 重合断面图画在视图的（　　）。

A. 内部　　B. 左面　　C. 右面　　D. 下面

43. 滚动轴承代号为 6204，表示深沟球轴承，它的内孔直径为（　　）mm。

A. 4　　B. 40　　C. 10　　D. 20

44. 内径 $d=75$mm 的滚动轴承，其可能的型号是（　　）。

A. 6306　　B. 6310　　C. 6315　　D. 6330

45. 当剖切平面通过标准件和实心零件的轴线时，如螺纹紧固件、键、销、轴、杆等，这些零件按（　　）绘制。

A. 全剖　　B. 半剖　　C. 断面图　　D. 不剖

46. 关于 M45×1.5-6g，下列说法正确的是（　　）。

A. 螺距为 1.5mm 的梯形螺纹

B. 螺距为 1.5mm 的细牙普通螺纹

C. 公称尺寸为 $\phi45$mm 的细牙梯形螺纹

D. 公称尺寸为 $\phi45$mm 的粗牙普通螺纹

47. 装配图的内容包括（　　）及零件的序号。

A. 一组视图、必要的尺寸、标题栏和明细栏

B. 一组视图、全部的尺寸、标题栏和明细栏

C. 视图、配合尺寸、明细栏

D. 视图、定位尺寸、标题栏和明细栏

48. 齿轮分度圆直径计算公式为（　　）。

A. $d=mz$　　B. $da=m(z+2)$

C. $df=m(z-2.5)$　　D. $d=m(z+1)$

49. 表面粗糙度是表示一个零件表面的光滑程度，一般用 *Ra* 后面加一个数字表示，数字的单位是（　　）。

A. dm　　B. mm　　C. cm　　D. μm

50. 绘制图样时应优先采用基本幅面，其中最大一号幅面为（　　）。

A. A0　　B. A2　　C. A3　　D. A1

任务二：绘制三视图（20 分）

根据任务书要求，在规定的时间内考生根据给出的三维轴测图所示（图 15）零件，在给定的任务模板上，按照机械制图国家标准修改并完成给出的主视图、补画断面图等视图出图并标注尺寸，确定尺寸公差及几何公差，填写标题栏及注写技术要求。以“传动轴”命名，保存为 dwg 格式文件，按照要求上传至考试系统的指定位置。

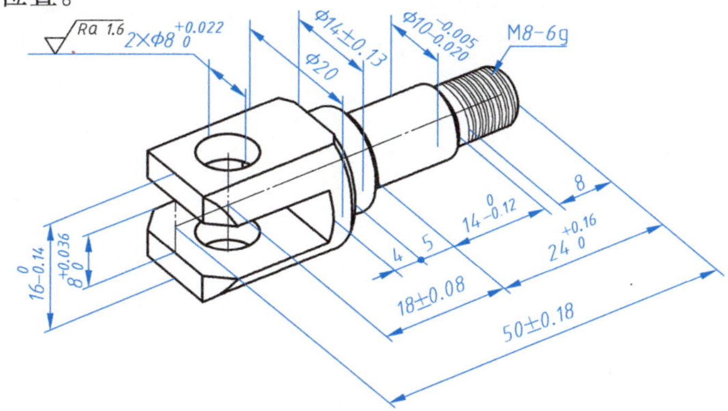

图　15

提交成果：“传动轴” dwg 格式工程图。

任务三：工程图抄绘（30 分）

考生根据现场给定的水平轴图样（图 16），使用现场提供的二维绘图软件，在给定的任务模板上抄绘水平轴零件图，并保存至桌面上以机位号命名的文件内。要求：

1）文件以“水平轴”命名，保存为 dwg 格式，上传至考试系统的指定位置。

2）按照下表要求设置图层，赋予各类图线的线型、颜色等属性，文字样式、标注样式的设置应满足机械制图国家标准要求（表 1）。

提交成果：“水平轴” dwg 格式工程图。

表 1

序号	名称	颜色	线型	线宽/mm
1	轮廓实线层	白色	continuous	0.50
2	细线层	青色	continuous	0.25
3	中心线层	红色	CENTER2	0.25
4	虚线层	洋红	DASHED2	0.25
5	剖面线层	黄色	continuous	0.25
6	标注层	青色	continuous	0.25
7	文字层	绿色	continuous	0.25
8	文字字体	isocp		

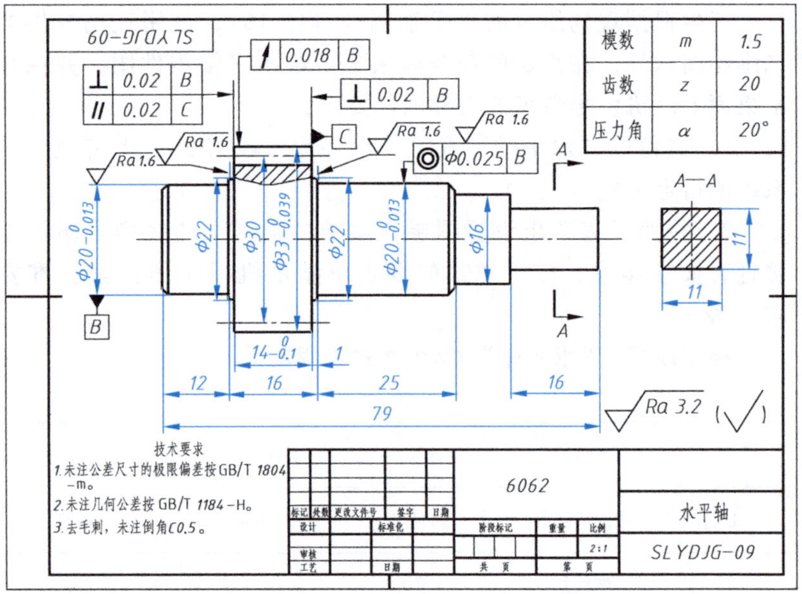
SLYDJG-09
模数 m 1.5
齿数 z 20
压力角 α 20°
A—A
Ra 3.2
技术要求
1.未注公差尺寸的极限偏差按GB/T 1804-m。
2.未注几何公差按GB/T 1184-H。
3.去毛刺，未注倒角C0.5。
6062
水平轴
SLYDJG-09
2:1

图 16

机械工程制图职业技能等级考试试题（中级）满分：100 分

※※※※※※※※※※※※※※※※※※※※※※※※※

考试须知：

1. 考核分为理论、实操两部分，连续考核共 150min。

2. 请依据提供的图纸进行作答，共分为五个任务。

3. 请仔细阅读任务要求，按照指定的文件格式保存并提交作品。

任务一：机械识图知识考核（单选题，共 30 题，每题 1 分，共 30 分）

观察图 1，完成下列答题：

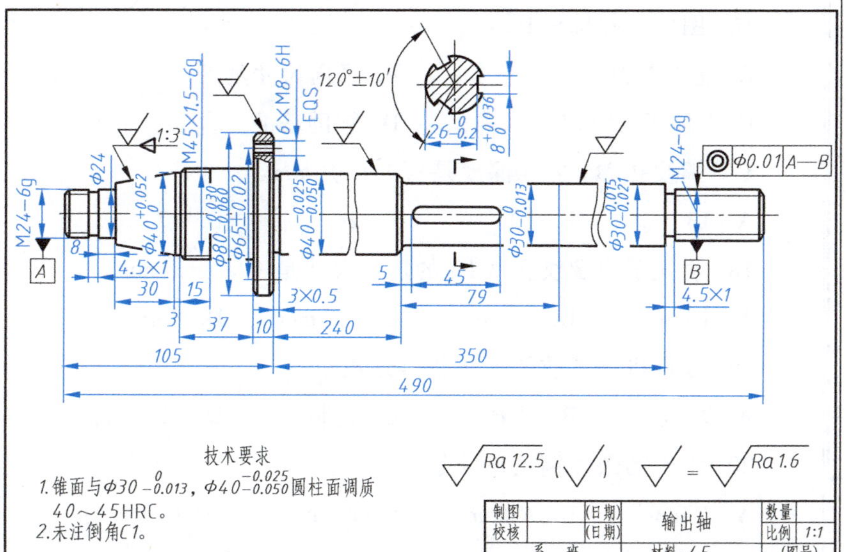

图 1

1. 零件的材料是（　　）。

A. 45 钢　　B. 特殊钢　　C. 合金钢　　D. 不锈钢

2. 零件结构类型是（　　）。

A. 轴套类零件　　B. 盘盖类零件

C. 叉架类零件　　D. 箱体类零件

3. 关于 M45×1.5-6g，下列说法正确的是（　　）。

A. 螺距为 1.5mm 的梯形螺纹

B. 螺距为 1.5mm 的细牙普通螺纹

C. 公称尺寸为 ϕ45mm 的细牙梯形螺纹

D. 公称尺寸为 ϕ45mm 的粗牙梯形螺纹

4. 该零件有（　　）处退刀槽。

A. 1　　B. 2　　C. 3　　D. 4

5. 主视图上采用的表达方式是（　　）。

A. 半剖视图和断裂画法　　B. 全剖视图和断裂画法

C. 剖视图和断裂画法　　D. 局部剖视图和断裂画法

6. 断面图表达（　　）。

A. 键槽深度

B. 键槽有三个

C. 花键槽

D. 均匀分布在轴上的三个键槽的深度及宽度

7. 图样采用的绘图比例是（　　）。

A. 放大比例　　B. 缩小比例

C. 原值比例　　D. 没有比例

8. 该零件最大的外形尺寸是（　　）。

A. 490、ϕ80　　B. 490、ϕ65

C. 490、ϕ20　　D. 490、M24

9. 零件的主要加工方式是（　　）。

A. 车削　　B. 铣削　　C. 钻削　　D. 镗削

10. 零件调质不能达到的效果是（　　）。

A. 提高强度　　B. 提高韧性

C. 提高表面的耐磨性　　D. 提高可加工性

观察图 2，完成下列答题：

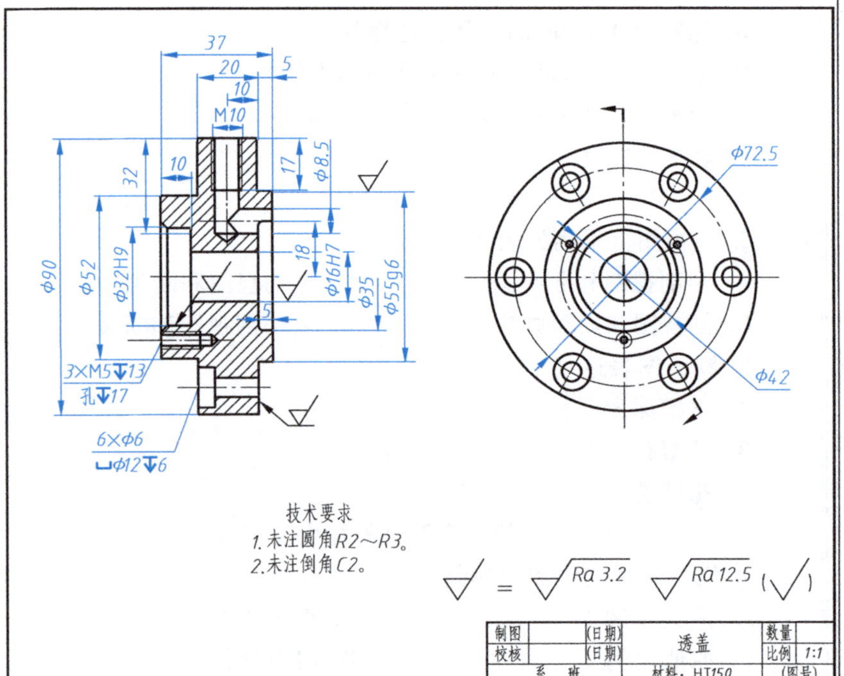

图　2

11. 零件上有（　　）个螺纹孔。

A. 3　　B. 6　　C. 2　　D. 4

12. 该零件主视图采用的剖切表达方式是（　　）。

A. 全剖　　B. 半剖　　C. 局部剖　　D. 断面图

13. 零件表面粗糙度值有（　　）种。

A. 1　　B. 2　　C. 3　　D. 4

14. 该零件的名称是（　　）。

A. HT150　　B. 零件图　　C. 透盖　　D. 盘类零件

15. 零件的总厚度是（　　）mm。

A. 90　　B. 37　　C. 55　　D. 52

16. 图样中的轴线是（　　）。

A. 主要基准　　B. 径向尺寸基准

C. 轴向尺寸基准　　D. 辅助基准

17. 螺纹孔 M5 的孔深度是（　　）mm。

A. 13　　B. 12　　C. 16　　D. 17

18. 主视图中螺纹孔 M10 的定位尺寸是（　　）mm。

A. 10mm　　B. 17mm　　C. 8.5mm　　D. 8mm

19. 零件机加工前的毛坯获得方式是（　　）。

A. 锻压　　B. 铸造　　C. 轧制　　D. 3D 打印

20. 零件的未注倒角尺寸是（　　）。

A. $R3$mm　　B. $R2$mm　　C. 2mm　　D. $C2$mm

观察图 3，完成下列答题：

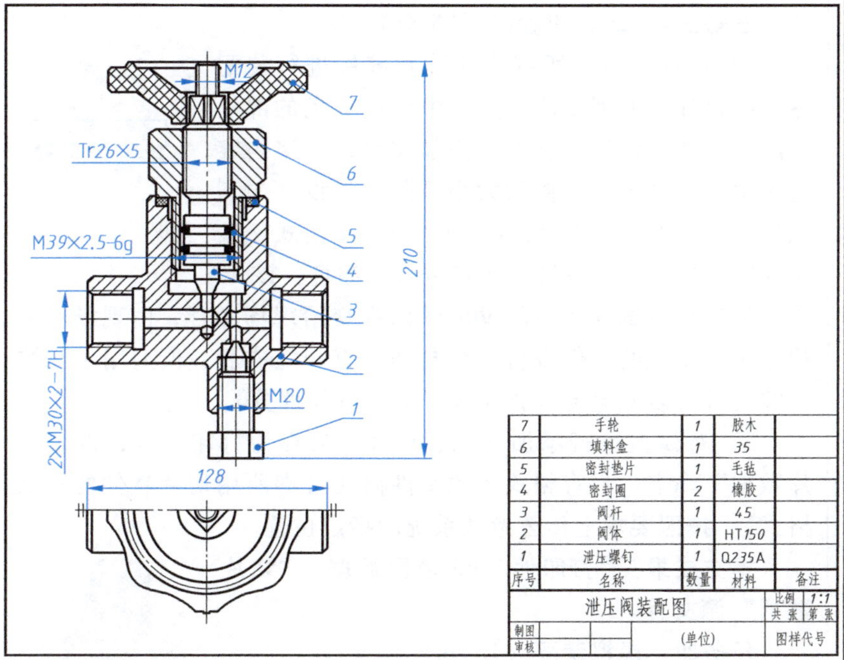

图 3

21. 图样表达的是（　　）。

A. 零件的装配结构

B. 泄压阀零件之间的装配关系、工作原理等

C. 零件的不同性质

D. 零件的不同名称

22. 装配图中的小黑点表示（　　）。

A. 压缩弹簧　　B. 拉伸弹簧　　C. 扭转弹簧　　D. 密封圈

23. 泄压阀的泄压螺钉材料是（　　）。

A. 30　　B. 45　　C. Q235A　　D. HT150

24. 泄压阀的拆卸路线是（　　）。

A. 7→5→6→3→4→1

B. 7→6→5→3→4→1

C. 7→2→5→3→4→1

D. 7→6→5→2→4→1

25. 装配图中阀杆的位置可以判断出泄压阀在（　　）工作状态。

A. 截止（阻断介质流动）

B. 开启（介质流动）

C. 摆动

D. 旋转

26. 泄压阀中有（　　）处螺纹结构。

A. 1　　B. 2　　C. 3　　D. 4

27. 主视图中阀杆没有剖面线是因为（　　）。

A. 没有剖切到

B. 截止状态（阻断介质流动）

C. 实心杆件

D. 任意状态

28. Tr26×5 表示（　　）。

A. 细牙螺纹，螺距是 5mm　　B. 三角形传动螺纹

C. 牙型高度是 26mm　　D. 梯形螺纹，螺距是 5mm

29. 密封圈用的材料是（　　）。

A. 橡胶　　B. 聚四氟乙烯　　C. 塑料　　D. 毛毡

30. 阀杆与手轮配合的面是用（　　）。

A. 铣削加工　　B. 车削加工

C. 钳工加工　　D. 任何方法都可以加工

任务二：测绘零件绘制二维工程图（20 分）

图 4 为测绘实物效果图。请考生使用测量工具测量零件实物，利用计算机二维绘图软件绘制零件二维工程图。

图 4

具体要求如下：

1）以非去除材料加工方式形成的形状尺寸按四舍五入法则取整数；以去除材料加工方式形成的形状尺寸（含各类孔的中心距），以 0.5mm 为分界、0.25mm 为进阶，遵循“大于或等于 0.25mm 进、小于 0.25mm 舍、优先取整数”的原则确定。

2）视图表达方案合理。主视图投射方向正确，其他视图完整并合理表达。

3）尺寸齐全、正确、清晰；零件的尺寸精度、几何精度、表面粗糙度不做要求，可根据指定零件的工作性质制订技术要求。

4）文件以“锥套”命名，保存为 dwg 格式，按照要求上传至考试系统的指定位置。

5）按照下表要求设置图层，赋予各类图线的线型、颜色等属性，文字样式、标注样式的设置应满足机械制图国家标准要求（表 1）。

表 1

序号	名称	颜色	线型	线宽
1	轮廓实线层	白色	continuous	0.50mm
2	细线层	青色	continuous	0.25mm
3	中心线层	红色	CENTER2	0.25mm
4	虚线层	洋红	DASHED2	0.25mm
5	剖面线层	黄色	continuous	0.25mm
6	标注层	青色	continuous	0.25mm
7	文字层	绿色	continuous	0.25mm
8	文字字体	isocp		

提交成果：“锥套”dwg 格式工程图。

任务三：3D 打印验证（15 分）

1）根据任务二所测绘的锥套零件进行装配零件的设计，模型设计与图 5 中标记红色的部位相配合，并在设计的模型上添加文字，文字内容为考生的机位号，字体和大小不限。将设计的三维模型以“打印件”命名，保存为 stl 格式，按照要求上传至考试系统的指定位置。注意：该 stl 文件另需在考试开始后的 90min 内提交给现场考官，由现场考官根据考生提交的文件进行拼版打印，打印完成后，模型用于与测绘实物进行装配验证（该验证环节为现场评分）。

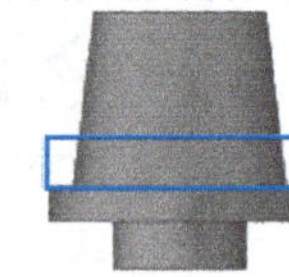

图 5

2）对模型进行添加支承、切片，另存为打印文件，以“切片数据”命名，保存格式为源文件格式（即所用切片软件的默认格式），按照要求上传至考试系统的指定位置。

提交成果：“打印件”stl 模型数据、“切片数据”源文件。

任务四：虚拟装配（15 分）

图 6

1）请考生根据任务一完成的“锥套”工程图，建立该零件的三维模型，结合给定的“底座”“环套”和“锁紧螺杆”的三维模型，进行锥顶座的三维模型装配（图 6），以“锥顶座”命名，保存格式为源文件格式（即所用软件的默认格式）。

2）生成三维模型装配的爆炸图，爆炸图装配顺序正确，有图框、BOM 表、零件指引序号（图 7），并以“爆炸图”命名，保存格式为 PDF。

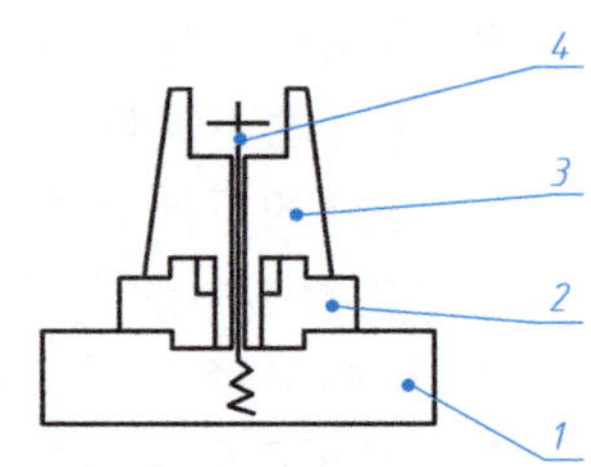

图 7

以上成果均按照要求上传至考试系统的指定位置。

各零件名称、材料、图号等详细信息见下表2。

表2

序号	图号	名称	数量	材料
1	ZDZ-01	底座	1	6063
2	ZDZ-02	环套	1	6063
3	ZDZ-03	锥套	1	6063
4	ZDZ-04	锁紧螺杆	1	6063

提交成果：“锥顶座”三维装配源文件、“爆炸图”PDF文件。

任务五：装配图抄绘（20分）

请考生利用计算机二维绘图软件在给定的“锥顶座”dwg模板上，抄绘锥顶座的二维装配图，装配图须符合机械制图国家标准的相关要求，绘图环境设置参照任务二执行。零件的具体尺寸参照给定的工程图即可，二维装配图文件以“锥顶座”命名，保存为dwg格式，按照要求上传至考试系统的指定位置。

提交成果：“锥顶座”dwg格式二维装配图（图8）。

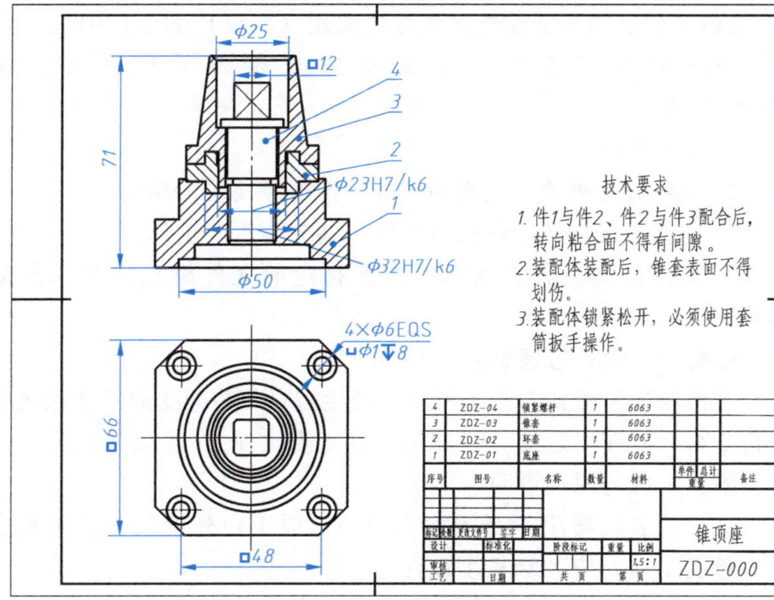

图 8

机械工程制图职业技能等级考试试题（高级）满分：100 分

※※ ※ ※ ※ ※ ※ ※ ※ ※ ※ ※ ※ ※ ※ ※ ※ ※ ※ ※
※ ※ ※ ※

考试须知：

1. 考核分为理论、实操两部分，连续考核共 180min。
2. 请依据提供的图纸进行作答，共分为六个任务。
3. 请仔细阅读任务要求，按照指定的文件格式保存并提交作品。

任务一：设计方案优化（10 分）

锥齿轮启闭器如右图 1 所示，考生需对此装配图的不合理之处进行分析，并在给定的 dwg 图纸上进行修改（见提供素材）。

附：工况与原理说明。

锥齿轮启闭器用于开闭水渠闸门，属于户外设备，工作频次低，精度不高，按 8 级精度设计。

机架 2 下面有 6 个安装通孔，用螺栓将启闭器安装在闸墩上面的横梁上。水渠闸门（图中未画出）与丝杠 1 下端连接，摇转手柄，带动一对锥齿轮转动，通过花键使丝杠螺母 3 在固定位置上旋转，最终带动丝杠连同闸门上下移动，从而实现了闸门启闭的目的。

提交成果：“锥齿轮启闭器”dwg 格式二维装配图。

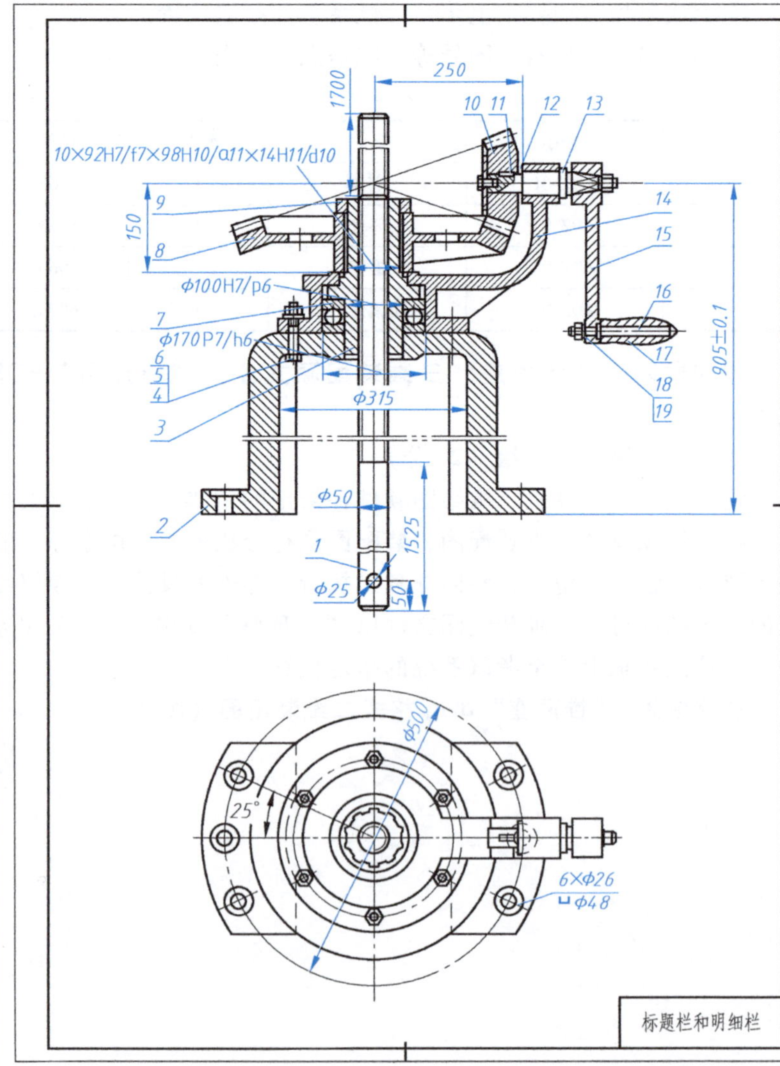

图 1

任务二：绘制二维零件图（30 分）

考生根据现场提供的“密封盖”和“输入齿轮轴”三维零件模型，按要求设计相关零件工程图。

1. 设置绘图环境

按照表 1 要求设置图层，赋予各类图线的线型、颜色等属性（图层的底色为黑色）。

表 1

序号	名称	颜色	线型	线宽/mm
1	轮廓实线层	白色	continuous	0.50
2	细线层	青色	continuous	0.25
3	中心线层	红色	CENTER2	0.25
4	虚线层	洋红	DASHED2	0.25
5	剖面线层	黄色	continuous	0.25
6	标注层	青色	continuous	0.25
7	文字层	绿色	continuous	0.25
8	文字字体	isocp		

注：考生可调用软件自带的层名、线型，但线宽、颜色属性必须同上表的要求相一致。

2. 二维视图表达

要求：

1）图幅选择、视图配置及表达方案合理。

2）所绘制视图的要素完整、正确。

3）尺寸齐全、正确、清晰。

4）根据工艺方法和工作原理要求，在各零件的相应位置上正确标注尺寸公差、几何公差、表面粗糙度等技术要求。

提交成果：“密封盖”dwg 格式工程图、“输入齿轮轴”dwg 格式工程图。

任务三：三维模型装配（20 分）

考生根据给定双联运动机构各零件三维模型数据，使用现场提供的 CAD/CAM 软件，完成三维模型装配（装配示意图及零件详细信息见图 2 和表 2）。

1）装配关系正确。

2）零件间约束性质正确。

3）零件极限位置约束准确，不得干涉。

4）装配文件以“双联运动机构”命名，保存为源文件格式（即所用软件的默认格式）。

提交成果：“双联运动机构”三维模型装配源文件。

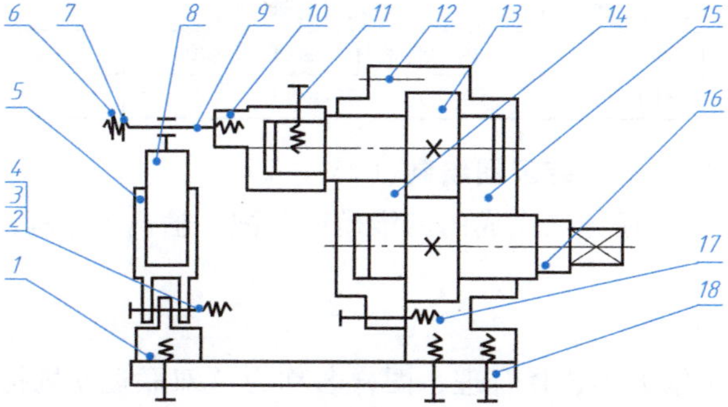

图 2

表 2 非标准零件信息

序号	图号	名称	数量	材料
1	SLYDJG-01	导套底座	1	6062
2	GB/T 70.1	内六角圆柱头螺钉 M6×20	1	Q235A
3	GB/T 95	平垫圈 6	1	Q235A
4	GB/T 41	六角螺母 M6	1	Q235A
5	SLYDJG-02	导套	1	6062
6	GB/T 41	六角螺母 M5	1	Q235A
7	GB/T 95	平垫圈 5	1	Q235A
8	SLYDJG-03	导柱	1	6062

（续）

序号	图号	名称	数量	材料
9	SLYDJG-04	转销	1	6062
10	SLYDJG-05	偏心套	1	6062
11	GB/T 70.1	内六角圆柱头螺钉 M5×12	7	Q235A
12	GB/T 119.2	定位销	2	Q235A
13	SLYDJG-06	输出齿轮轴	1	6062
14	SLYDJG-07	密封盖	1	6062
15	SLYDJG-08	泵体	1	6062
16	SLYDJG-09	输入齿轮轴	1	6062
17	GB/T 70.1	内六角圆柱头螺钉 M5×20	6	Q235A
18	SLYDJG-10	基座	1	6062

任务四：二维装配图绘制（25 分）

考生根据任务三完成的三维模型装配，输出为工程图完成二维装配图表达。

要求：

1）图幅大小选择合理，图样名称为“双联运动机构”。

2）各视图应清楚表达双联运动机构的装配关系和工作原理。

3）装配图的图号为：SLYDJG-00。

4）按照国家标准要求，正确引出零件序号。

5）正确标注装配图的规格尺寸、装配尺寸、安装尺寸、外形尺寸及其他重要尺寸五类尺寸，合理配置技术要求且技术要求无错误。

6）参照零件信息填写明细栏信息。

7）以“双联运动机构”命名，保存为 dwg 格式文件。

提交成果：“双联运动机构” dwg 格式二维装配图。

任务五：数据采集（5 分）

考生使用现场提供的三维扫描装置和某型铰链零件（图 3），高精度完成其各面的三维扫描，并且对获得的点云进行相应取舍，剔除噪点和冗余点。命名为“点云数据”，保存格式为 stl。

注：扫描仪及扫描实物均处于工作状态，每人在 6min 内完成数据采集工作并将数据复制到 U 盘中；也可放弃该任务考核，直接进行任务六的方案 2 考核，但会扣除任务五的相应分值。

图 3

提交成果：“点云数据” stl 文件。

任务六：处理点云数据（10 分）

以下两个方案，任选其一即可。

方案 1：考生使用任务五采集的点云数据文件，将该点云数据导入至计算机绘图软件中进行平滑处理，减少噪点，并进行逆向重构，生成实体模型，以“铰链模型”命名，保存格式为源文件格式（即所用软件的默认格式）。

方案 2：考生也可使用考试系统提供的点云数据文件，将该点云数据导入至计算机绘图软件中进行平滑处理，减少噪点，并进行逆向重构，生成实体模型，以“逆向设计模型”命名，保存格式为源文件格式（即所用软件的默认格式）。

提交成果：“铰链模型”源文件或“逆向设计模型”源文件。

附录 C　机械产品三维模型设计职业技能等级考试试题

机械产品三维模型设计职业技能等级考试试题（初级）满分：100 分

※※※※※※※※※※※※※※※※※※※※※※※※※

考试须知：

1. 请依据提供的图纸进行作答，共分为四个任务，连续考核 120min。

2. 请仔细阅读任务要求，在指定位置完成并保存提交。

任务一：机械理论知识，登录答题系统，完成单项选择题（总分 30 分，共 30 题，每题 1 分）

1. 数控机床适用于（　　）生产。

A. 大型零件　　B. 小型高精密零件

C. 中小批量复杂形体零件　　D. 大批量零件

2. 数控系统中 CNC 的中文含义是（　　）。

A. 计算机数字控制　　B. 工程自动化

C. 硬件数控　　D. 计算机控制

3. 表面粗糙度是衡量零件表面质量的一个重要指标，它的单位是（　　）。

A. cm　　B. mm　　C. m　　D. μm

4. $6^{+0.018}_{0}$mm 是传动轴上键槽的宽度，这个宽度的最大值是（　　）mm。

A. 6　　B. 6.18　　C. 6.018　　D. 6.01

5. 物体的三视图是指（　　）三个视图。

A. 主、俯、左　　B. 主、俯、仰

C. 后、俯、左　　D. 后、右、左

6. 卧式车床上（　　）作主运动。

A. 工件　　B. 车刀

C. 自定心卡盘　　D. 尾座

7. 下面（　　）是放大比例。

A. 1∶1　　B. 2∶1　　C. 1∶5　　D. 2∶5

8. 轴类零件与轴承配合的表面一般要经过淬火处理，淬火处理的作用是（　　）。

A. 改变材料的内部组织，提高耐磨性

B. 提高表面硬度，使表面更耐磨

C. 改变材料的内部组织，提高抗弯能力

D. 提高表面硬度，使表面抗冲击能力变强

9. （　　）是数控程序中的插补指令。

A. 代码 G　　B. 代码 M　　C. 代码 S　　D. 代码 T

10. 图 1 中字母 f 表示（　　）。

A. 切削速度　　B. 进给速度

C. 进给量　　D. 背吃刀量

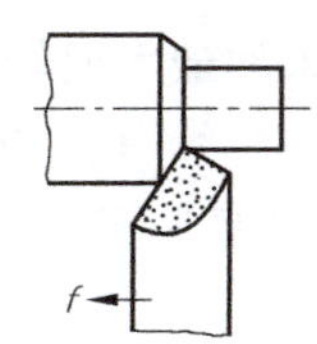

图 1

11. 图 2 中画剖面线的区域被称为（　　）。

A. 移出断面图　　B. 重合断面图

C. 剖视图　　D. 局部剖视图

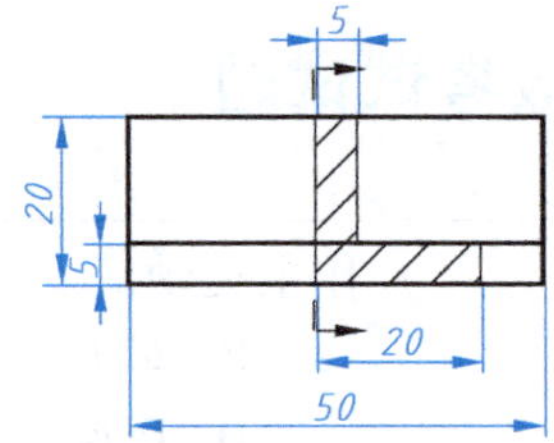

图 2

12. 滚动轴承 6310 的轴孔直径是（　　）mm。

A. 63　　B. 10　　C. 40　　D. 50

13. 如图 3 所示，下面哪种表达方法最清楚地表达实体零件中倾斜部分的真实形状？（　　）

A. 局部视图　　B. 斜视图　　C. 向视图　　D. 左视图

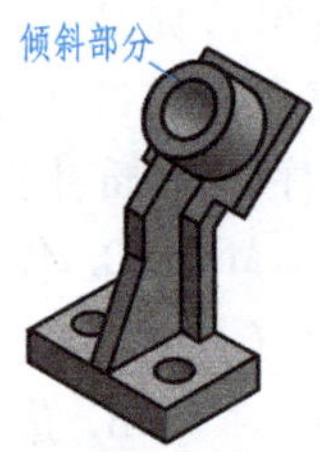

图 3

14. CA6140 型卧式车床的最大回转直径是（　　）mm。

A. 61　　B. 400　　C. 30.5　　D. 20

15. 如图 4 所示，传动轴采用了（　　）的表达方法，表达孔的结构和键槽的深度。

A. 局部剖和移出断面图

B. 剖中剖和移出断面图

C. 重合断面图和移出断面图

D. 局部视图和断面图

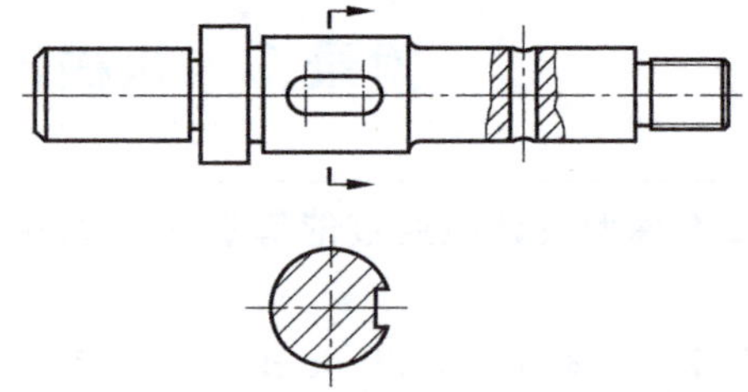

图 4

16. 图 5 所示的图样表示的是机械连接中最常见的（　　）。

A. 螺钉联接　　B. 螺栓联接

C. 螺柱联接　　D. 销轴联接

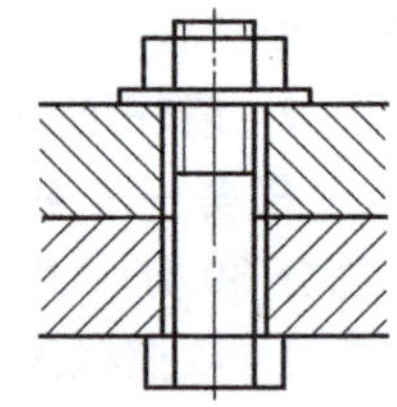

图 5

17. 数控系统的核心是（　　）。

A. 伺服装置　　B. 数控装置

C. 反馈装置　　D. 检测装置

18. 下图 6 所示零件采用的表达方法是（　　）。

A. 单一剖切面的全剖　　B. 平行剖切面的全剖

C. 单一剖切面的半剖　　D. 平行剖切面的半剖

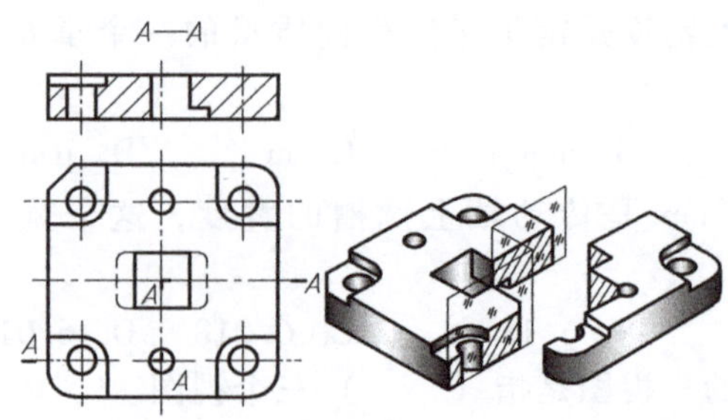

图 6

19. 图 7（　　）中尺寸标注更合理。

A. a　　B. b　　C. c　　D. 无法判断

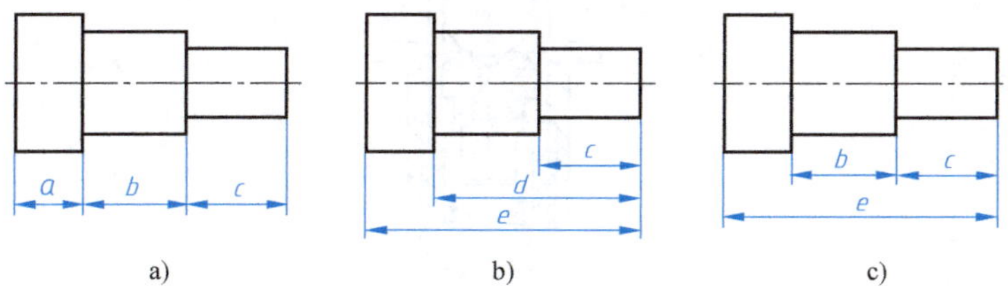

图　7

20. 图 8 所示图样中表示螺纹结构的有（　　）处。

A. 6　　B. 8　　C. 4　　D. 无法判断

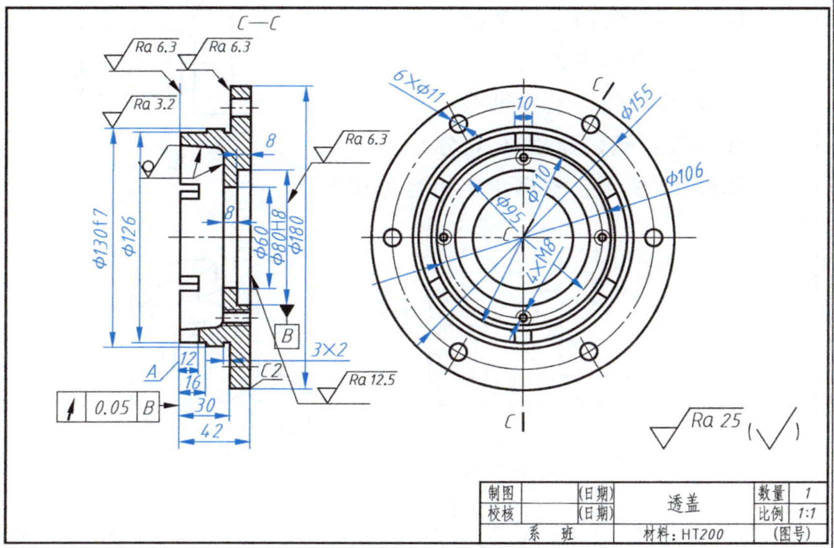

图　8

21. 如图 9 所示，视图所表达的零件名称是（　　）。

A. 直齿圆柱齿轮　　B. 斜齿圆柱齿轮

C. 蜗轮　　D. 无法判断

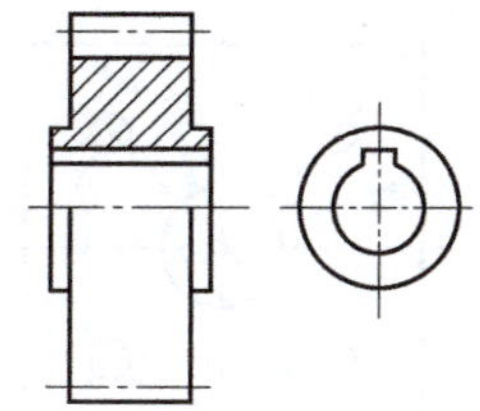

图　9

22. 下图所示图样中相交叉的细实线表示的表面是（　　）。

A. 曲面　　B. 平面

C. 带网格的表面　　D. 不需要加工的表面

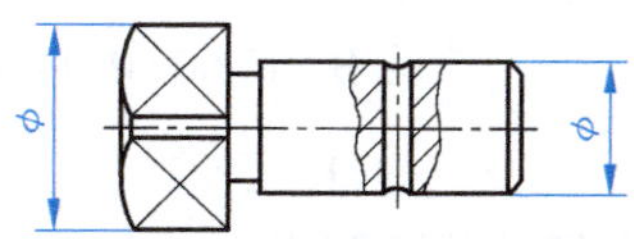

图　10

23. 齿轮分度圆直径计算公式是（　　）。

A. $d=mz$　　B. $d_a=m(z+2)$

C. $d_f=m(z-2.5)$　　D. $d=m(z+1)$

24. 已知 ϕ5mm 孔的表面粗糙度 Ra 值为 6.3mm，可以采用（　　）加工完成。

A. 铣削　　B. 车削　　C. 钻削　　D. 拉削

25. 牙型角是 60°、直径为 40mm 的粗牙普通螺纹，用符号表示为（　　）。

A. d40　　B. M40　　C. ϕ40　　D. M40×60°

26. 图 11 中的定位尺寸是（　　）。

A. 50 和 45°　　B. 50 和 $\phi40$

C. $\phi40$ 和 45°　　D. 45°和 $\phi15$

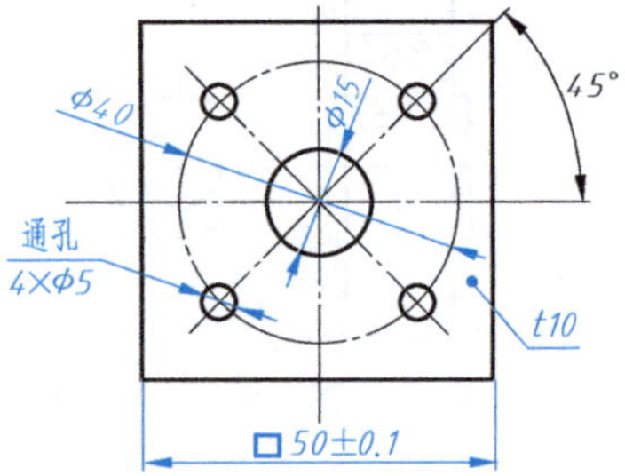

图 11

27. 边长是 60mm 的正方形，边长最长加工成 60. 1mm，最短加工成 59. 9mm，用符号表示为（　　）。

A. □$60^{+0.1}_{-0.1}$　　B. □60+0. 1～□60−0. 1

C. □60±0. 1　　D. □60

28. 图 12 为三个零件的装配组件，分析视图中采用了（　　）的表达方法。

A. 全剖视图、局部剖视图和半剖视图

B. 全剖视图、局部剖视图和断裂画法

C. 缩短画法、全剖视图和局部剖视图

D. 局部剖视图、局部视图和全剖视图

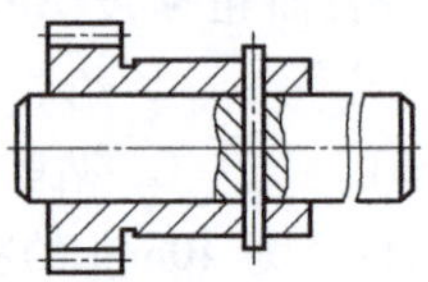

图 12

29. 如图 13 所示装配图中包括（　　）个零件。

A. 4　　B. 3　　C. 5　　D. 6

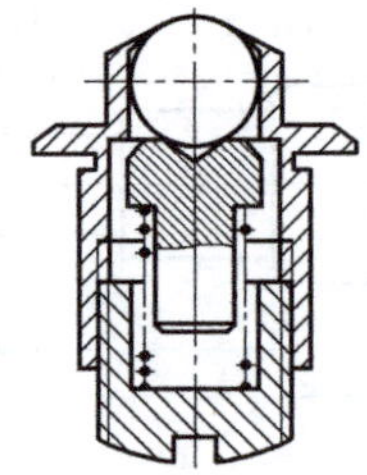

图 13

30. 如图 14 所示，小轴（　　）有同轴度的要求。

A. 右端面与左端面

B. 右段轴线与左段轴线

C. 左端面与右端面

D. 左段轴线与右段轴线

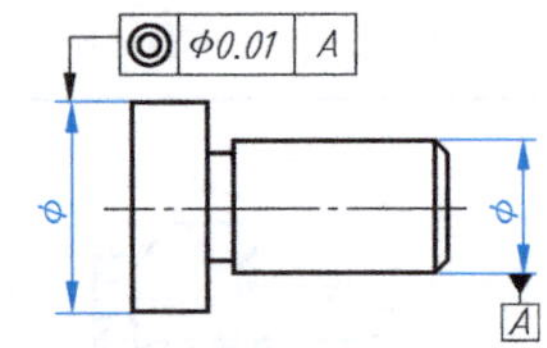

图 14

任务二：基础建模（20 分）

如图 15 所示，根据给定组合体视图

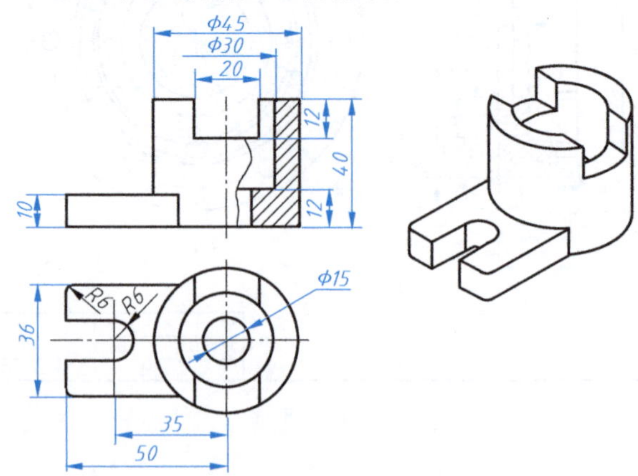

图 15

及尺寸，参看其轴测图，完成组合体三维模型创建，完成后，以“组合体模型”命名，保存格式为源文件格式（所用软件的默认格式），并提交至考试系统的任务二上传文件处。

提交成果：“组合体模型”源文件。

任务三：抄绘零件图（20 分）

根据给定的模板文件（图 16），按要求设置绘图环境并进行虚拟打印，完成后以“压盖”命名，保存为“dwg”和“PDF”格式，并提交至考试系统的任务三上传文件处。

1. 设置绘图环境

按照表 1 的要求设置图层，赋予各类图线的线型、颜色等属性（图层的底色为黑色）。

表 1

序号	名称	颜色	线型	线宽/mm
1	轮廓实线层	白色	continuous	0. 50
2	细线层	青色	continuous	0. 25
3	中心线层	红色	Center(. 5x)	0. 25
4	剖面线层	黄色	continuous	0. 25
5	标注层	青色	continuous	0. 25
6	文字层	绿色	continuous	0. 25

注：考生可调用软件自带的层名、线型，但线宽、颜色属性必须同上表的要求相一致。

2. 设置文字样式和标注样式

要求：

1）中文字体为“仿宋”，宽度因子为 0. 7。

2）数字和字母字体为“isocp. shx”，宽度因子为 0. 7。

3）调用的标题栏、明细栏等字体、字号按软件默认。

4）其余设置应满足国家标准要求。

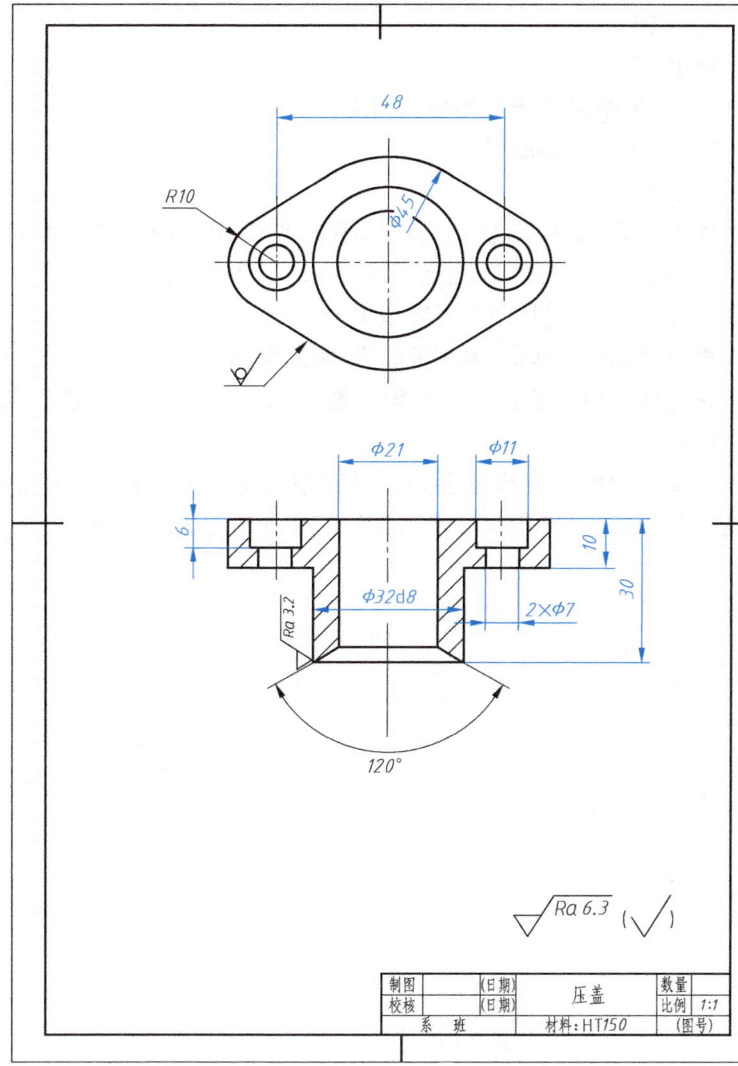

图 16

3. 绘图

要求：

1）根据给定的图幅模板绘制零件图。

2）正确填写标题栏。

4. 打印设置

配置打印机/绘图仪名称为 DWG TO PDF. pc5；纸张幅面为 A4、竖向；可打印区域页边距设置为 0，采用单色打印，打印比例为 1∶1，进行虚拟打印并保存成 PDF 格式。

提交成果：“dwg” 和 “PDF” 格式文档。

任务四：根据给定台阶轴零件图（图 17）**完成三维模型创建**（30 分）

完成台阶轴三维模型创建，保存格式为源文件格式（所用软件的默认格式），并提交至考试系统的任务四上传文件处。

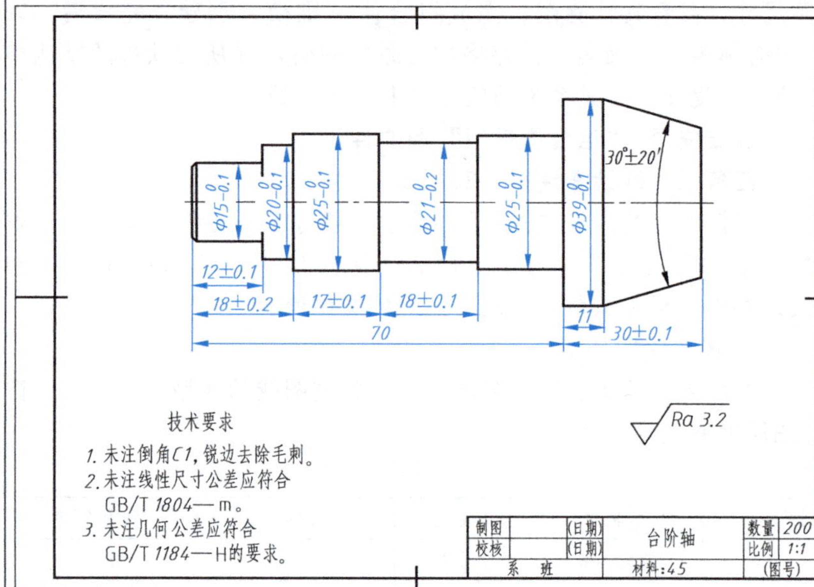

图 17

机械产品三维模型设计职业技能等级考试试题（中级）满分：100 分

※※※※※※※※※※※※※※※※※※※※※※※※※

考试须知：

1. 请依据提供的图纸进行作答，共分为五个任务，连续考核 150min。

2. 请仔细阅读任务要求，在指定位置完成并保存提交。

任务一：产品加工工艺制订理论知识，登录答题系统，完成单项选择题（总分 20 分，共 20 题，每题 1 分）

1. 在图样中 ○ 0.015 表示（　　）。

A. 圆柱度公差值为 0.015mm　　B. 圆度公差值为 0.015mm

C. 同心度公差值为 0.015mm　　D. 同轴度公差值为 0.015mm

2. 切削速度、背吃刀量、进给量是指（　　）“三要素”。

A. 切削用量　　B. 夹具设计作用力

C. 数控过程　　D. 刀具设计

3. 装配图中零、部件的序号，应与（　　）中的序号一致。

A. 明细栏　　B. 零件图

C. 标题栏　　D. 图号

4. 如果孔的尺寸是 $\phi30^{+0.025}_{0}$mm，与之配合的轴的尺寸是 $\phi30^{-0.009}_{-0.025}$mm，那么该孔轴配合的配合性质是（　　）。

A. 间隙配合　　B. 过渡配合

C. 过盈配合　　D. 无法确定

5. 利用车床（　　）内部的齿轮传动机构，可以把主轴传递的动力传给光杠或丝杠。变换箱外手柄位置，可以使光杠或丝杠得到各种不同的转速。

A. 主轴箱　　B. 溜板箱

C. 拖板箱　　D. 进给箱

6. 编程中设定定位速度 $f_1=5000$mm/min，切削速度 $f_2=100$mm/min，如果参数键中设置进给速度倍率为 80%，则应选（　　）。

A. $f_1=4000$，$f_2=80$　　B. $f_1=5000$，$f_2=100$

C. $f_1=5000$，$f_2=80$　　D. 以上都不对

7. M45×1.5-6g 中 1.5 和 6g 的含义（　　）。

A. 1.5 是螺距；6g 是螺纹大径、小径公差带代号

B. 1.5 是螺距；6g 是螺纹中径、大径公差带代号

C. 1.5 是导程，6g 是螺纹大径、小径公差带代号

D. 1.5 是导程，6g 是螺纹中径、大径公差带代号

8. 两个以上的零件相互邻接时，下列说法是正确的是（　　）。

A. 剖面线的倾斜方向应相同

B. 剖面线的倾斜方向应相反

C. 剖面线的倾斜方向应相反且间隔必须不等

D. 剖面线的倾斜方向应相同且间隔必须相等

9. 实验证明，在中低速切削（　　）材料时易产生积屑瘤。

A. 脆性　　B. 塑性

C. 弹性　　D. 陶瓷

10. 螺栓联接中螺纹大径为 d，则被联接零件中联接孔的直径按（　　）绘制。

A. $1.1d$　　B. $1.2d$

C. $1.5d$　　D. $2d$

11. 在车床上车削盘套类零件时，为了保证内外表面的同轴度要求，通常应采用（　　）来安装工件。

A. 自定心卡盘　　B. 心轴

C. 双顶尖　　D. 花盘

12. 数控加工中心与普通数控铣床、镗床的主要区别是（　　）。

A. 一般具有三个数控轴

B. 设置有刀库，在加工过程中由程序自动选用和更换

C. 能完成钻、铰、攻螺纹、铣、镗等加工功能

D. 主要用于箱体零件的加工

13. 轴类零件上与轴承配合的轴颈被称为（　　），表面粗糙度值一般（　　）与齿轮配合的轴颈。

A. 支承轴颈，高于　　B. 支承轴颈，低于

C. 配合轴颈，高于　　D. 配合轴颈，低于

14. 零件图标题栏中材料栏填写的数字 45 是表示（　　）。

A. 牌号为 45 的钢，碳的质量分数为 45%

B. 拉伸强度是 45 的钢，强度是 45MPa

C. 抗冲击强度是 45 的钢，强度是 45MPa

D. 淬火后零件表面硬度是 45HRC

15. 机械制图中的基本视图有（　　），它们分别是（　　）。

A. 6 个，主俯左视图、右后仰视图

B. 3 个，主俯左视图

C. 6 个，主俯左视图、局部斜视和向视图

D. 3 个，主俯右视图

16. 数控车床坐标系的确定原则与机床的实际运动（　　）

A. 相同　　B. 相反

C. 没有关系　　D. 不确定

17. 为了降低内应力和脆性，保持高的硬度和耐磨性，刀具一般应采用（　　）。

A. 正火　　B. 淬火+低温回火

C. 淬火+中温回火　　D. 淬火+高温回火

18. 装配建模中，零件的自由度应该被限制而没有被限制时，该零件的约束状态称为（　　）。

A. 不完全约束　　B. 完全约束

C. 过约束　　D. 欠约束

19. 编排数控加工工序时，采用一次装夹完成加工的目的是（　　）。

A. 减少换刀时间　　B. 减少空运行时间

C. 减少重复定位误差　　D. 简化加工程序

20. 绘制图样时应优先采用的基本幅面，其中最大一号幅面为（　　）。

A. A0　　B. A2

C. A3　　D. A1

任务二：零件三维造型（25 分）

考生根据给定折角阀的阀体工程图（图 1），结合具体要求，使用现场提供的 CAD/CAM 软件，绘制零件的三维模型。

具体要求：

1）零件的造型特征需完整。

2）零件的造型尺寸正确。

3）使用专业渲染工具软件，对零件进行照片级渲染。

4）文件保存为“z3”和“stp”两种格式文件，并以“零件模型”命名，保存到“建模”文件夹中。

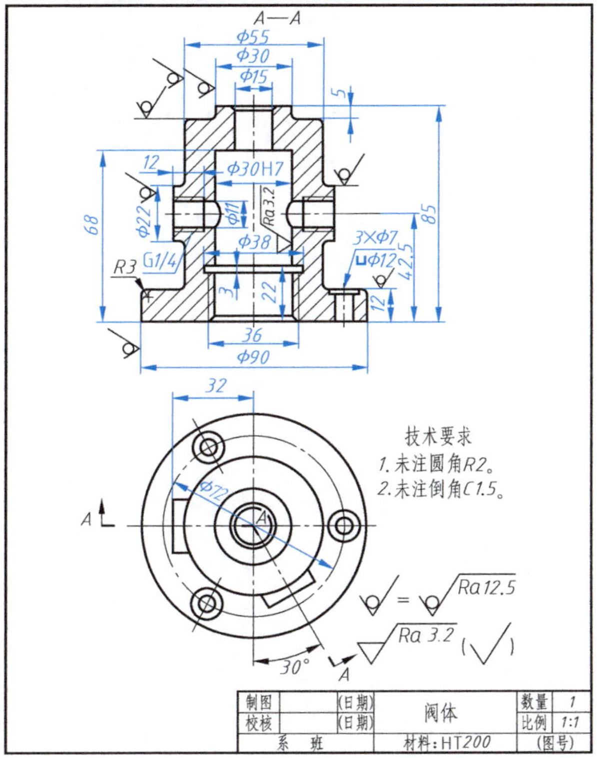

图　1

提交成果：零件三维模型“z3”和“stp”格式文档，渲染输出 jpg 图片。

任务三：零件装配（30 分）

考生根据给定的素材文件夹中折角阀装配示意图、工作原理简要说明、折角阀其他零件的三维模型数据及任务二中的阀体三维模型，结合具体要求，使用现场提供的 CAD/CAM 软件，完成三维模型装配，并通过专业渲染工具对模型进行渲染。

具体要求：

1）装配关系正确。

2）零件间约束性质正确。

3）零件极限位置约束准确，不得干涉。

4）装配文件保存为“z3”和“stp”两种格式文件，并以“装配模型”命名，保存到“装配”文件夹中。

5）渲染文件保存为 JPG 图片格式，保存到“装配”文件夹中。

提交成果：装配三维模型“z3”和“stp”格式文档；渲染输出 jpg 图片。

任务四：绘制零件图（20 分）

考生根据给定折角阀中的扳手三维模型数据，结合具体要求，使用现场提供的绘图软件，绘制零件图。

具体要求：

1）基本设置包括设置图层及其属性、设置文字样式和标注样式，所有设置应尽可能满足机械制图国家标准要求和计算机绘图的绘图环境要求。

2）选择合适比例、标准图幅。

3）表达方案合理，视图绘制正确。

4）尺寸标注正确、齐全、清晰，与零件加工工艺相适应。

5）正确填写标题栏。

6）虚拟打印图为 PDF 格式文档。正确选择虚拟打印机。按恰当的出图比例选择合适的图幅。单色打印，将打印边界设置为“0”。

7）文件保存为 dwg 格式，并以“扳手”名称命名文件，保存到子文件夹“零件图”内。

提交成果：零件图“dwg”和“PDF”格式文档。

任务五：模型仿真验证（5分）

本任务所有文件均保存在“数控铣自动编程”文件夹中。

根据给定加工零件三维模型（图2），使用现场计算机预装的CAD/CAM软件进行数控自动编程，并使用实体仿真验证程序的正确性，选用FANUC的数控铣后处理生成数控铣削数控代码并保存编程源文件。

图 2

机械产品三维模型设计职业技能等级考试试题（高级）满分：100 分

※※※※※※※※※※※※※※※※※※※※※※※※

考试须知：

1. 请依据提供的图纸和模型进行作答，共分为七个工作任务，连续考核 180min。

2. 请仔细阅读任务要求，正确命名、保存及提交作品。

3. 任务提供的文件请在“给定数据”中下载。

任务一：参数化产品设计（20 分）

考生根据给定的“任务一——支座”工程图（可通过给定的地址下载），通过参数化控制 $\phi14$ 与 M4 螺纹孔之间距离 a，可以使型号 1 的支座转变成型号 2 的支座（见参数栏数值）。

具体要求：

1）零件的造型特征需完整。

2）零件的造型尺寸正确。

3）保留参数化建模过程。

4）建模文件以“支座”命名，保存格式为源文件格式（即所用建模软件的默认格式）。

提交成果：“支座”的零件三维模型。

任务二：设计、创新优化（20 分）

1）判断“减速曲柄传动机构”存在的不合理之处，对素材中给定的相关零件结构进行优化设计，可以适当添加必要零件（标准件、非标准件均可）。

2）根据任务一建模成果、给定数据及传动机构，设计一个结构合理的输入轴零件。

3）已知从动齿轮的基本参数：$m=2$mm、$z=36$、$\alpha=20°$、$b=8$mm，传动机构传动比 $i=3:1$，自行调用主动齿轮。

4）要求：齿轮与轴用键联接，设计标准件键，实现装配联接的要求（联接需合理），也可从设计软件中标准件库中调用。

5）对设计的输入轴模型以“输入轴”命名、优化后的零件模型以“×××优化”或“×××添加”等命名，保存格式为源文件格式（即所用建模软件的默认格式）。

提交成果：输入轴、主动齿轮、键、×××优化或×××添加的零件三维模型。

任务三：减速曲柄传动机构装配（10 分）

考生根据给定的减速曲柄传动机构的素材数据，结合任务一支座的零件模型、任务二中设计的输入轴等零件模型，使用现场提供的绘图软件，进行机构装配并渲染。

具体要求：

1）装配关系正确。

2）零件间约束性质正确。

3）零件极限位置约束准确，不得干涉。

4）三维装配以“机构装配”命名，保存格式为源文件格式（即所用建模软件的默认格式）。

提交成果：“机构装配”的三维装配模型。

任务四：运动仿真动画（10 分）

考生根据任务三完成的减速曲柄传动机构装配模型，制作机构运动仿真动画。具体要求：零件装配完整、装配关系正确；装配组件须运动一个完整周期；活动部件须往复，输出动画总时间不得超过 10s。以“仿真动画”命名，保存为 avi 格式文件。

提交成果：“仿真动画”avi 格式文件。

任务五：绘制机构装配图（20分）

考生根据任务三完成的减速曲柄传动机构装配模型，完成二维装配图绘制。

具体要求：

1）视图表达正确、完整、清晰、合理，应清楚表达四连杆机构的工作原理和装配关系。

2）装配图的图号为：ZB-00。

3）正确标注出五大类尺寸、引出零件序号、填写明细栏及工作原理等。

4）以“装配图”命名，文件保存为dwg格式。

提交成果：“装配图”dwg格式文件。

任务六：CAE受力分析（10分）

根据给定数据中的“任务六—金属结构件”模型，对其结构进行受力分析。

具体要求：

1）固定约束：结构件底部平面（参照图1）。

2）载荷：顶部凸台，垂直于表面向下的均布压力，总压力大小为10N（图1）。

3）科学合理的网格划分。

4）材料为合金钢，主要参数属性见表1。

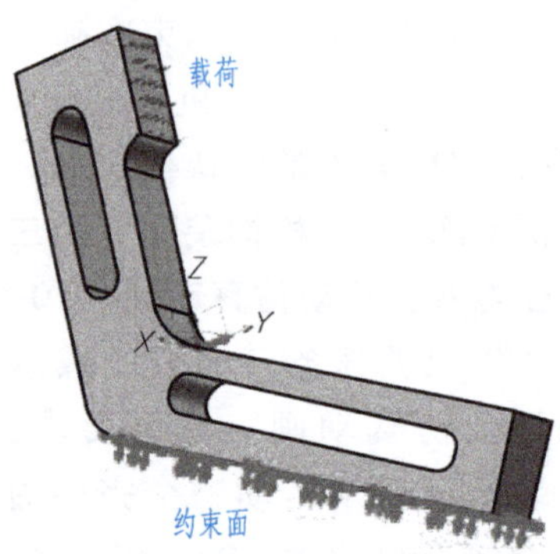

图 1

表 1

参数名称	具体数值
弹性模量/Pa	0.21×10^{12}
泊松比	0.28
密度/(kg/m³)	7700
抗拉强度/Pa	7.238256×10^{8}
屈服强度/Pa	6.20422×10^{8}

提交成果：“任务六—金属结构件”受力分析后的文件（源文件格式）。

任务七：数控程序编制及仿真验证（10分）

根据给定数据中的“任务七—多轴加工件”模型，对指定的加工表面进行数控程序编制，具体要求：

1）整个加工过程一次装夹完成。

2）参照图2，加工给定模型中的面1和面2，其中面1进行两个孔的扩孔加工，加工余量为-0.1mm；面2进行平面的精加工，加工余量为0.1mm。

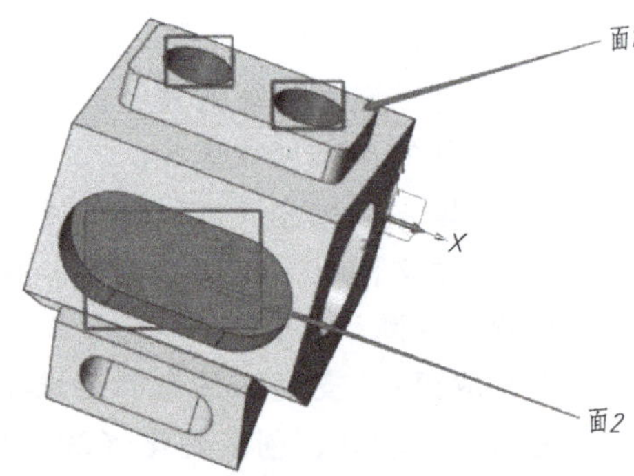

图 2

3）程序编制要科学、合理，并且实体仿真验证正确。

4）选用FANUC的数控机床后处理生成数控代码，命名为“数控加工”，保存格式为nc。

提交成果：“任务七—多轴加工件”模型（程序编制完成后的源文件格式）、**“任务七—多轴加工件”nc格式文件。**

附录 D　职业技能等级考试理论基础练习 100 题

1. 装配图的内容包括（　　）及零件的序号。

A. 一组视图、必要的尺寸、标题栏和明细栏

B. 一组视图、全部的尺寸、标题栏和明细栏

C. 视图、配合尺寸、明细栏

D. 视图、定位尺寸、标题栏和明细栏

2. 轴承内孔与轴的配合是（　　）配合，拆卸时需要使用拉拔器。

A. 间隙　　B. 过盈　　C. 过渡　　D. 任何

3. 孔轴配合必（　　）相同。

A. 最大直径　B. 最小直径　C. 平均直径　D. 公称直径

4. ϕ40F7/g6 是公称尺寸为 40mm 的孔轴配合尺寸，下面说法正确的是（　　）。

A. F7 是孔的公差带代号，g6 是与孔配合的轴的公差带代号

B. F7 是轴的公称尺寸，g6 是孔的公称尺寸

C. F7 是轴的公差带代号，g6 是与轴配合的孔的公差带代号

D. F7 是孔的公称尺寸，g6 是轴的公称尺寸

5. 滚动轴承 6304 比 6204 承受载荷的能力（　　）。

A. 强　　B. 弱　　C. 无法判断　D. 一样

6. 滚动轴承的代号是 6304，它的内孔直径是（　　）mm。

A. 4　　B. 20　　C. 40　　D. 10

7. 下面说法正确的是（　　）。

A. 以孔为基准加工轴来实现不同的配合性质称为基孔制

B. 以轴为基准加工孔来实现不同的配合性质称为基孔制

C. 在机械加工中一般采用基孔制，因为孔容易加工

D. 在机械加工中一般采用基轴制，因为轴容易加工

8. 下面说法错误的是（　　）。

A. 对于零件的接触面或配合面，只画一条线

B. 对于非接触面、非配合表面，画两条线

C. 零件配合面的表面精度要求较高

D. 零件的接触面或配合面不需要画线

9. 下面关于变形的描述正确的是（　　）。

A. 弹性变形是不能恢复的变形

B. 塑性变形是能恢复的变形

C. 弹性变形是能恢复的变形

D. 弹性变形和塑性变形均不可恢复

10. 装配图是用来表达机器或部件（　　）的图样。

A. 中零件形状　　B. 中零件大小

C. 中零件相互位置、工作原理　D. 中零件技术要求

11. 当剖切平面通过标准件和实心零件的轴线时，如螺纹紧固件、键、销、轴、杆等，这些零件按（　　）绘制。

A. 全剖　　B. 半剖　　C. 断面图　　D. 不剖

12. 弹簧在被破坏之前一般都是承受力的，力均在允许范围之内，发生的是（　　）变形。

A. 弹性　　B. 塑性　　C. 不可恢复　　D. 折断

13. 弹簧受力发生簧丝断裂，说明它发生了（　　）变形。

A. 弹性　　B. 塑性　　C. 可恢复　　D. 机械

14. 扭转弹簧承受扭转力，用于承受（　　）的力。

A. 垂直方向　　B. 水平方向

C. 水平方向和垂直方向合成　D. 切向

15. 常用的螺旋弹簧按其用途可分为（　　）。

A. 压缩弹簧、拉伸弹簧和涡卷弹簧

B. 压缩弹簧、拉伸弹簧和扭转弹簧

C. 压缩弹簧、拉伸弹簧和钢板弹簧

D. 压缩弹簧、拉伸弹簧和减震弹簧

16. 滚动轴承代号为 31312，表示该滚动轴承是（　　）

A. 圆锥滚子轴承，承受轴向力，内孔直径是 60mm。

B. 圆锥滚子轴承，承受径向力，内孔直径是 60mm。

C. 圆锥滚子轴承，承受轴向力和径向力，内孔直径是 60mm。

D. 圆锥滚子轴承，承受轴向力和径向力，内孔直径是 12mm。

17. 滚动轴承代号为 6204，表示深沟球轴承，它的内孔直径是（　　）mm。

A. 4　　B. 20　　C. 40　　D. 10

18. 滚动轴承代号为 51106，表示（　　）轴承的内孔直径是 30mm。

A. 深沟球　B. 圆柱滚子　C. 圆锥滚子　D. 推力球

19. 下面说法不正确的是（　　）。

A. 滚动轴承是一种支承旋转轴的组件

B. 滚动轴承摩擦小、结构紧凑

C. 滚动轴承也是标准件

D. 滚动轴承只能承受轴向力

20. GB/T 1096　键 20×12×100，其中 20 是指（　　）。

A. 键的高度　B. 键的宽度　C. 键的长度　D. 键的斜度

21. 通过 GB/T 1096　键　16×10×100 可以知道，这个普通平键的（　　）。

A. 长度是 100mm　　B. 长度是 16mm

C. 高度是 100mm　　D. 高度是 16mm

22. 销　GB/T 117　6×30 表示（　　）。

A. 圆锥销小端直径为 6mm

B. 圆锥销大端直径为 6mm

C. 圆锥销小端直径为 30mm

D. 圆锥销大端直径为 30mm

23. 销　GB/T 117 6×90 表示（　　）。

A. 圆锥销小端直径为 6mm，长度为 90mm

B. 圆锥销大端直径为 6mm，长度为 90mm

C. 圆锥销小端直径为 9mm，长度为 60mm

D. 圆锥销大端直径为 9mm，长度为 60mm

24. 下面说法正确的是（　　）。

A. 销的种类较多，通常用于零件间的联接与定位

B. 销的种类较多，只能用于定位

C. 销的种类较多，只能用于联接

D. 销的种类较多，通常用于夹紧

25. 与槽型螺母配合使用，起防松作用的销的名称是（　　）。

A. 圆柱销　　B. 圆锥销

C. 开口销　　D. 带螺纹孔的销

26. 销孔的配作加工（　　）。

A. 目的是节省成本　　B. 主要是方便加工

C. 导向性好，便于装配　　D. 使孔的表面质量高

27. A3 幅面的尺寸 $B \times L$ =（　　）

A. 210mm×297mm　　B. 297mm×210mm

C. 420mm×297mm　　D. 297mm×420mm

28. 某产品用缩小一倍的比例绘图，在标题栏比例项中应填（　　）。

A. 2∶1　　B. 2
C. 1∶2　　D. 0.2

29. 在尺寸数字前加注符号“ϕ”表示尺寸是（　　）。
A. 圆的直径尺寸　　B. 圆的半径尺寸
C. 球体的直径尺寸　　D. 球体的半径尺寸

30. 尺寸标注要素是（　　）
A. 尺寸数字、尺寸界线和箭头
B. 尺寸界线和箭头
C. 尺寸数字、尺寸界线
D. 尺寸数字、尺寸线、尺寸界线和箭头

31. 螺纹如果是短旋合长度，则在螺纹代号标注中要标注（　　）。
A. L　　B. S
C. B　　D. N

32. 如果螺纹标记中的公差带代号是 7H ，则这个螺纹是（　　）。
A. 内外螺纹旋合　　B. 内螺纹
C. 外螺纹　　D. 普通螺纹

33. 如果螺纹标记中的顶径和中径公差带代号相同时，（　　）。
A. 可以省略　　B. 不必标注
C. 必须标两个　　D. 只标一个

34. 左旋螺纹要标记（　　）。
A. ZX　　B. Z
C. LH　　D. L

35. 螺纹如果是中等旋合长度，则在螺纹代号标注时（　　）。
A. 要标注 N　　B. 要标注 Z
C. 要标注 S　　D. 可以省略标注

36. 螺钉联接使用的场合是（　　）的场合。
A. 用于不经常拆卸　　B. 用于经常拆卸
C. 用于温度低　　D. 用于耐蚀

37. 双头螺柱联接一般是用于（　　）。
A. 一个零件不便于钻出通孔，另一个零件可以钻成通孔的两个零件的联接
B. 两个被联接零件可以钻成通孔的联接
C. 不经常拆卸的场合
D. 环境容易生锈的场合

38. 螺栓联接用于（　　）。
A. 环境容易生锈的场合
B. 经常拆卸的、可以钻出通孔的两个零件的联接
C. 零件不宜于钻成通孔的两个零件的联接
D. 不经常拆卸的场合

39. 螺纹左视图的牙底线用（　　）细实线的圆表达。
A. 1/2　　B. 3/4
C. 4/5　　D. 2/3

40. 下列（　　）不属于标准件。
A. 螺栓　　B. 螺母
C. 键　　D. 齿轮

41. 螺纹的螺距与导程的关系是（　　）
A. 单线螺纹的螺距等于导程，多线螺纹的螺距等于导程除以线数。
B. 多线螺纹的螺距等于导程，单线螺纹的螺距等于导程乘以线数。
C. 单线螺纹的螺距等于导程除以线数，多线螺纹的螺距等于导程乘以线数。

D. 单线螺纹的螺距等于导程乘以线数，多线螺纹的螺距等于导程除以线数。

42. 外螺纹牙顶线用（　　）绘制，牙底线用（　　）绘制。

A. 粗实线、细实线　　B. 细实线、粗实线

C. 粗实线、虚线　　D. 粗实线、点画线

43. G3/4 表示（　　）的尺寸代号是 3/4。

A. 非密封管螺纹　　B. 非密封圆锥管螺纹

C. 非密封圆锥管外螺纹　　D. 非密封圆锥管内螺纹

44. M20×2-6H 表示外螺纹的公称直径是 20mm，螺距是 2mm，公差带代号是 6H 的（　　）。

A. 粗牙普通螺纹　　B. 细牙普通螺纹

C. 梯形粗牙螺纹　　D. 梯形细牙螺纹

45. 多线螺纹有（　　）条发生线。

A. 2　　B. 3

C. 3 条以上　　D. 无法确定

46. 螺纹的旋向分为左旋和右旋，可以通过（　　）的方法判断。

A. 把螺纹的轴线竖直放置，左高右低的螺纹旋向是右旋

B. 把螺纹的轴线竖直放置，左高右低的螺纹旋向是左旋

C. 把螺纹的轴线水平放置，左高右低的螺纹旋向是右旋

D. 把螺纹的轴线水平放置，左高右低的螺纹旋向是左旋

47. 外螺纹（　　）来完成。

A. 可以用车削加工和钳工加工

B. 只能用车削加工

C. 只能用数控车削加工

D. 只能用套螺纹加工

48. 下面对局部剖视图是用于表达零件结构的不正确的说法是（　　）。

A. 非对称的内外结构都复杂的

B. 套类零件的内部结构和部分外部结构

C. 轴对称的内外结构都复杂的，但对称面与零件上的轮廓线重合

D. 轴类零件上的键槽

49. 全剖视图用于表达（　　）零件的内部结构。

A. 内简外繁的对称　　B. 外简内繁的对称

C. 内简外繁的非对称　　D. 外简内繁的非对称

50. 标准直齿圆柱齿轮的齿距 $p=13$mm，则模数 $m\approx$（　　）mm。

A. 4　　B. 3

C. 5　　D. 2

51. 一个直齿圆柱齿轮的模数 $m=4$mm，齿数 $z=30$，则齿根圆直径 $d_f=$（　　）mm。

A. 100　　B. 120

C. 105　　D. 110

52. 一对齿轮能够相互啮合，它们的分度圆（　　）。

A. 相交　　B. 相离

C. 相切　　D. 同心

53. 一对齿轮能够相互啮合，则（　　）。

A. 主动齿轮压力角<从动齿轮压力角

B. 主动齿轮压力角>从动齿轮压力角

C. 主动齿轮压力角≠从动齿轮压力角

D. 主动齿轮压力角=从动齿轮压力角

54. 一对齿轮能够正常啮合，则（　　）。

A. 主动齿轮模数<从动齿轮模数

B. 主动齿轮模数>从动齿轮模数

C. 主动齿轮模数≠从动齿轮模数

D. 主动齿轮模数=从动齿轮模数

55. 一对齿轮相互啮合做减速运动，则它们的齿数（　　）。

A. 主动齿轮齿数<从动齿轮齿数

B. 主动齿轮齿数>从动齿轮齿数

C. 主动齿轮齿数≠从动齿轮齿数

D. 主动齿轮齿数=从动齿轮齿数

56. 齿顶圆直径用（　　）表示。

A. d_f　　B. d_a

C. d　　D. d_0

57. （　　）直径与2倍的齿高之和就是齿顶圆的直径。

A. 齿根圆　　B. 分度圆

C. 节圆　　D. 基圆

58. （　　）直径与2倍的齿顶高之和就是齿顶圆的直径。

A. 齿根圆　　B. 分度圆

C. 节圆　　D. 基圆

59. 齿轮的齿距 p 等于（　　）的和，单位是mm。

A. 齿厚 s 与槽宽 e　　B. 齿厚 e 与槽宽 s

C. 齿厚 a 与槽宽 b　　D. 齿厚 b 与槽宽 a

60. 齿轮的（　　）是决定齿轮轮齿形状的主要参数之一。

A. 齿距　　B. 分度圆直径

C. 模数　　D. 齿顶圆

61. 单个直齿圆柱齿轮的主要三个圆为（　　）。

A. 齿顶圆、齿根圆和分度圆

B. 齿顶圆、节圆和分度圆

C. 齿顶圆、齿根圆和齿圈圆

D. 齿顶圆、基圆和分度圆

62. 标准直齿圆柱齿轮的基本参数包括（　　）。

A. 齿数、齿顶圆、模数　B. 齿数、压力角、模数

C. 齿数、分度圆、模数　D. 齿数、齿根圆、模数

63. 齿轮与轴配合时一般都是用键联接，键的工作面是（　　）。

A. 上、下　　B. 左、右

C. 上、左　　D. 下、右

64. 齿轮是（　　）件，可以承受很大的力，传递运动平稳，效率较高。

A. 支承　　B. 传动

C. 配合　　D. 运动

65. 与轴承配合的轴颈是（　　）轴颈。

A. 传动　　B. 运动

C. 配合　　D. 支承

66. 轴类零件上的主要几何公差是（　　）。

A. 平面度　　B. 同轴度

C. 对称度　　D. 位置度

67. 物体的主视图表达了物体（　　）方向的尺寸。

A. 长、高2个　　B. 长、宽2个

C. 宽、高2个　　D. 长、宽、高3个

68. 平面度公差是几何要素的（　　）公差。

A. 方向　　B. 跳动

C. 位置　　D. 形状

69. 表面粗糙度是表示一个零件表面的光滑程度，一般用 Ra 后面加数字表示，数字的单位是（　　）。

A. dm　　B. mm

C. cm　　D. μm

70. 平行度公差是指零件上几何要素的（　　）公差。

A. 方向　　B. 跳动

C. 位置　　D. 形状

71. 垂直度公差是指零件上几何要素的（　　）公差。

A. 方向　　B. 跳动

C. 位置　　D. 形状

72. 如果（　　）说明物体是一样的。

A. 两个物体的主视图、俯视图都相同

B. 两个物体的俯视图、左视图都相同

C. 两个物体的主视图、左视图都相同

D. 两个物体的主视图、俯视图、左视图都相同

73. 在拆卸部件时，担心破坏零件的表面，锤头的材料可采用（　　）。

A. 橡胶　　B. 不锈钢

C. 45 钢　　D. 铸铁

74. 零件上有一个结构的角度尺寸为 20°15′，用到的量具为（　　）。

A. 游标万能角度尺　　B. 三角板

C. 量角器　　D. 30°角度样板

75. 组合体有叠加型、切割型、综合型，下面（　　）不属于构成组合体的基本单元。

A. 圆环体　　B. 圆柱

C. 正方体　　D. 球体

76. 零件图的内容不包括（　　）。

A. 一组视图　　B. 全部的尺寸

C. 技术要求　　D. 明细栏

77. 徒手绘制椭圆，可以根据椭圆的长短轴目测定出长短轴端点位置，过四个端点画（　　），然后徒手画椭圆与此矩形相切。

A. 矩形　　B. 正方形

C. 大圆　　D. 小圆

78. 当徒手绘制的圆时，可以先徒手绘制相交垂直的对称中心线，根据圆的半径，目测定出圆的四个象限点位置，画出（　　），再徒手画其内切圆。

A. 正方形　　B. 长方形

C. 菱形　　D. 正三角形

79. 水平线由（　　）画，铅垂线由（　　）画。

A. 右向左、下向上　　B. 右向左、上向下

C. 左向右、下向上　　D. 左向右、上向下

80. 下面徒手画直线方法正确的是（　　）

A. 画较长线时，可以用目测，在直线中间定出几个点，然后分段画

B. 画较短线时，借助直尺画出

C. 画较长线时，可以用目测，用分规在直线中间定出几个点，然后分段画

D. 画较短线时，借助三角板画出

81. 只有游标卡尺（量程足够），你面对一个直齿圆柱齿轮实物，要绘制它的零件图时，只要（　　）。

A. 测量出它的齿顶圆直径 d_a，数出它的齿数 z

B. 测量出它的齿顶圆直径 d_a，查出它的模数 m

C. 测量出它的分度圆直径 d，数出它的齿数 z

D. 测量出它的分度圆直径 d，查出它的模数 m

82. 外螺纹是加工在（　　）表面上的螺纹；内螺纹是加工在（　　）表面上的螺纹。

A. 外圆柱、圆柱孔内　　B. 外圆锥、圆锥孔内

C. 回转体外、回转体内　　D. 零件外、零件内

83. 一对互相啮合的齿轮（　　）必须相同。

A. 模数和齿数　　B. 模数和压力角

C. 压力角和齿数　　D. 分度圆和齿顶圆

84. 测绘外螺纹的螺距时一般使用（　　）。

A. 螺纹环规　　B. 游标卡尺

C. 千分尺　　D. 钢直尺

85. 代号 M20-7H 表示（　　）的螺纹。

A. 外粗牙普通、公差带代号是 7H

B. 内粗牙普通、公差带代号是 7H

C. 外粗牙普通、粗糙度等级是 7H

D. 内粗牙普通、粗糙度等级是 7H

86. M20×2 表示（　　），公称直径是 20mm，螺距是 2mm。

A. 粗牙普通螺纹，牙型角 60°

B. 细牙普通螺纹，牙型角 60°

C. 粗牙普通螺纹，牙型角 50°

D. 细牙普通螺纹，牙型角 50°

87. Tr40×14（P7）-7H-L 表示（　　）。

A. 双线梯形螺纹，螺距是 7mm

B. 单线梯形螺纹，螺距是 7mm

C. 双线梯形螺纹，螺距是 14mm

D. 单线梯形螺纹，螺距是 14mm

88. M20×2-5g6g-S-LH 表示（　　）。

A. 牙型角 60°、左旋、短旋合长度、内螺纹

B. 牙型角 60°、右旋、短旋合长度、内螺纹

C. 牙型角 60°、左旋、短旋合长度、外螺纹

D. 牙型角 60°、右旋、短旋合长度、外螺纹

89.（　　）相同的内外螺纹旋合在一起，被称为螺纹联接。

A. 公称直径　　B. 大径

C. 小径　　D. 中径

90. 螺纹有右旋和左旋之分：（　　）旋转时旋入的螺纹，称右旋螺纹；（　　）旋转时旋入的螺纹，称左旋螺纹。（　　）。

A. 顺时针、逆时针、螺纹标记中右旋螺纹必须标注 LH

B. 逆时针、顺时针、工程上常用左旋螺纹

C. 顺时针、逆时针、右旋螺纹不必标注

D. 逆时针、顺时针、工程上常用右旋螺纹

91. 蜗杆传动时，两轴线（　　）

A. 互相平行　　B. 互相垂直

C. 相交于一点　　D. 在同一个平面内

92. 齿轮传动比等于两个齿轮齿数的（　　）

A. 正比　　B. 反比

C. 乘积　　D. 和

93. 一对标准直齿圆柱齿轮，模数 $m=2$mm，齿数 $z=40$，分度圆直径 $d=$（　　）mm。

A. 40　　B. 88

C. 100　　D. 80

94. 在机械中应用最为广泛的轴是（　　）。

A. 光轴　　B. 阶梯轴

C. 实心轴　　D. 空心轴

95. 零件工作图中注有“◎”符号，表示为（　　）。

A. 中心度　　B. 同轴度

C. 圆度　　D. 圆柱度

96. 在以下配合中，（　　）属于过渡配合。

A. ϕ60H7/m6　　B. ϕ60H7/h6

C. ϕ60H7/f6　　D. ϕ60H7/g6

97. 孔的尺寸下极限偏差大于轴的尺寸上极限偏差，应该是（　　）。

A. 过盈配合　　B. 间隙配合

C. 过渡配合　　D. 紧密配合

98. 几何公差带的形状决定于（　　）。

A. 公差项目　　B. 图样的标注方法

C. 公差项目和标注方法　　D. 被测要素形状

99. 在配合尺寸中，正确的表达方法是（　　）。

A. H6/F5　　B. H7/G7

C. k7/g6　　D. H7/g6

100. 在平行于螺纹轴线的剖视图中，内螺纹的牙顶和螺纹终止线用（　　）绘制。

A. 双点画线　　B. 粗实线

C. 细实线　　D. 点画线

参考文献

[1] 闫文平. 机械制图教学工作页 [M]. 北京：机械工业出版社，2019.

[2] 闫文平. 机械制图 [M]. 北京：机械工业出版社，2012.

[3] 唐卫东. 机械制图 [M]. 2版. 北京：高等教育出版社，2019.

[4] 胡建生. 机械制图 [M]. 北京：机械工业出版社，2015.

[5] 彭晓兰. 机械制图 [M]. 2版. 北京：高等教育出版社，2018.